JN141622

特装車とトラック架装

GP企画センター 編

グランプリ出版

編集部より

本書は二〇一〇年十一月に刊行した同書のカバーデザイン等を変更した新装版です。なお、内容は執筆時の二〇〇〇年当時のものです。

はじめに

トラックが荷物の輸送など、流通に関して果たしている役割の大きさはいうまでもない。トラックは、単に荷物を運ぶだけでなく、さまざまな機能が加えられたものが登場して、ますます便利さや省力化、作業能率の向上などに貢献するようになっている。道路工事で地面を掘る作業や小分けされた荷物を運ぶのに人間の力に頼っていた時代は、過去のものとなり、機械が効率よく働いてくれるようになった。かつては建築現場でコンクリートを打つためにその場で水や砂と混ぜ合わされていたが、コンクリートミキサー車の登場で、そうした細々とした現場の作業風景はほとんど見られなくなった。

このような各種の作業や輸送の利便性に一役買っているのが各種の特装車である。それらの多くは、トラックメーカーがつくったキャブ付き完成シャシーに、ボディメーカーが目的にあった装備を施したもので、両方のメーカーが協力して完成させている。こうした車両にはある程度汎用性のあるものから、一品料理的に特別に注文してつくられるものまで多様である。

ここで取り上げたのは量産されるトラックやそのシャシーをベースにした特装車で、原則として公道を走行することができるように車両ナンバーを取得して法規に則って一般的に走行するものである。したがって、消防自動車や自衛隊で使用するような特車などやダム工事の現場・工場などの構内で使用するものは含まれていない。これらについては、別の機会に取り上げたいと思っている。

本書で見られる特装車は、日常的に町中を走っていて、時には遭遇することがあるものばかりであるが、それでもその種類はかなりなものになり、載せきれないものもあったくらいである。

また、効率よく多量に荷物を運ぶことができるトラクターとトレーラーの組み合わせについては、『トラクター＆トレーラーの構造』として刊行されているので、あわせてお読みいただければ幸いである。

最後になったが、本書の刊行に当たって、取材や資料の提供などでお世話になったメーカーの方々に感謝の意を表したい。

青山　元男

目次

トラックボディーの架装

特装車

トラックボディーの架装

架装

■架装とは

バン型のトラックをみると，シャシー，キャブ（キャブボディ），ボディに分けて考えることができる。シャシーとは，走るため（もちろん曲がるため，止まるためも含む）の装置がまとめられた部分。キャブとは，人間が乗るための部分で，操縦がここで行われる。人間が乗るとはいっても，乗用車とは違い，おもに操縦する人のためのスペースだが，現在では居住性も充分に考慮され，大型トラックではベッドが装備されていたりもする。

いっぽう，ボディとは荷物を載せるためのスペース。荷台や荷室など，各種の形状のものがある。ダンプトラックやミキサー車，タンクローリーなど特装車と呼ばれる車両では，この部分にさまざまな機械装置が装備される。こうした荷台や荷室，また機械装置は架装や架装物と呼ばれる。トラックにとって，荷物を載せるための荷台や荷室はきわめて重要な部分だ。ダンプトラックやタンクローリーのように特定の積荷を運搬する特装車にとっては，運搬や荷役の能力が重視されるのはもちろん，クレーントラックのように特定の機械装置を運搬する特装車の場合には，走行性能よりも機械装置の性能のほうが重要となる。

トラックメーカーでは，このうちシャシーとキャブを製造するのが基本。ボディのない状態も，トラックメーカーにとってはひとつの完成状態であり，「キャブ付き完成シャシー」と呼ばれることもある。こうした汎用シャシーをベースに，架装が施されて，実際に使うことができるトラックや特装車となる。

いっぽう架装物を製造したり，シャシーに搭載したりする作業は，特装メーカーやボディメーカーと呼ばれるメーカーや業者によって行われる。つまり，ユーザーが使

ドライバン（アルミコルゲートパネル）

ウイングボディ

ドライバン（アルミフラットパネル）

三方開ダンプ

保冷車・冷凍車

強化三方開ダンプ

用するトラックや特装車は，トラックメーカーとボディメーカーの共同作業によって完成される。

最終ユーザーがトラックや特装車を購入するパターンは，2種類に大別できる。ひとつは完成車を購入する場合，もうひとつは個々に架装を打ち合わせたうえで製造する場合だ。前者がレディメイド，後者がオーダーメイドといえる。なお，ここ以降の解説では，トラックメーカーやボディメーカーと表現しているが，実際にユーザーが接するのはメーカー直ではなく，それぞれの販社であったり，販売代理店であったり，販売協力店であったりする。

トラックメーカーでは，汎用シャシーを製造しているわけだが，カタログなどを見るとさまざまなボディや特装車のラインナップを揃えている。こうした車両を汎用シャシーに対して，完成車と呼ぶ。大型より中型，中型より小型と，車両サイズが小さくなるほど完成車のラインナップは多く，完成車として販売される傾向が強い。

クレーン付き平ボディ

ミキサー車

ゴミ収集車

バキュームカー

コンテナ運搬車

■完成車ラインナップ

三菱ふそうのファイターに設定された完成車ラインナップの一部。カーゴボディの荷台長やホイールベースのほかにも、こうした完成車ラインナップがカタログに掲載されている。

個々に仕様を打ち合わせていたのでは，納期までに時間がかかるうえ，効率的でもないため，完成車として販売されるケースが増えてきている。

完成車をトラックメーカーが販売するとはいっても，トラックメーカーがボディや特装の製造を行っていることはほとんどない。荷台や荷室の場合には，キットや部品を利用してトラックメーカーが組み立てることもあるが，その場合でも系列の別会社であったりすることが多い。

一般的にはボディメーカーの手によって架装が施される。特装車のなかでもダンプトラックのように数量的に販売が見込める車両の場合は，完成車がさまざまにラインナップされていて，専用のカタログが用意されていることも多い。なかにはほぼ同じサイズ，同じ能力でありながら，ボディメーカー名が明記され，それぞれの仕様としてラインナップされていることもある。

また，完成車とはいっても仕様が固定されているわけではない。乗用車にさまざま

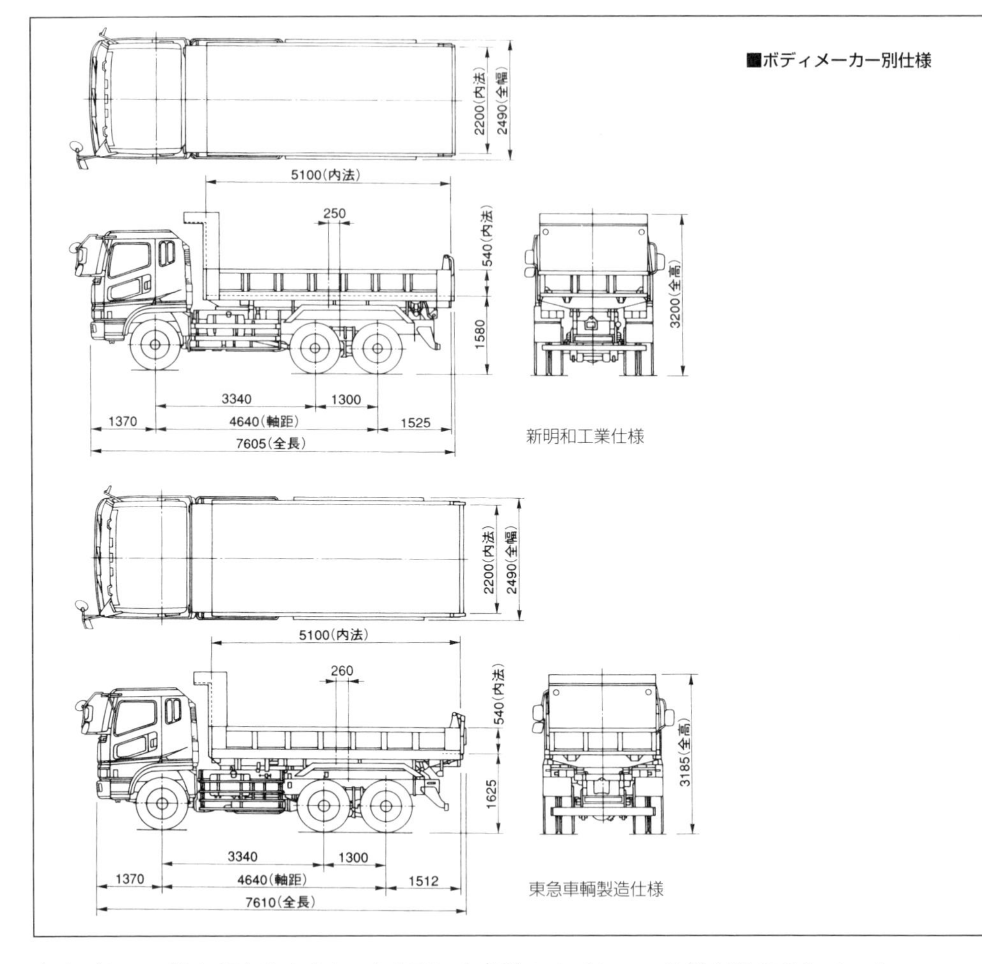

なオプション設定があるように,完成車にも各種のオプション仕様が設定されている。仕様は実にきめ細かく設定されていて,ボディメーカーからセールスマニュアルなどがトラックメーカーの営業担当に提供されている。一見,特装車のほうが仕様設定が難しそうだが,ダンプやミキサー,タンクローリーのような一般的な特装車の場合より,バンボディのほうがパネルの種類や内張りの種類,ドアのサイズ・位置・種類,荷室内装備,荷役省力化装置など仕様のバリエーションが幅広く,トラックメーカーの営業担当にとっては難しい作業になるという。特にユーザーの仕様設定が難しい場合には,ボディメーカーの人間がアシストすることもある。

完成車はトラックメーカーばかりでなく,ボディメーカーもラインナップしている。

三菱ふそうのスーパーグレートのダンプトラック。角底一方開・準強化・軽量ボディ・荷台長５１００㎜・GVW20トンという同一の設定でありながら、ボディメーカーによって微妙に外観等の仕様が異なる。

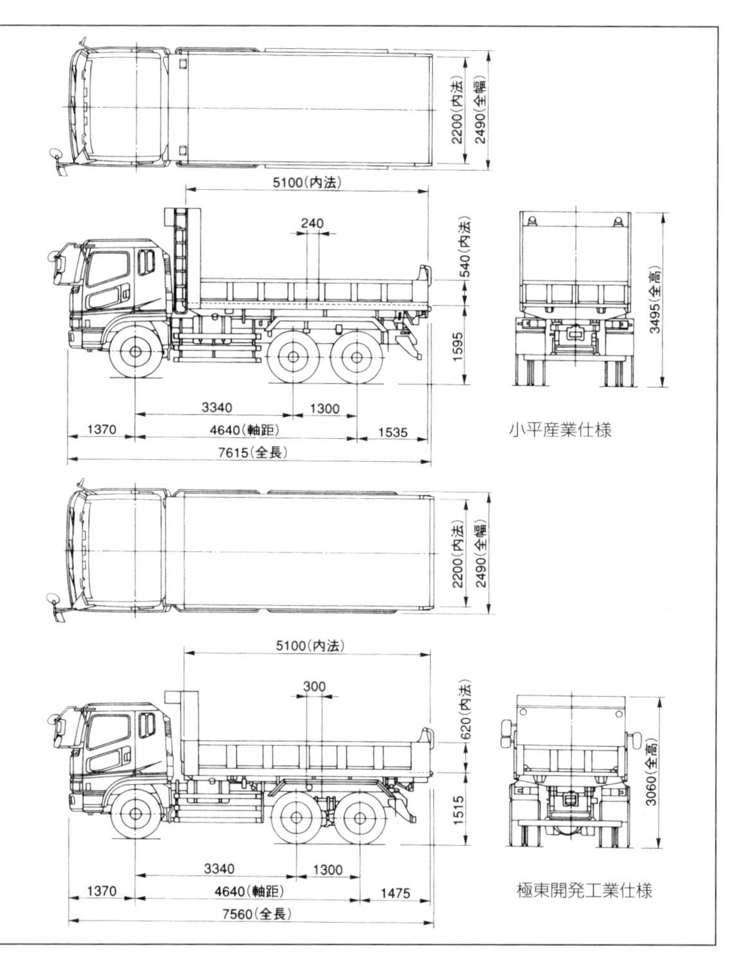

ボディメーカーのカタログの場合には，トラックメーカーのカタログとは逆に，ベースにすることが可能な汎用シャシーのメーカー名とシャシーの仕様が明記されていたりする。汎用シャシーを限定する必要がない場合は，4トン車級やGVW22トン車級といった表現が用いられる。ベースとする汎用シャシーは，ボディメーカーに一任されることもあれば，ユーザーが指定することもある。

もうひとつのパターンである個々に仕様を打ち合わせてから架装を施す場合は，ほとんどが大型車で，中小型車の場合はかなり特殊な装備の特装車といえる。このパターンには3通りの発注形態がある。ひとつはユーザーがトラックメーカーに発注し，トラックメーカー経由でボディメーカーが依頼を受けるもの。逆にボディメーカーがユーザーに発注を受け，ユーザーの指定やボディメーカー独自の選択で使用する汎用シャシーのトラックメーカーが決定される。大手運送業者のように，大量のトラックを発注するようなユーザーでは，ユーザーがトラックメーカーから汎用シャシーを購入し，その架装をボディメーカーに依頼するという発注形態もある。こうした場合，購入者はユーザーでありながら，トラックメーカーは汎用シャシーの納車先としてボディメーカーが指定されたりする。

こうしたオーダーメイドの場合，個々に架装物が検討され，予算などと擦り合わせながら仕様が決定されていく。そのうえで汎用シャシーをベースに架装が行われる。そしてユーザーが使用する状態のトラックや特装車となる。

■ボディメーカーと特装業界

ひと口にボディメーカーといっても，その規模はさまざま。特定の種類の特装を専門としているところもあれば，各種の特装を幅広く扱っているところもある。もちろ

トラック車体　平成10年度生産台数

（単位:台）

用途別		車の大きさ	大型	中型	小型	軽	合計	対前年比(%)
運転台		普通	38,043	452	134,584		173,079	69.5
		特殊	807	463	48,308		49,578	110.9
合計			38,850	915	182,892		222,657	74.8
対前年比（%）			63.0	86.8	79.2		75.8	
普通荷台/平ボディ	標準型（シャシーメーカー標準車）		253	5,620	46,039	5	51,917	69.1
	普通型あおり（450mm以下）	アルミブロック	512	837	63	9	1,421	47.4
		スタンダード（木製）	310	1,239	8,863	36	10,448	59.0
		その他（スチール，コルゲート等）	26	10	64,569		64,605	119.1
	深あおり	アルミブロック	1,266	1,496	331		3,093	62.1
		スタンダード（木製）	86	101	62	53	302	78.6
		その他（スチール，コルゲート等）	17	7	52	1	77	81.9
	チップ運搬車		41	52	45		138	219.0
	ボトル運搬車		1	1,235	780		2,016	84.6
	車輌運搬車	オートバイ積　＊	5	4	11		20	
		1台積	5	403	1,510		1,918	73.7
		2台積　＊	1	52	78		131	59.3
		3台積　＊	5	73			78	
		4台積以上　＊	161	7			168	
	車輌運搬用トラクタ	セミトラクタ	73	2			75	40.8
		フルトラクタ	3				3	50.0
	産業機械運搬車	車輌傾斜式	516	99	8		623	59.3
		荷台スライド式	256	156	683		1,095	75.6
		その他	78	9	6		93	143.1
	家畜運搬車		13	15	1		29	55.8
	側面開放車（幌製）	ハネ上げ式	313	982	22		1,317	74.1
		カーテン式	37	55	106		198	57.9
	コンテナ兼用車		12	2			14	45.2
	脱着ボディ		13	24			37	53.6
	その他		138	204	2,930	201	3,473	78.5
合計			4,141	12,684	126,159	305	143,289	83.8
対前年比（%）			54.0	60.0	88.9	81.3	83.8	

（注）車輌運搬車欄の＊印は平成10年度統計より細分化した。故に対前年比は一括表記。

ん，架装全体を作っているのではなく，部品だけを製造しているメーカーもある。ボディメーカーがキットとして製造販売するバン型車のボディキットといったものもあり，こうしたキットや部品を利用して，組み立てや架装作業を専門に行う業者もある。

特装車車体 平成10年度生産台数

（単位:台）

車種		基準外	大型	中型	小型	軽	合計	対前年比(%)
ダンプ車	リヤダンプ	11	4,996	7,085	16,065	114	28,271	61.3
	三転ダンプ		19	691	1,391		2,101	70.6
	深煽ダンプ	2	395	37	33	1	468	77.9
	その他	2	167	423	95		687	62.7
タンクローリー	石油類		642	848	323		1,813	95.2
	毒劇物	1	55	4			60	45.1
	散水・給水		296	81	35		412	91.8
	食品	2	115	16			133	2,660.0
	その他	3	158	22	20		203	84.9
高圧ガスタンクローリー	LPG		121	76	24		221	178.2
	その他		24	3			27	207.7
トラックミキサー車	アジテーター		1,207	449	42		1,698	54.0
	ドライ							0.0
	その他							0.0
粉粒体運搬車	飼料		215	42	9		266	80.6
	バラセメント		313	2	2		317	53.0
	その他		50				50	26.3
消防車	消防ポンプ車		5	197	182		384	73.6
	梯子消防車		48	7			55	87.3
	化学消防車		14	12	8		34	61.8
	消防タンク車		5	42	2		49	62.0
	消防指揮・指導車				8		8	30.8
	その他	1	24	41	63	5	134	209.4
コンクリートポンプ車	ブームつき		80	99	2		181	51.3
	ブームなし		2		5		7	87.5
	その他		1		1		2	–
環境衛生車	じん芥車機械式		236	2,480	2,459		5,175	92.7
	じん芥ダンプ車(深煽)			180	252	4	436	93.6
	衛生車		105	912	654		1,671	98.0
	清掃車		186	310	64	2	562	82.0
	路面清掃車		56	22	13		91	61.9
	その他		10	44	15	10	79	55.2
その他	トラッククレーン	773	65	52	9		899	42.2
	高所作業車	3	11	156	2,779	9	2,958	49.9
	空港用作業車		63	4	47		114	89.8
	道路作業車			20	8		28	116.7
	脱着コンテナ車 ダンプ式(＊＊)		175	600	114		889	100.8
			431	5,395	790		6,616	139.8
	脱着コンテナ車 機械式			13	2		15	88.2
	テールゲートリフター(＊)	56	280	1,313	5,299	93	7,041	105.0
		12	570	1,732	3,064	450	5,828	204.9
	除雪車		1				1	5.6
	クレーン付トラック(＊)	78	1,511	6,832	5,206	25	13,652	67.7
			26	291	108		425	4.2
	穴掘建柱車		6	146	97		249	55.1
	レッカー車		18	13	2		33	45.2
	その他	4	242	169	550	3	968	79.0
合計		936	11,917	23,443	35,880	266	72,442	68.6
対前年比(%)		53.2	74.7	71.0	65.8	103.1	68.6	

（注）＊印は装置だけを生産販売した数です。＊＊印はダンプ式脱着車のコンテナの数です。

バン型車体 平成10年度生産台数

（単位：台）

材質		スチール製					アルミ製					FRP製					合計					対前年比(%)
用途別　車の大きさ		大型	中型	小型	軽	小計	大型	中型	小型	軽	小計	大型	中型	小型	軽	小計	大型	中型	小型	軽	小計	
オープンバン		1	2	33	6	42	23	287	279	48	637						24	289	312	54	679	42.9
ドライバン		7	207	157		371	1,780	3,565	13,032	80	18,457	1	15	24		40	1,788	3,787	13,213	80	18,868	80.6
側面開放車	ドライ	11	2	21		34	6,097	4,173	577	3	10,850	6	2	5		13	6,114	4,177	603	3	10,897	70.7
	冷蔵	1	3			4	250	64	8	1	323						251	67	8	1	327	82.8
	冷凍						380	82	6		468	10	1			11	390	83	6		479	101.1
	小計	12	5	21		38	6,727	4,319	591	4	11,641	16	3	5		24	6,755	4,327	617	4	11,703	71.9
冷蔵車			1	139	60	200	166	907	1,975	903	3,951	49	168	607	238	1,062	215	1,076	2,721	1,201	5,213	104.9
冷凍車	機械式		1	707	85	793	959	2,438	6,207	273	9,877	241	2,614	3,026	278	6,159	1,200	5,053	9,940	636	16,829	101.9
	液体窒素式							1	3		4							1	3		4	—
	蓄冷式							2	5	1	8		39	274		313		41	279	1	321	88.2
	小計		1	707	85	793	959	2,441	6,215	274	9,889	241	2,653	3,300	278	6,472	1,200	5,095	10,222	637	17,154	101.7
ウォークスルーバン				8		8			12		12			27		27			47		47	60.3
その他		2		1		3	111	19	10	2	142			1		1	113	19	12	2	146	55.9
合　計		22	216	1,066	151	1,455	9,766	11,538	22,114	1,311	44,729	307	2,839	3,964	516	7,626	10,095	14,593	27,144	1,978	53,810	84.8
対前年比（%）		61.1	57.4	81.7	82.1	76.5	71.9	89.8	89.8	93.0	85.2	83.9	86.2	83.9	74.2	84.0	72.1	88.4	88.5	86.5	84.8	

トラックの場合,価格に占めるキャブ付きシャシー部分とボディ部分を比較すると,キャブ付きシャシー部分の比率のほうが大きくなるのが一般的で,特装車の場合でもかなり特殊なものでないと,架装部分の価格のほうが大きくなることは少ない。つまり,トラックメーカーとボディメーカーを比べると,トラックメーカーのほうが1台あたりの売上げが大きいことになる。

ボディメーカーとトラックメーカーの関係を見た場合にも,企業の規模からすれば,ほとんどの場合トラックメーカーのほうが大きい。特に,完成車としての販売傾向が強まっている現在,トラックメーカーへの依存度が大きくなりやすい。

そのいっぽうで,まだまだボディメーカーに汎用シャシーの選択権がある販売形態もあり,特に販売単価が大きな大型車の場合に,こうした販売形態がとられることがあるので,トラックメーカーもそれなりに配慮が必要となる。たとえば,あるトラックメーカーが動力取り出し部分の仕様を変更したり,フレームの構造を新しいものにしたりすると,ボディメーカーがそれまで使用してきた部品が使えなくなったりし,ボディメーカーに汎用シャシーの選択権がある際に,その新型車が選ばれなくなってしまう。

こうした両者の立場があるため,ボディメーカーとトラックメーカーは共存関係にあるといえる。トラックメーカーは新型車をデビューさせる際には,企画の段階からボディメーカーの意見を取り入れるようにしている。ボディメーカーの側でも,完成車として採用されやすいようにし,販売バックアップも充実させてきている。

景気低迷の時代にあわせてこうした販売・生産体制が確立されてきているが,業界そのものは明るいとはいえない。平成10年度の国内のトラック販売は,1968年以来30年ぶりに200万台を下回り,最大積載量4トン以上の普通トラックでは35年ぶりの低水準になっている。当然のごとく架装も需要が落ち込んでいる。従来は公共投資の増加とともに増加するといわれてきた建設系特装車も,年末には公共投資が10.6%増となったにもかかわらず，回復傾向は見られなかった。ミキサー車のように最盛期の5分の1程度の生産にとどまっている特装車もある。比較的堅調に動いているのはゴミ収集車や冷凍車で，ゴミ収集車は現状の規模が最大であるとも予想されているが，病原性大腸菌O-157問題で低温管理輸送が見直されているため冷凍車は食品の衛生面からの需要が根強いといえる。

景気の再生にも期待がかかるが，特装車にとっては規制も大きな障害であるといえる。一概に規制が悪いものばかりではなく，安全や環境にかかわるものは重要であるが，特装車がさまざまな規制に縛られていることは事実だ。道路法，道路運送車両法，道路交通法，消防法，毒物劇物取締法，高圧ガス取締法，計量法，労働安全衛生法，ダンプ規制法，脱着ボディ車に関する規制，車両運搬車の構造に関する規制など，数えあげればキリがない。最近になって車両総重量規制緩和や，脱着ボディ車に関する規制や車両運搬車の構造に関する規制の見直しなど，さまざまな規制緩和が進んできているが，さらなる規制緩和が期待される。

なお，本書ではさまざまな車両の生産台数の統計を掲載しているが，これらはすべて（社）日本自動車車体工業会の発表資料を利用している。ボディメーカーのなかには，未加入の企業もあるため，実際の数字は掲載の統計を少し上回るものと思われる。

トラックの荷台・荷室

■荷台・荷室の変遷

トラックの荷台の基本形といえるものが平ボディだ。荷台の周囲に囲いとなるアオリを備えているものが多く，当初は固定されたアオリもあったが，次第に開閉できるものにかわっていった。アオリのなかには，農産物運搬に使われることが多いステーキボディと呼ばれるアオリの高いものもある。こうしたアオリでは，重量増を防ぐために木製のスノコ状アオリが使用された。木材などの長いものを運搬するトラックでは，アオリのまったくない平ボディも使われる。

昭和30年代までは，こうした平ボディがそのまま使われたり，幌やシートの組み合わせで使用されることがほとんどだった。シートの場合，積荷の上にシートをかけたうえで，ロープによる固定が必要になる。作業に手間がかかるうえ，密閉性が高いとはいえなかった。

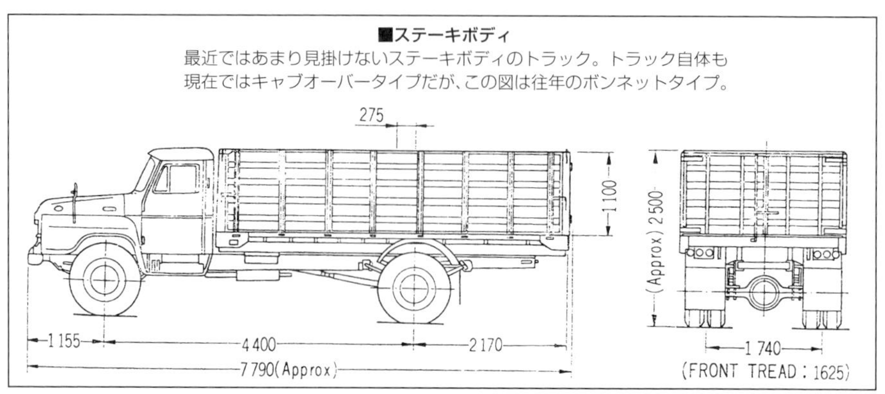

■ステーキボディ
最近ではあまり見掛けないステーキボディのトラック。トラック自体も現在ではキャブオーバータイプだが、この図は往年のボンネットタイプ。

幌の場合はコの字形の骨組を立てて骨格とし，ここに幌を張っていた。荷台ではなく荷室という形状にはなるが，幌の場合は密閉性が悪く水の浸入の心配があるうえ，強度も充分とはいえないため，荷崩れなどが起こった際に幌では支え切れないこともある。

こうしたシートや幌のデメリットを解消したのが，箱状の荷室を備えたバンボディだ。日本でバンボディが本格的に普及したのは昭和40年代に入ってから。それまでの幌車にかわってトラックの主流となっていった。まず，昭和30年代後半にバン型車の先進国であるアメリカの企業と日本企業の共同出資という形で，バンボディの生産が開始された。

当初は，バンキットとして拠点で生産され，各地の車体メーカーを通じて販売されていたが，流通コストがかかるうえ，架装に際する利幅が薄いため，ボディメーカーそれぞれが独自に製造するようになった。現在では，一定の台数の販売が見込めるものはバン型完成車として販売するケースとレディメイドのバンボディを製造しておき，必要に応じて細部を変更するケース，さらに最終ユーザーの要望に合わせて作製するオーダーメイドのケースがある。オーダーメイドのバンボディは，同じように見えても，まったく同一の仕様ということは少ない（特定の荷主や運送会社の大量発注は異なる）。積荷や荷役の状況，運用状況に応じてさまざまな工夫が凝らされている。

高度成長期に入ると，人手不足が大きな問題となり，平ボディのシート掛けや，幌取り付け作業などから解放される車両としてバンボディの人気が高まっていった。いっぽうで，平ボディにもアルミが多用されるようになり，アオリの開閉などがひとりでも行えるようになった。

さらに，効率よく荷役を行うことができるため，大型車ではウイングボディも増えていく。バンボディのフルオープンタイプといえるのがウイングボディで，バンボディ同様にアメリカの影響を受け，パレット輸送に対応した側面荷役対応のボディ形状として昭和40年代のなかばに基本形が開発された。当初はコスト面の問題もあったが，昭和50年代の後半に入ると本格的な普及が進んだ。この頃，パレットのサイズから荷台長が標準化され，行政の指導などもありパレット輸送が本格的に行われるようになってきていた。

ウイングボディはアメリカから輸入されたものだが，アメリカの長距離輸送はその後はトレーラーが主体となり，都市内輸送はバンボディが中心となっていき，ウイングボディはそれほどの発展をみなかった。物流事情が日本と比較的似ているヨーロッパでは，ウイングボディが増えるかと思われたがさほど普及せず，平ボディにシート掛けが続いている。これは，コスト面や荷役作業のための日欧の体力差，気候の差などが原因ではないかといわれている。こうした事情から，ウイングボディは日本でもっとも発展，普及していった。

日本自動車車体工業会の統計によると，バンボディ（ウイングボディも含む）のここ数年の生産は年間6万台で推移している。平成9年は約6万3000台で，同年の平ボディ生産台数は約17万台。平成10年は少し落ち込み，バンボディが約5万4000台で，平ボディが約14万台となっていて，バンボディは3分の1から4分の1の規模があることになる。

■平ボディ（カーゴボディ）

周囲にまったく囲いがなく1枚の平面とされているトラックの荷台を平ボディと呼ぶ。こうした荷台をフラットデッキと呼んだり，これを備えたトラックをプラットホーム型トラックと呼ぶこともある。実際には，こうした単純な平ボディは少なく，荷台の周囲にアオリを備えているものがほとんど。正式にはアオリ付き平ボディと呼ばれるが，アオリ付きのものも含めて単に平ボディと呼ばれることも多い。これらを普通型ボディ付きトラックと総称する。

また，アオリ付き平ボディはカーゴボディと呼ばれることも多い。カーゴ（Cargo）とは貨物という意味なので，英語として理解すればバンボディやウイングボディなど，一般貨物を運搬するボディを総称することになるが，日本ではカーゴボディやカーゴ車と呼んだ場合には，アオリ付き平ボディを指していると考えて問題ない。なお，日本自動車車体工業会など業界の分類では，車両運搬車や重機運搬車も平ボディの一種として扱うことがあるが，本書では特装車として取り上げている。

荷台の囲いのうち，両側面と後方はアオリと呼ばれ，それぞれ側アオリ（側面アオリ）と，後ろアオリと呼ばれる。キャブ側の部分は前立板やフロントパネルと呼ばれ，その上に通称，鳥居と呼ばれるキャブを保護するための構造が設けられている。

一般的には，両側面と後方のアオリが開閉できる3方開きのアオリが多いが，長距離輸送トラックのなかには後方のみが開閉可能な1方開きのアオリもある。大型車ともなると側面のアオリも長くなり，かなりの重さになり開閉が困難になる。そのため荷台の前後中央付近に中間柱を設け，側アオリを2分割した5方開きのアオリもある。さらに分割し，7方開きのアオリもある。

荷台部分は，床組と呼ばれ，縦根太，横根太，床枠，床板で構成される。縦根太はサブフレームとも呼ばれ，通常2本備えられ，それに直角に交わる数本の横根太で基本構造が作られている。根太には，以前は木材が使用されていたが，現在では鋼材の角パイプや折り材で作られることが多い。最近では，軽量化のためにアルミの使用も増えてきている。縦根太と横根太はボルト＆ナットで固定されることがほとんど。

縦根太と横根太で構成された基本構造には，床枠がボルト＆ナットで固定される。

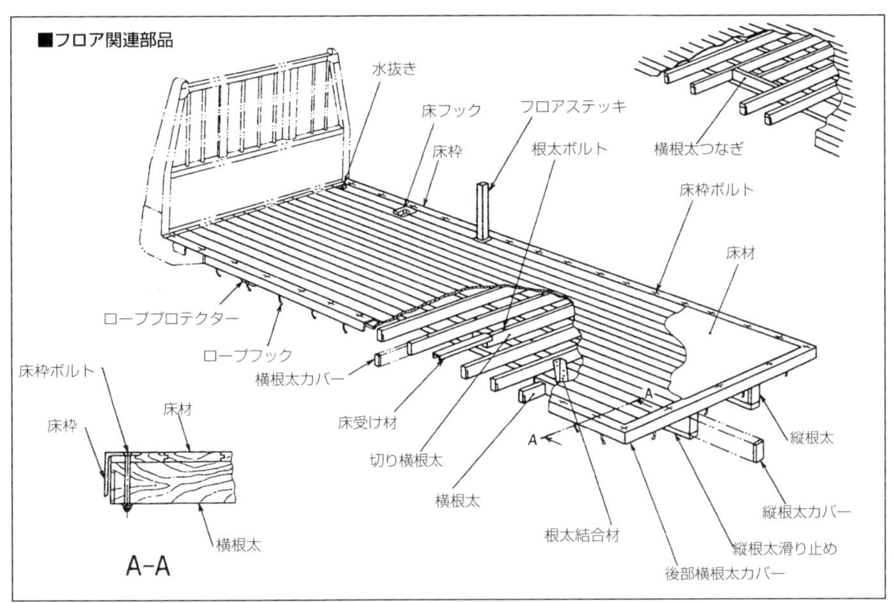

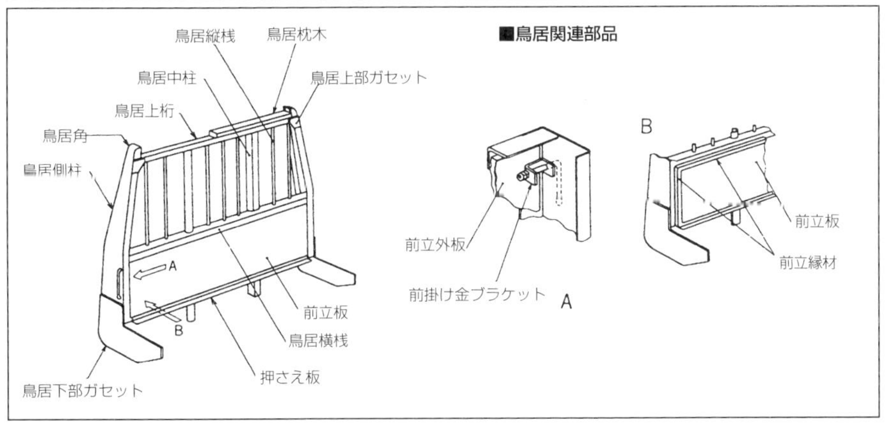

床枠には鋼材やアルミの折り材が使用され強固な枠構造とされる。床枠の周囲には，アオリのヒンジやロープ掛けのためのフックなども取り付けられる。

床枠に組み込まれる床板は，一般的には木材が使用される。アピトン材やラワン材が使われることが多いが，積載物によっては鋼板が使用されることもある。また，現在では軽量化のためにさまざまなものが採用されている。ガラス繊維で補強された硬質ウレタンの発泡体や，アルミハニカムボード，発泡ウレタンの表面をアルミ板で補強したもの，バルサ材の表面をアルミ板や硬質塩化ビニールで補強したものなどが使

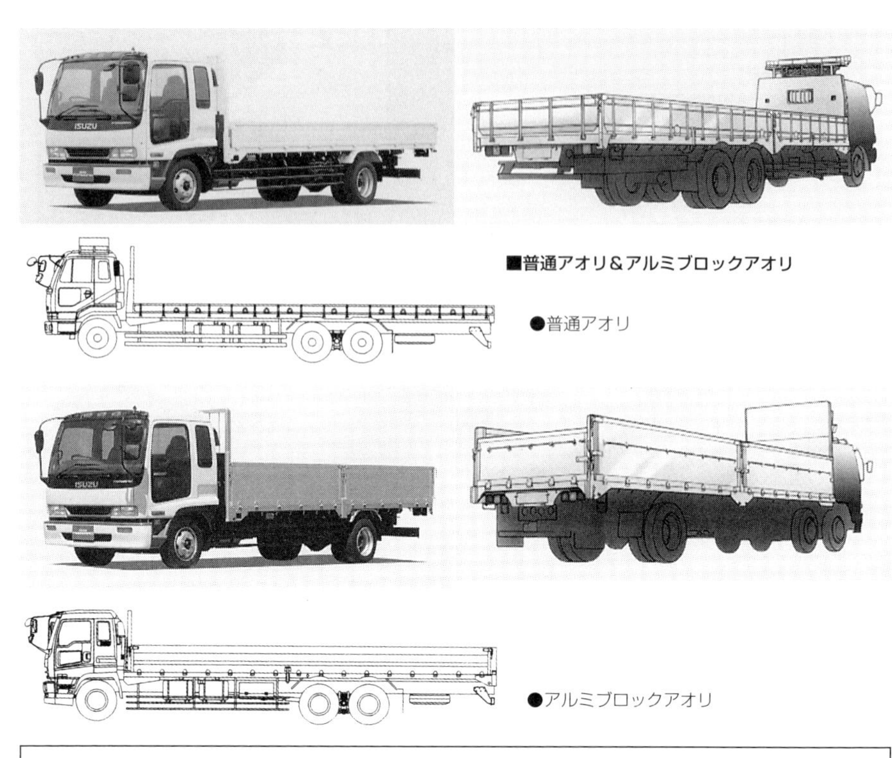

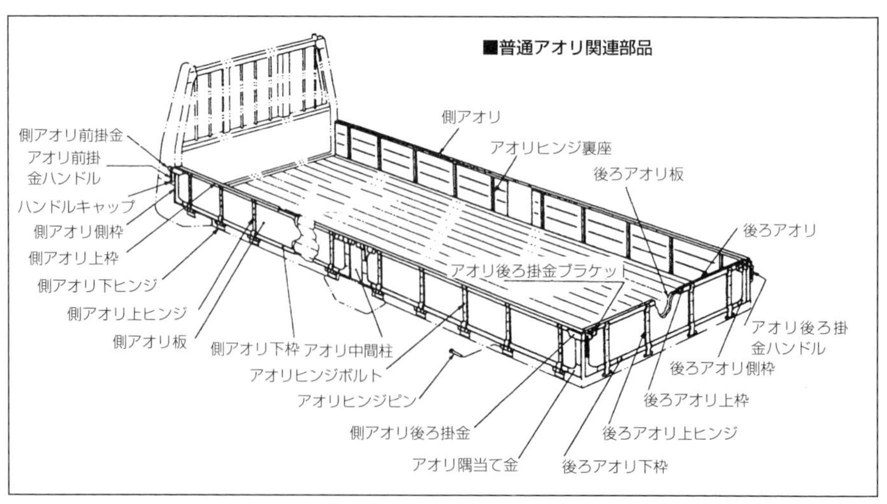

用されることがある。

アオリの高さは，大型車では450㎜程度，中型以下では400㎜程度になっているも

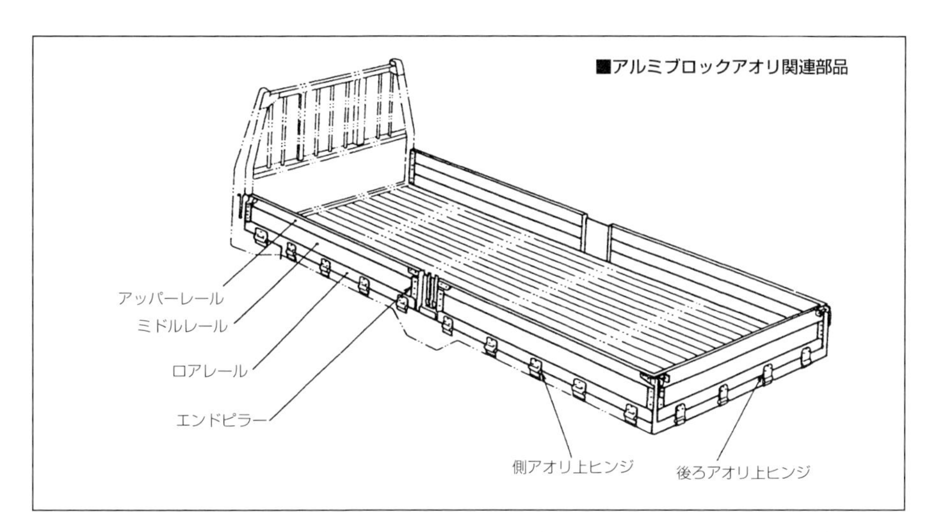

のを，一般的に標準アオリと呼ぶ。しかし，比較的比重の小さなものを運搬するトラックの場合，積荷が高くなり荷崩れを生じる危険性があるため，ユーザーの使用状況に合わせてアオリの高さは設定される。1mほどの高さともなると深アオリと呼ばれることが多い。深アオリの場合，1枚のアオリのこともあるが，中間部分にも蝶番を設けて2段折りにされることもある。

アオリはスチール製の枠に木材を組み込んだもののほか，鋼板やアルミ板，ステンレスを組み込んだものもあるが，特に大型車では軽量化に大きな効果のあるアルミブロックアオリが主流となっている。アルミブロックアオリに対して，スチール枠を使用したものを普通アオリと呼ぶことがある。普通アオリと比べると，アルミブロックアオリは約半分の重量になる。

一般的には幅（アオリにした場合には高さになる）200㎜のアルミ押し出し材を使用し，これを組み合わせて使用する。このほかのサイズのアオリ用アルミ押し出し材もあり，必要に応じて組み合わせて，目的の高さのアオリとする。組み合わされたアルミ材は，アオリ上枠から下枠までを貫通するボルト＆ナットで固定される。

アオリの重量によって5方開きや7方開きのアオリが生まれ，アルミ材などの使用によりアオリは軽量化されているが，それでも大型車の場合にはひとりで開閉するのは苦労する。そのため，現在ではコイルスプリングによる補助開閉装置が併用されるのが一般的だ。補助開閉装置が備えられていれば，大型車の長いアオリでもひとりで開閉できる。それでも，アルミブロックアオリで5方開きといったボディも多い。

アオリはヒンジを介して床枠に取り付けられる。ヒンジの固定にはボルト＆ナットやリベットが使用される。アオリが長い場合，荷台後端の左右に，立てた状態のアオ

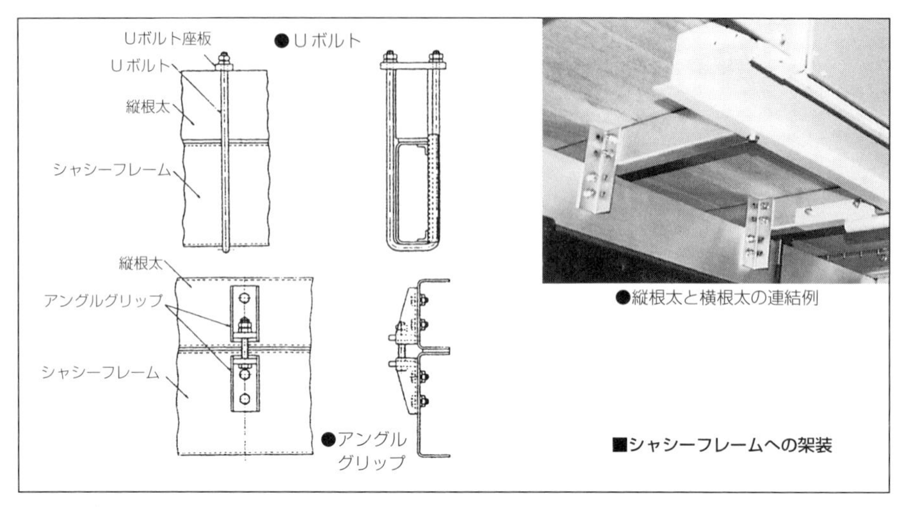

●縦根太と横根太の連結例
■シャシーフレームへの架装

りを支えるため，スチール製の支柱が立てられることもある。アルミブロックアオリの場合は，支柱が使用されることが多い。

こうして，まずはアオリ付き平ボディとして完成させたうえで，シャシーフレームに架装されることが多い。架装は，縦根太をシャシーフレームに固定する方法で行われる。シャシーフレームと縦根太の間には，移動防止のための滑り止めが配される。荷台の長さにあわせて片側に3～5個配されたり，縦根太の全長にわたってゴムベルトなどが配されることもある。こうして重ねられたシャシーフレームと縦根太をUボルトを使って固定する。ボディの大きさによっても異なるが，Uボルトは片側で数本が使われる。さらに，シャシーフレームと縦根太の側面をアングルグリップと呼ばれる金具でもつなぎ補強する。

このほか，荷台に上るための足掛け，サイドガードなどが装着され，平ボディトラックとして完成される。

■バンボディ

バンボディでもっとも一般的な形状が，直方体の箱形状にされたもので，これをドライバンと呼ぶ。積荷が雨に濡れることがないため，ドライの名が付けられている。クローズドタイプのバンボディと呼ばれることもある。これに対して，ドライバンの天井部分がないものをオープントップ型バンボディやオープンバンと呼ぶ。ただし，オープンバンは限られた存在であるため，単にバンボディと呼んだ場合，ドライバンを指していることが多い。

オープンバンの場合，必要に応じて天井部分には幌がけが行われる。自動幌がけ装

■オープンバン＆ドライバン

ドライバンは密閉された荷室空間だが、オープンバンには天井がない。必要に応じて幌掛けを行うことが多い。

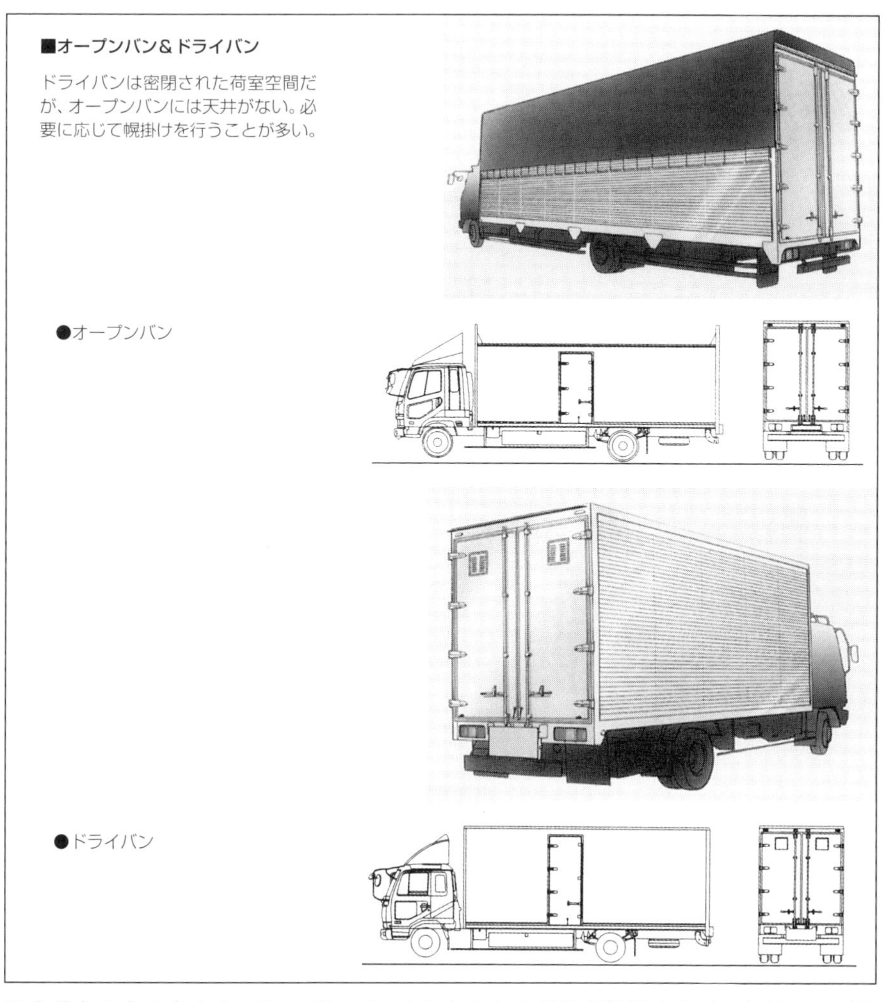

●オープンバン

●ドライバン

置を備えたものもある。オープンバンは上方からの荷役が簡単なため，木材チップや飼料などの粉粒体の運搬に使用されることもあり，その場合，ダンプ車のように荷台を傾斜させて，後方から排出ができるようにダンプ機構を備えていることもある。

バンボディは，平ボディに比べると，天井という制限があるため積載容量が減少する。保安基準最大のサイズで作ったとしても，天井や側壁などの厚さがあるため，積載容量の減少はまぬがれない。しかも，重量も増加することになるので，積載重量も減少する。また，バンボディのほうが重心も高くなる。保安基準では一般車の転覆角は35度とされているため，この点でもバンボディは不利となる。

これらさまざまなデメリットがあるが，包装や梱包を簡単にすることができ，荷崩れを防止でき積荷が保護され，雨対策も必要ないことからバンボディは多用されている。そのため，積載重量の減少を少しでも軽減する目的と，重心が高くなるのを抑えるために，バンボディは軽量化が求められている。

ボディは6面のパネルで構成され，これらが接合され箱型の構造が作り出される。支柱などの枠によって強度を作り出すのではなく，面によって構造を支えている応力外皮構造と呼ばれるもので，いわゆるモノコック構造とされている。6面のパネルはそれぞれ，床面がフロアパネル，前壁がフロントパネル，側壁がサイドパネル，天井がルーフパネルと呼ばれる。後部はドアを含めてリアウォールと呼ばれ，ドア以外の周囲の部分は，後部枠フレームやリアフレームと呼ばれる。バンボディのキットの場合には，フロアパネルを除いた5面で販売されることもある。

サイドパネル，フロントパネル，ルーフパネルなどのパネルの素材にはさまざまなものがあるが，現在もっとも多用されているのは軽量素材であるアルミ板のもの。一般的には，アルミ板をベニヤ合板で補強したものが使われるが，ルーフパネルではアルミ板だけで使用されることもある。ルーフパネルやフロントパネルでは平坦なアルミ板が使用されることが多いが，サイドパネルでは強度を高めるために波状にされたコルゲーションパネルが使われることも多い。

パネルに鋼板が使用されることもあるが，重量の点で不利になるので，採用されることは非常に少ない。以前はFRP製パネルもよく使われていたが，環境面で処理対策に問題があるといわれているため，最盛期に比べると半減しているという。現在では，FRPバンボディのうち99％以上が冷蔵車や冷凍車に使用されている。

サイドパネルやルーフパネルのサイズが大きな場合，パネルだけでは充分な強度が得られないこともある。こうした場合には，スティフナーと呼ばれる補強柱が使用される。サイドパネルであれば上下方向に，ルーフパネルであれば左右方向に，アルミ材の柱が入れられる。

リアフレームは枠だけで面としての強度を作り出す必要があるため，アルミ材ではなく鋼板折り曲げ材が使用される。ここにベニヤ合板で補強されたアルミ板で作られたドアが取り付けられる。

もっとも多用されているアルミ板のパネルの場合，フロントパネルとサイドパネルはコーナーポスト（フロントコーナーポスト）を介して接合される。それぞれのパネルが，コーナーポストにリベットやボルト＆ナットで固定される。ルーフパネルの場合も同様で，アッパーレールとも呼ばれるルーフレールに，ルーフパネルやフロントパネル，サイドパネルがリベットやボルト＆ナットで固定される。サイドパネルの後方はリアフレームに直接リベットやボルト＆ナットで固定されるが，ルーフパネルと

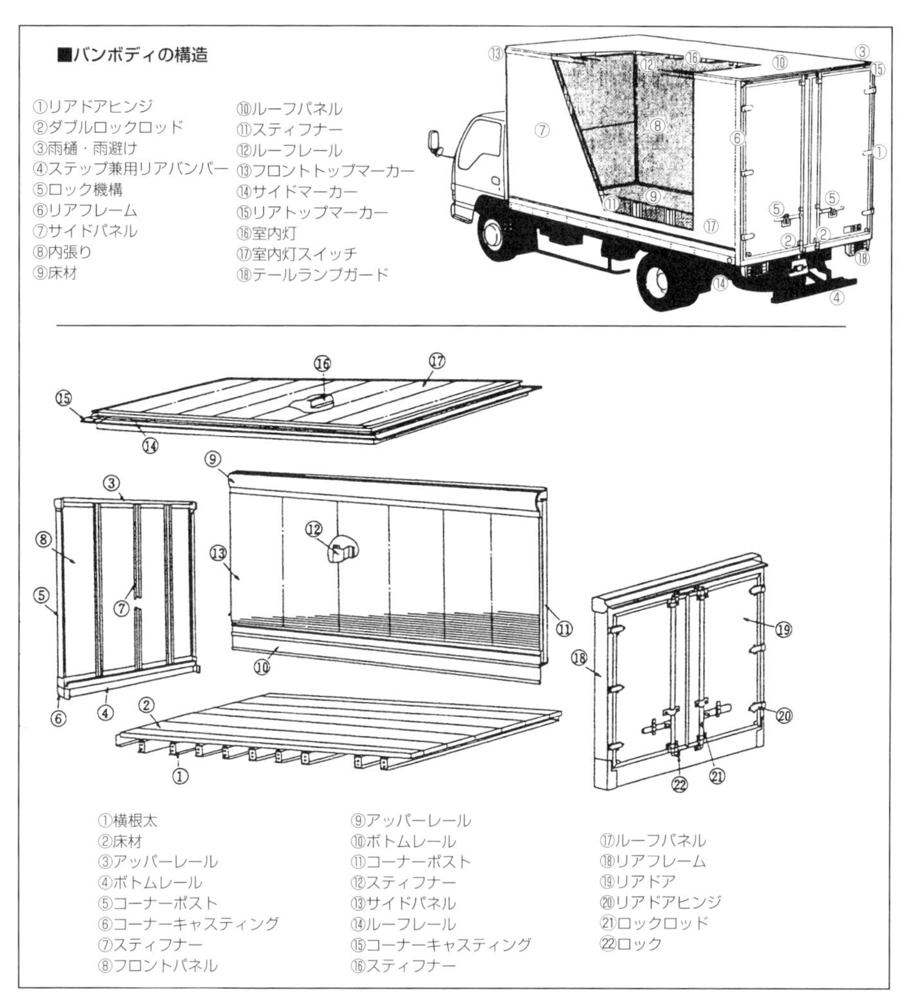

リアフレームの接合部分にはルーフレールが介されることが多い。

これらのコーナーポストやルーフレールにも，アルミ材が使用される。3本のレールやポストが集まるコーナー部分は，コーナーキャスティングと呼ばれる部材によってカバーされる。リアフレームの上側には，雨水をサイド側に排出するための溝が作られることも多い。

サイドパネルにドアを設ける場合には，鋼板折り曲げ材のドア枠が使用される。パネルに開口部を設けたうえでドア枠をリベットやボルト＆ナットで固定し，ここにドアが取り付けられる。ドアそのものも，アルミ板やベニヤ合板で補強されたアルミ板

●トップコーナーキャスティング

●コーナーポスト

●ボトムコーナーキャスティング

●ボトムレール

●ルーフレール

●雨樋・雨避け

■各部材

バンボディの各所に使われる部材は、ほとんどがアルミ製。各パネルや接合用の部材が組み合わされてバンボディが構成される。

●サイドパネル＆床材接合部

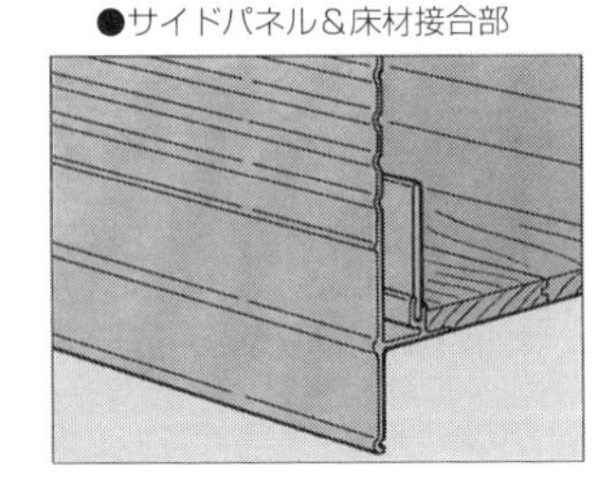

●リアフレーム（上部）

が使用され軽量化が図られている。

5面で構成されるキットボディの場合，これらのパネルが，あらかじめ平ボディと同様に作られたフロアの床枠に接合される。接合部にはロアレールとも呼ばれるボトムレールが使用されることもある。6面でボディが構成される場合は，フロントパネルやサイドパネルにはボトムレールが備えられ，さらにリアフレームの下の辺もボトムレールとして利用され，この枠にフロアパネルが組み込まれる。フロアパネルのさらに下に設けられる横根太・縦根太の構造は平ボディの場合と同じだ。シャシーフレームへの架装にも平ボディと同様の方法がとられる。

加工は鋼板に比べて難しいが，軽量であるためアルミ板のパネルが主流となっているが，積載量増大のためにさまざまな軽量素材の開発や採用も始まっている。軽量化のための素材（パネル）としては，コア材にハニカム状のアルミや紙，バルサ，スチレンフォーム，低発泡ポリエチレンを使用し，これをアルミなどではさんだサンドイッチ構造のパネルが各種開発されている。

バルサというと一般の人は弱い素材というイメージがあるかもしれないが，バルサは天然のハニカムコア材とも呼ばれている。バルサの断面は6角管を組み合わせた構造になっていて，荷重を分散することができる。非常に軽量だが，比重（0.1～0.26）あたりの機械強度が高い。加工性も高く，寸法安定性も高い。さらに断熱性や極低温特性にも優れているうえ，独立した管で構成されているため水の浸透が防がれ，防音や保温の効果もある。もちろん軽量化も充分に実現される。

アルミの弱点をカバーする方法も開発されている。アルミはスチールに比べると弱く，同じ強度を確保するためには板を厚くしなければならない。そこで，カーボンファイバーによる強化方法が開発された。それがアルミ板にピッチ系カーボンファイバーを接着したアルミ・カーボンファイバー複合材で，高剛性が実現されている。

問題点としては，板金加工が難しく，表面が黒いため，親しまれているアルミ独特の金属光沢が失われることになる。両面にカーボンファイバーを接着することが望ましいが，こうした問題点をクリアするために，剛性を多少犠牲にしてカーボンファイバーを片側だけに接着する方式も考えられている。ただし，この場合，熱膨張率の異なる素材が張り合わされることで，バイメタルのようにパネルが反ってしまううえ，温度が高いと接着剤剥離にもつながる。

このほか，中空プラスチックパネルも開発されている。プラスチックの段ボールといえるもので，熱伝導率の低い樹脂を材料に使い，サンドイッチにした中空構造の中は真空にして断熱性を高めている。耐衝撃性については，ハンマーで叩いた程度ならば表面が少し凹む程度だが，防犯性が問題になるうえ，火災に対しても弱い。いっぽう光の透過性は極めて高く，昼間ならば荷台内は照明が必要ないほど。また，一体成型カーボンボディやフェノール樹脂をいかしたカルボードパネルもあるが，まだまだ限定的な用途で使われているだけだ。

軽量化のために開発されたパネルは，当初は比較的強度が求められないうえ面積が大きなサイドパネルやルーフパネルから採用が始まり，扉，そして床材へと応用が進められている。逆に，強度が求められる床材用に開発された軽量素材は，薄くすることによって軽量化し，扉やサイドパネルへと応用されていく。

軽量化は構造面からも進められている。リベットを使用しないでアルミを接合するために，接着剤で接合する方法やテープで接合する方法が開発されている。リベットの分だけ軽量化できるばかりでなく，作業工程を短縮することができ仕上がりもすっきりと美しくなる。

また，錆びないことが求められる場合には，ステンレスが採用される。ステンレスは化学的耐性が強く，一般の鉄に比べて3倍の耐久性があるといわれているが，ステンレスは加工や溶接が難しいため，現状では床材に使われる程度だ。

バンボディのバリエーションとしては，ボディ天井がアーチ状になったカマボコ型ボディがある。これはピギーバック用バンといわれるもので，トラックを列車に載せて運ぶピギーバック輸送用のボディ。トンネルの天井にぶつからない形状として，アーチが採用されている。ピギーバックとは，JRの貨物輸送合理化のなかで考案された鉄道とトラックを組み合わせた輸送システムのこと。貨車にトラックを載せて長距離を運ぶため，長距離ドライバーや集配のための荷物の積み替えが不要になり，輸送コストを削減することができる。

バンボディには当然のごとくドアが必要で，中大型トラックの場合，後方のドアは観音開きのものが一般的だが，3枚か4枚のパネルで構成され観音開きのドアがさらに折り畳めるようにされたものもある。こうすることで，車両後方にドアの作動スペースが少ない場合でも，ドアを大きく開けることが可能となる。ドアを開くためのスペースを必要としないシャッター式のロールアップドアや，パネルが折り畳まれながら開いていくフォールディングドアが使用されることもある。下部をアオリ構造で，上部が上開きのスイングアップドアといったものもある。

側面にドアが配される場合，一般的な片開きのドアのほか，作業スペースがない場所でも開閉できるスライドドアが使用されることもある。こうした側面のドアは，集配などを行う中小型トラックでは必要不可欠なもので，駐車場所の環境によってどちらからでも作業できるように，両側面にドアが配されることもある。

特殊な用途で使用されるバンボディでは，ルーフがスライドして開くものもある。積み込み時にはクレーンで上方から，配送時には後部ドアや側面ドアから行うといった環境で使用される。

ドアのロック機構にしても，さまざまなものがある。中大型トラックの観音開きの後部ドアでは，ドアの前面に上下を貫通するロッドがあり，これが下部のホルダーに収まった状態でロック。ハンドル操作によってロッドを上方に持ち上げることでロックを解除する形式のものが使われることが多い。側面の小型のドアなどでは，一般家庭のドアと同じように，ドア側からドア枠の窪みにロッドなどが入ることでロックを行う形式のものもある。

ドアノブやハンドルにしても，誰でもが簡単に操作できるものから，簡単には開け

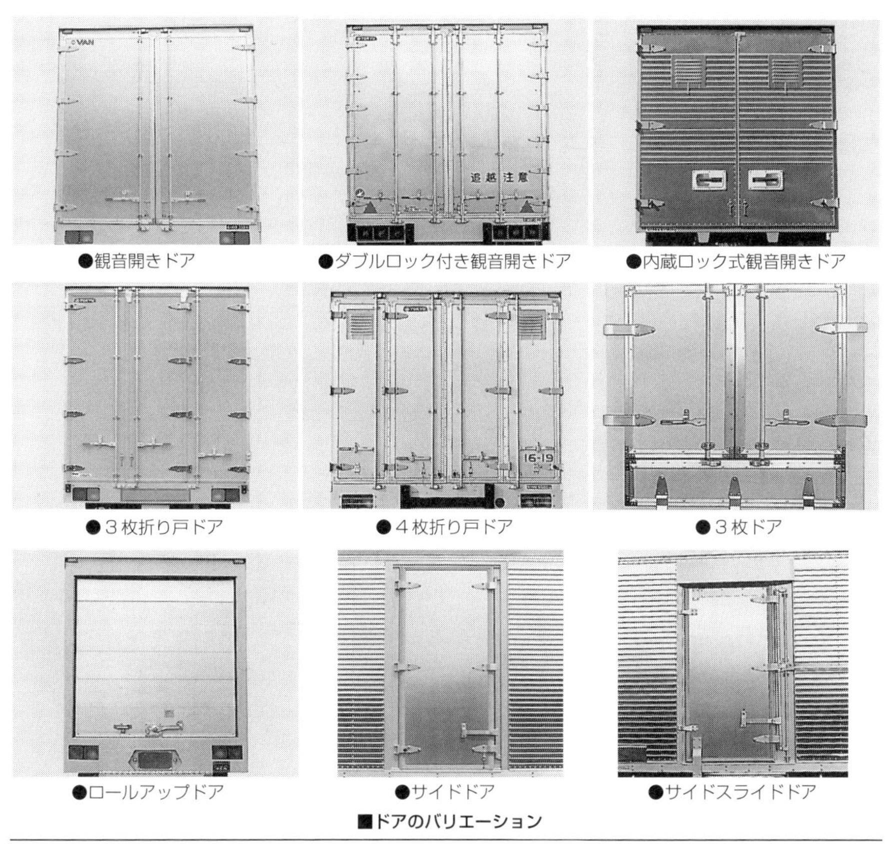

●観音開きドア　●ダブルロック付き観音開きドア　●内蔵ロック式観音開きドア

●３枚折り戸ドア　●４枚折り戸ドア　●３枚ドア

●ロールアップドア　●サイドドア　●サイドスライドドア

■ドアのバリエーション

られないように押しながら上げるといった動作の組み合わせが必要なものもある。側面のドアでは，安全面や車両サイズの制限からドアノブやハンドルの飛び出しも問題になる。そのため埋め込み式のドアノブなどが採用されることもある。

これらのドアに関連する要素はすべて，最終ユーザーがどのような環境で荷役を行うかによって決定される。こうした最終ユーザーの要望に応じて，ボディメーカーでは必要なドアを設けることになる。

バンボディの生産台数を平成10年度の実績でみると，全1万9547台のうちオープンバンは約3%で，大半がドライバンということになる。これとは別に，基本構造はドライバンと同じである冷蔵・冷凍車は全2万2367台の生産台数がある。両者合わせれば4万台を超える規模となる。

ドライバンのみのパネル素材別の内訳では，アルミ製が約98%で，スチール製は約2%，FRP製は1%にも至らず0.2%となっている。主流のアルミ製ドライバンのなかでは，大型が約10%，中型が約19%，小型が約71%，軽は1%に満たない。

■ウイングボディ

バンボディの大型トラックの荷室は広いが，一般的に大きな開口部は後部ドアだけである。現在，こうした大型トラックを使用した運送では，パレット輸送が主流になっていて，フォークリフトが併用されることがほとんどだが，バンボディの場合には後部ドアから積み込んだパレットを荷室内で奥へ奥へと移動する必要があり，荷降ろしの際にも同様の労力が必要となる。こうしたフォークリフトを利用したパレット荷役の場合，荷室の側面すべてが開放されることが理想的で，側面からであればフォークリフトによって荷室奥（反対側の側面）まで積んだり降ろしたりすることができる。アオリ付き平ボディであれば，こうした問題はないが，平ボディには荷崩れやパレットの縦積みなどの問題もあるうえ，ロープによる固定や幌がけの手間も見逃すことができず，積荷に上がって作業をするため転落などの労働災害も発生する。

また，バンボディでは先に積んだ荷物の大きさの不揃いによって使用できない空間ができてしまった場合，荷物をいったん降ろして積み直さないとデッドスペースをなくすことができないが，側面が開放されていれば，後からでも奥まった位置に荷物を積み込むことができ，デッドスペースを少なくすることができる。こうしたバンボディのデメリットのため，バンボディを基本とした側面開放車は，特に大型トラックで求められている。

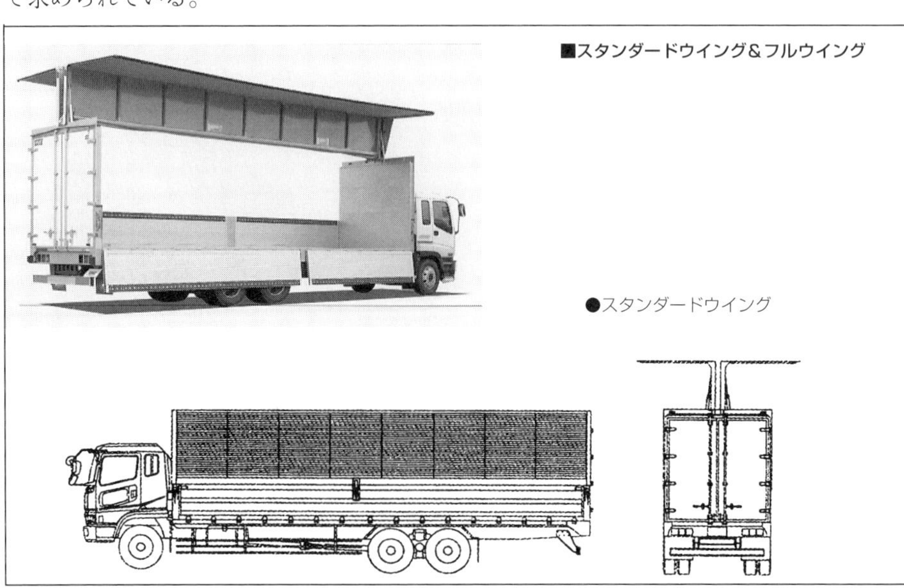
■スタンダードウイング＆フルウイング

●スタンダードウイング

側面開放車にはさまざまな方式があるが，現在日本で主流になっているのはウイングボディと呼ばれるものだ。フルオープンバンの名で呼ばれることもある。ウイングボディは，バンボディの側面から天井の半分までを完全に開放することができるようにしたもの。閉じた状態を見るとウイングボディとバンボディの区別が付けにくいが，実際には大型トラックのバンボディでは，かなりの数がウイングボディとされている。

ウイングボディでは，バンボディのサイドパネルとルーフパネルの半分までが一体化されていて，前後方向でみると断面がL字形のパネルがルーフ中央のセンタービームにヒンジで取り付けられている。このヒンジを支点にして，L字形のパネルが開いていく。L字形のパネルが羽根のように開くため，ウイングボディと呼ばれる。このパネルは，ウイングルーフや，単にウイングと呼ばれる。

ウイングボディのデメリットは，ウイングを開閉する際には，先端が円弧を描いて動くため，荷役を行う際にはボディの側面と上部にある程度のウイングの作動スペースが必要になることだ。そのため，側面のパネル全体を含んだウイングボディもあるが，側面の下3分の1から4分の1程度が平ボディのアオリのように下に開くようにされていることが多い。それだけウイングが短くなるため，作動スペースが削減される。こうしたタイプがスタンダードタイプのウイングボディといえるもので，アオリがなく側面全体が開くタイプはフルウイングタイプと呼ばれる。フルウイングタイプの場合，ルーフ側は左右中央まで開かず，中心から少し左右に寄った位置にウイングの支点が備えられることもある。

スタンダードウイングはアオリを備え、サイドパネルの4分の3から3分の2がウイングとされる。フルウイングタイプでは、サイドパネルがすべてウイングとされるが、ルーフがすべてウイングとされることは少ない。

●フルウイング

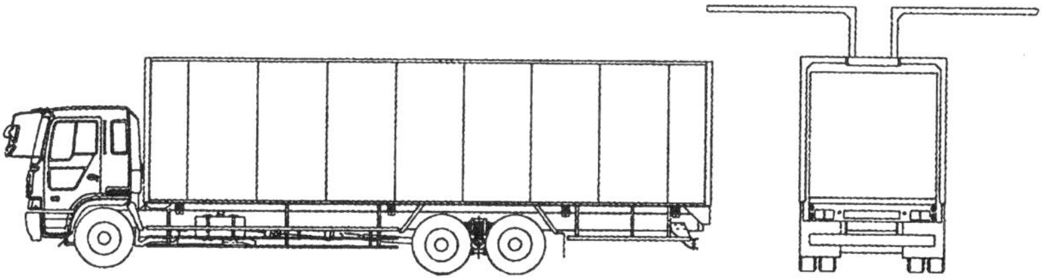

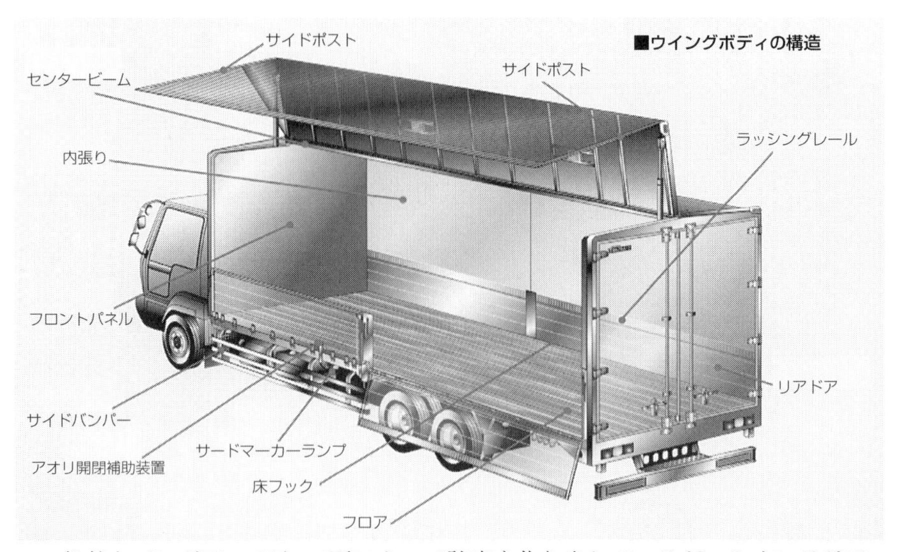

一般的なバンボディでは，6面によって強度を作り出しているが，ウイングボディの場合には，サイドパネルがフロントパネルや後部枠フレームに固定されていないため，ウイングを閉じた状態でもモノコック構造として充分な強度を作り出すことができない。そのため，一般的にはセンタービームと呼ばれる骨材が天井位置の左右中央に通され，フロントパネルと後部枠フレームをつないでいる。センタービームには鋼材が使用されることが多い。このセンタービームにヒンジでウイングが取り付けられる。フロントパネルも強化する必要があるため，両サイドには角パイプのコーナーポストが備えられる。

ウイングそのものの基本構造は，バンボディのルーフパネルとサイドパネルに準じたもので，アルミ板やベニヤ合板で補強されたアルミ板が使用されている。ウイングの下端にはボトムサイドレール，ウイングのコーナー部分にはサイドトップレール，ルーフのヒンジ側にはルーフセンターレール，前後端にはサイドポストが設けられ，ここにルーフ用のパネルとサイド用のパネルが張られる。必要に応じて，スティフナーによる補強も行われている。

ウイングの下端で，アオリの上端と接する部分は，ウイング側が外側にかぶさるようにされ，水などの浸入を防いでいる。ウイングの下端部分には水切りのためのシール材も配されている。閉じた状態のウイングは，そのままでは走行振動で動いてしまうので，前後両端とアオリの途中数カ所でロックできるようにされている。ルーフクランプやウイングファスナーと呼ばれるロック機構で，ウイングが浮き上がらないように押さえ付けている。

フロント

センター

リア

■ウイングの固定
ウイングはファスナーなどの金具でアオリの支柱と中間柱にしっかり固定される。

一般的なウイングでは，アルミ材が使用されているが，幌が採用されることもある。骨材による枠に幌が張られるため，軽量化を図ることができるが，荷室内で荷崩れには充分に対処しきれないこともある。

ウイングの開閉には，油圧シリンダーが利用される。前部ではフロントパネルの上端のセンタービームから少し離れた位置，後部ではリアフレームの上端のセンタービームから少し離れた位置と，それぞれウイングのルーフ部分の骨材が油圧シリンダーでつながれている。左右のウイングにそれぞれ2本ずつ，合計4本のシリンダーが使われるのが一般的だ。油圧シリンダーが伸ばされると，シリンダー自体も起き上がりながらルーフを持ち上げていく。これにより，ウイングのルーフ部分がほぼ垂直になるまでウイングを開くことができる。シリンダーが縮められれば，ウイングは閉じる。油圧は車載のバッテリーを動力源として，電動モーターが油圧ポンプを駆動して発生させる。操作部は車両側面にそれぞれ設けられ，その側のウイングを開閉する

■センタービーム＆油圧シリンダー
ウイングはセンタービームを支点にして支えられ、油圧シリンダーで開閉される。

●センタービーム

●油圧シリンダー

ことができる。
　ウイングの作動スペースを削減するために，ウイングの途中にもヒンジを設けて中折れ式のウイングとしているものもある。ウイングが折り畳まれながら開き，ルーフ

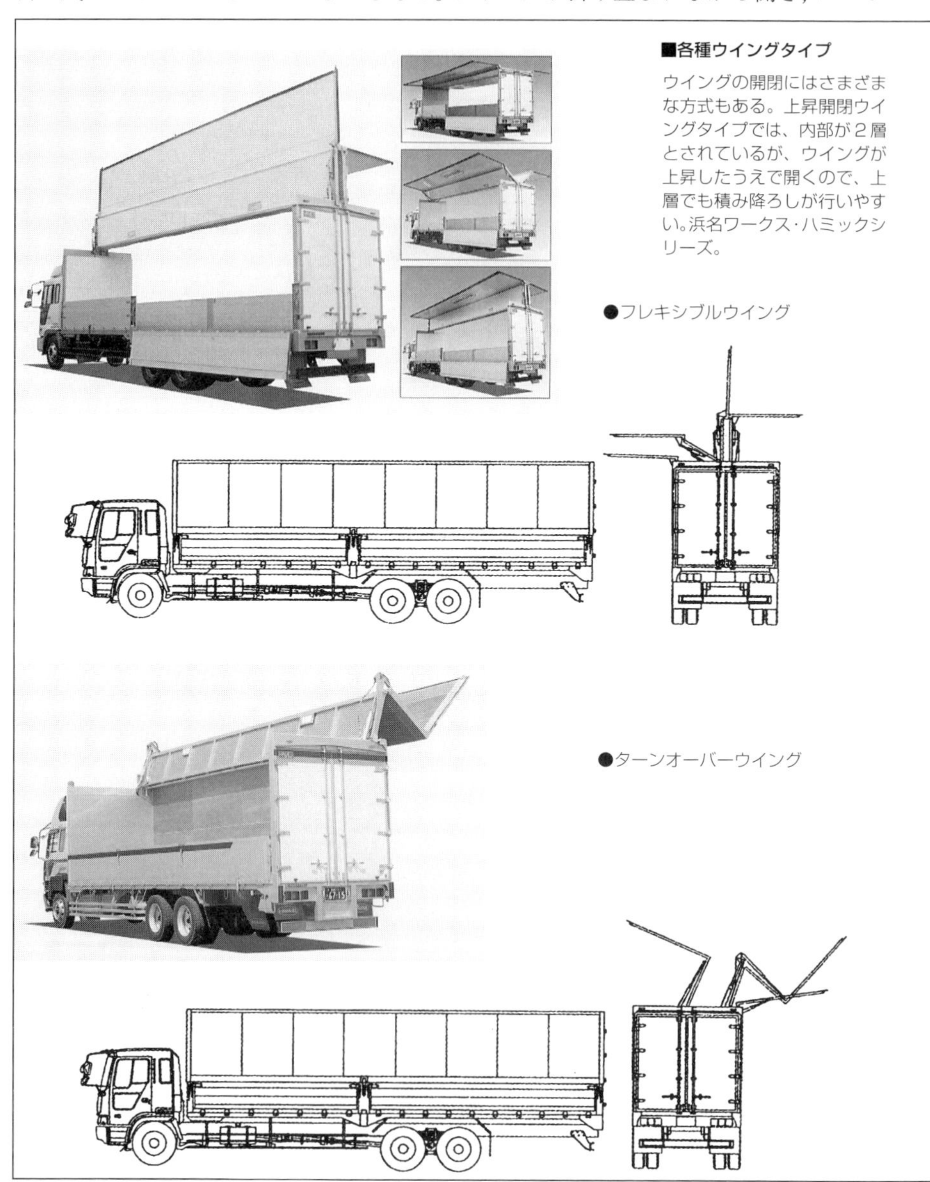

■各種ウイングタイプ

ウイングの開閉にはさまざまな方式もある。上昇開閉ウイングタイプでは、内部が２層とされているが、ウイングが上昇したうえで開くので、上層でも積み降ろしが行いやすい。浜名ワークス・ハミックシリーズ。

上に格納されるタイプも登場してきている。また，通常のウイングボディはクレーンによる吊り荷役は難しい。そのため，一般的なウイングは，ウイングのサイドパネルの部分が水平程度になるまでしか開かないが，ルーフ部分とともに直立できるようにしているタイプもある。サイドパネル部分を起立させるための油圧シリンダーを別に備えているので，さまざまなウイングのアクションが行える。

さらに上方からの荷役を行いやすいように，ウイングが頂点を超えてさらに開いていくものもあり，ターンオーバータイプのウイングと呼ばれる。ターンオーバーに加えて中折れウイングを採用し，車両上部のウイング作動スペースを削減している例もある。ルーフ側の開口部を大きくするために，センタービームがボディの左右中央ではなく，偏った位置に配置され，反対側は固定のサイドパネルとなるかわりに，もう一方を大きく開放できるタイプもある。また，センタービームそのものが上昇するシステムも開発されている。フロントパネルとリアフレームの上辺が油圧シリンダーで上昇されたうえでウイングが開かれるので，荷役のスペースを広くとることができる。

バンボディはパネルを薄くすることによる容積拡大は到達点に達しているといえるが，ウイングボディにはまだ容積拡大の可能性がある。容積拡大の障害になっているのは，荷室内の天井から飛び出しているセンタービームで，これがあるために荷室高を最大限に利用することができない。そのため，最近ではセンタービームレス構造のウイングボディも登場してきている。

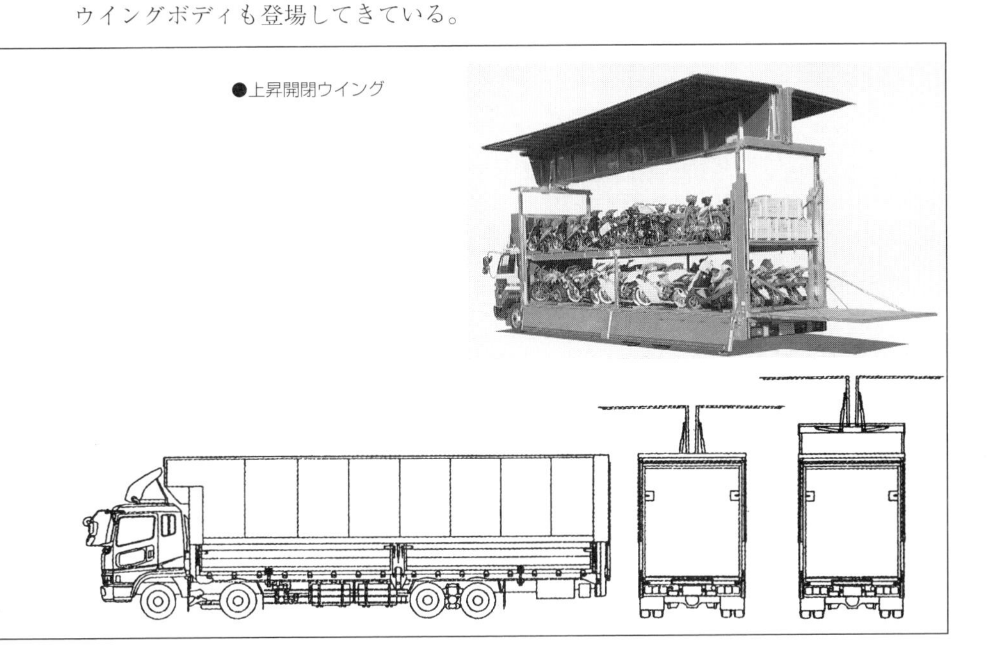
●上昇開閉ウイング

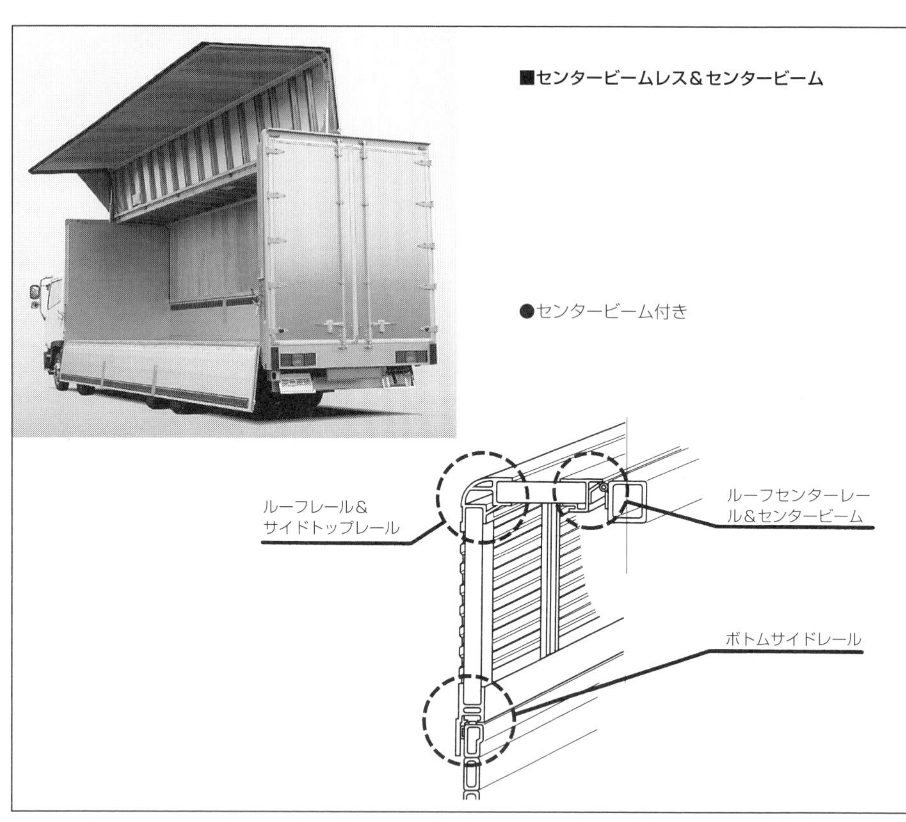

センタービームを使用しない場合，ウイングのルーフセンターレールが強化され，左右のルーフセンターレール同士がヒンジでつながれる。片側のウイングが開く際には，もういっぽうのウイングのルーフセンターレールが支えることになる。

側面開放車にはこのほかにも，さまざまなものがある。ルーフは固定されたままで，側面のパネルだけが開閉するタイプもあり，フラップボディと呼ばれることもある。ウイングボディでは車両上部にウイングの作動スペースが必要になるが，左右パネルだけの開閉なので，天井が低い場所でもパネルを開いて荷役を行うことができる。アオリとフラップに分割して開くことができるタイプもある。

また，側面全体が引きカーテンとされているタイプもある。トートライナーと呼ばれることが多く，EC諸国でよく使用されている。ルーフ以外の3方すべてにアコーディオンカーテンを採用し，車両の3方どこからでも積み降ろしができるものもある。カーテンのかわりに引き戸を使用したタイプもある。

強度や防水の問題から一時はあまり使用されなくなっていたカーテンや幌だが，現

センタービームレス構造の場合、ルーフセンターレールが強化され、反対側のウイングの開閉時には、ウイングを支えている。全体の写真からは違いが分かりにくいが、荷室内の天井を見ると、センタービームがないのが分かる。東急車輛製造・ウイングボディシリーズ。

●センタービームレス

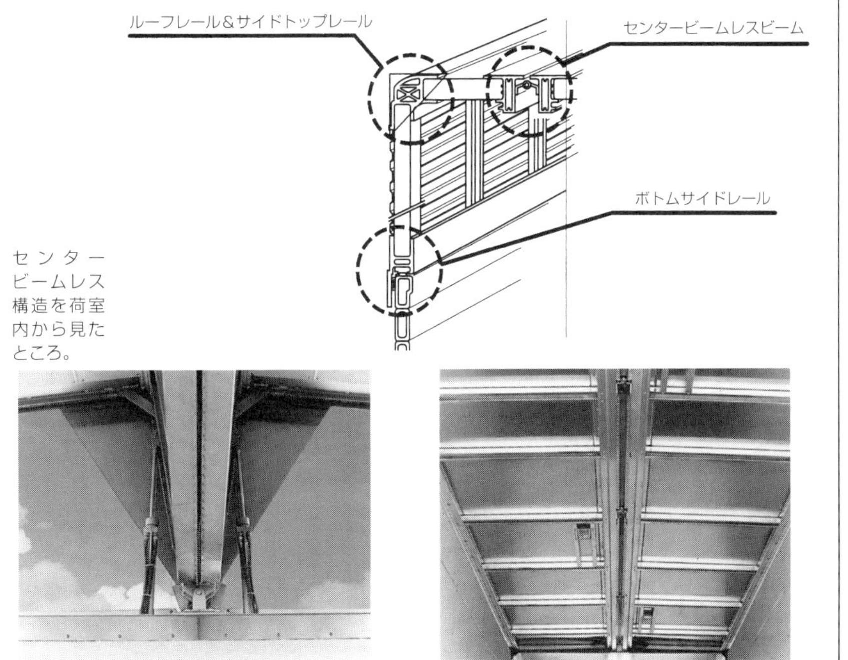

センタービームレス構造を荷室内から見たところ。

在ではある程度の強度や防水性が確保できるようになってきているので，軽量化のためにバンボディやウイングボディと組み合わせて使用されるようになっている。特に中小型車でさまざまなアイデアが実現されているが，大型車でもカーテンや幌を使用したアイデアが数多くある。

側面開放車の生産台数を平成10年度の実績でみると，1万897台で，これとは別に

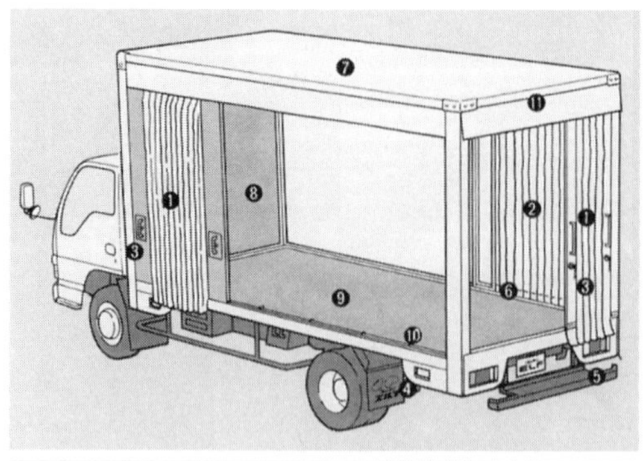

■側面開放カーテンボディ

荷室の側面、リアの3方をカーテンとすることでさまざまな荷役を可能とした側面開放車。面で荷室構造を支えられないので、リアの支柱は強化されている。いすゞ・アクションバン。

①カーテン
②カーテンパイプ
③カーテンドアロック
④ステップ
⑤ステップ兼用リアバンパー
⑥ドアストッパー
⑦ルーフパネル
⑧フロントパネル
⑨フロアパネル
⑩ロープフック
⑪室内灯

基本構造が同じである側面開放の冷蔵・冷凍車もあり，両者合わせると1万1703台となる。側面開放車のみのパネル素材別の内訳では，アルミ製が99.5%で，スチール製やFRP製はほとんどない。サイズでみると大型が約58%，中型が約37%，小型が約6%となっている。側面開放車は荷役を効率化して大量輸送を目指す車両であるため，やはり大型が中心となっている。

冷凍車と冷蔵車

■冷凍車と冷蔵車の特徴

バンボディのバリエーションのひとつといえるのが，冷凍車や冷蔵車，保冷車だ。冷凍バンや冷蔵バン，保冷バンと呼ばれることも多い。このうち，保冷車は荷室内温度を下げる機構は備えられておらず(氷やドライアイスを入れることで保冷効果を高めることはある)，冷凍車では冷凍機によって荷室内温度を下げ，低温での定温輸送が可能とされている。冷蔵車に関しては，特に定義されておらず，冷凍能力の低い冷凍車を冷蔵車と呼ぶこともあるが，日本自動車車体工業会の統計資料では冷蔵車＝保冷車として定義している。保冷車の場合は，単純にバンボディなどのバリエーションのひとつといえるが，冷凍車の場合は冷凍機を装備しているため特装車の一種ともいえる。

冷凍車や保冷車では，冷気が荷室外に逃げたり，外気が荷室内に侵入すると保冷能力が低下し，冷凍機にかかる負担も大きくなるため，気密性が重視される。そのため通常のドライバン以上に気密性が高められ，隙間なくボディが構成されている。特にドアなどの開口部では，シール部が二重にされ，高い気密性を確保している。ウイン

■冷凍車

冷凍バンと通常のドライバンとは、外観からは区別しにくい。写真の冷凍車のようにノーズマウント型のエバポレーター＆コンデンサーユニットがあれば冷凍車だと分かるが、ユニットがシャシーフレームに配されているものだと外観上の違いはほとんどない。

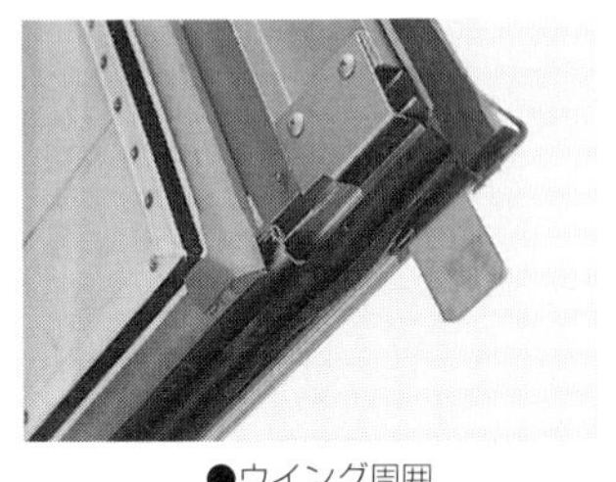

●ウイング周囲

■開口部シール部

バンボディのドアや、ウイングボディのウイングの周囲は、ゴムなどのシールが二重に施され、気密性が高められている。

●ドア周囲

グボディでは開口部が大きいため，それだけ隙間ができやすいが，こうした部分も二重シールなどで気密性を高め，現在ではウイングボディの冷凍車や保冷車もある。

冷凍車や保冷車の基本的なボディの構造はバンボディやウイングボディと同じで，パネルにはアルミやFRPが使われるが，特にFRPは断熱性が高いので，これらの車両で使われることが多い。もっともシンプルな保冷構造の場合は，こうしたパネルの内側にポリウレタンやポリエチレンなどの発泡体が断熱材として張られ，さらに化粧板などの内張りで覆われるが，これだけでは充分な保冷能力が得られない。そのため，冷凍車ではさらに断熱性を高めるために，2枚のパネルの間に断熱材をはさんだサンドイッチ構造が使われることがほとんど。

サンドイッチ構造では，断熱材パネルを使用する方法と，現場発泡方式とがある。断熱材パネルを使用する場合，パネル製造時に2枚のパネルの間に必要に応じてカットした断熱材パネルを入れていくことになるが，2枚のパネルの間を完全に隙間なく断熱材で埋め尽くすことは難しい。これに対して現場発泡方式では，2枚のパネルを組み合わせたうえで，隙間から未発泡のウレタンフォームを注入し，パネルの間で発泡させる。当初は液体の状態で注入されるので，パネルの間の隅々まで断熱材を行きわたらせることができ，より断熱性を高めることができる。

断熱材の厚さは，パネルの厚さにも影響を受け，荷室の大きさによっても異なるが，大型の保冷車の場合で断熱材の厚さは50㎜程度。マイナス15度の荷室内温度を実現している冷凍車では，100㎜の厚さの断熱材が使われることもある。

荷室内の壁面や床面，天井面などは，そのままアルミパネルやFRPパネルが使用されることも多いが，食品などを輸送することが多い冷凍車や保冷車では，ステンレスが採用されることもある。また外側のパネルは，太陽光を反射しやすくするために通常のアルミパネルではなく，白色のカラーアルミパネルが使われることが多い。FRPの場合も白色にされていることがほとんどだ。

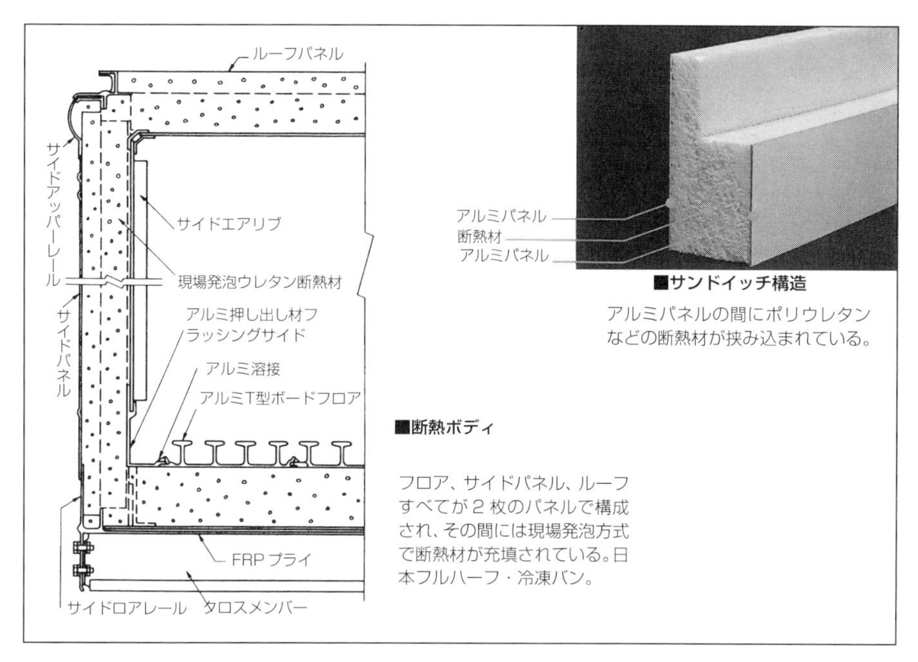

■断熱ボディ

フロア、サイドパネル、ルーフすべてが2枚のパネルで構成され、その間には現場発泡方式で断熱材が充填されている。日本フルハーフ・冷凍バン。

■サンドイッチ構造

アルミパネルの間にポリウレタンなどの断熱材が挟み込まれている。

冷凍車で荷室内を冷却する方式には，機械式，液体窒素式，蓄冷式がある。機械式の冷却の原理は，クルマのエアコンのクーラーとまったく同じだ。冷媒をコンプレッサーで圧縮し液化すると同時に，その圧力で圧送を行う。エバポレーターに送られた液化した冷媒は，ここで気化することで周囲から気化熱を奪い冷却を行う。気化した冷媒はコンデンサーユニットに送られ，ここで走行風などで冷やされ部分的に液化され，コンプレッサーに送られる。

液体窒素式は，車両に液体窒素ボンベを備え，ここから液体窒素を荷室内に噴射させる。液体窒素の温度はマイナス196度なので，荷室内は一気に冷やされるうえ，マイナス50度程度が実現される。同時に窒素が増えることで酸素の比率も減ることになり，食品の場合には鮮度を維持するのに効果的な環境になる。しかし，液体窒素の供給源が限られているうえ，ランニングコストも非常に高いものになる。現在では，冷凍マグロなどの高額の食料品の運搬に使われている程度だ。

蓄冷式は冷凍板式とも呼ばれ，夜間など車両を使用しない時間に外部の電源（AC100Vや200V）を使って荷室内の冷凍板を冷却して凍結させる。いったん蓄冷してしまえば機械的動力が必要ないため，荷降ろし作業中にエンジンを停止することができ，故障が少なく信頼性も高いというメリットがある。しかし，冷凍装置が重くなるという欠点があり，フル蓄冷には8～10時間が必要である。また，ドアの開閉の回

■蓄冷式冷凍システム

冷凍板を荷室内に配するにはさまざまな方法がある。天井やサイドパネルやフロントパネルなど車両が使用される状況に合わせて使い分けられる。東プレ・コールドトップ冷凍板式冷凍冷蔵車。

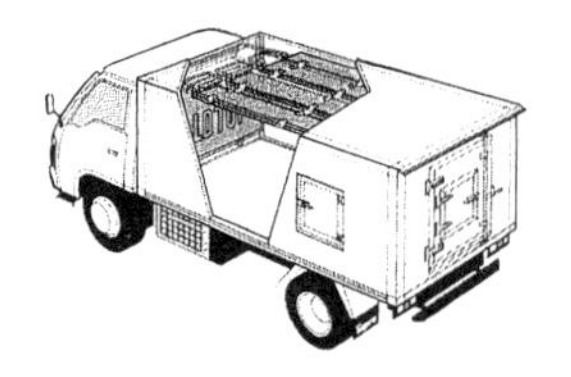

天井（＋フロント）配置

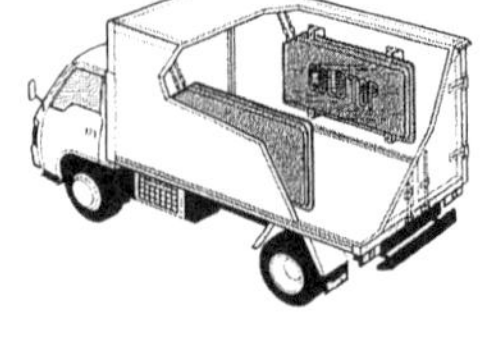

サイド配置

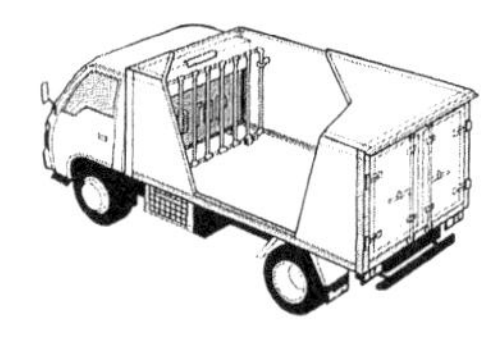

フロント配置

数にもよるが，冷却能力を維持できるのは8～10時間で，その時間が経過すれば冷却能力がなくなってしまう。こうしたデメリットにより，蓄冷式はあまり採用されていない。しかし，メリットを活かすために冷凍板式と機械式のハイブリッドタイプも開発されている。走行中はメインエンジンでコンプレッサーを駆動して蓄冷を行うようにし，蓄冷装置の軽量化を実現している。

もっとも多用されている機械式には，メインエンジン式とサブエンジン式がある。直結式とも呼ばれるメインエンジン式では，コンプレッサーをトラックのエンジンで駆動するのに対して，サブエンジン式ではコンプレッサーを駆動するために専用のエンジンを搭載している。サブエンジンには小型のディーゼルエンジンが使用される。特に，トレーラーの場合にはトラクターと切り離された状態でも冷凍機を作動させる必要があるため，サブエンジン式が採用されることが多い。

サブエンジン式のメリットは，メインエンジン停止中でも冷凍を続けられることで，積荷を夜間積み置きするような場合には，サブエンジンだけを動かしておけばよい。こうした夜間積み置きに対応するためにスタンバイユニットを備えた冷凍車もあり，外部電源を利用して電動モーターでコンプレッサーを駆動している。

コンプレッサーには斜板ピストン式などのレシプロ式のものが採用されることが多

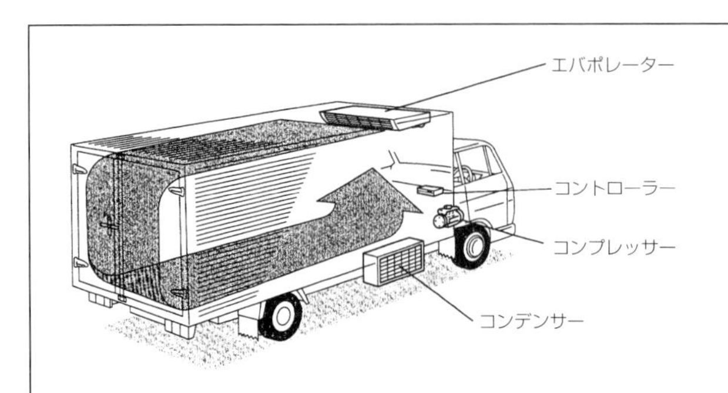

■機械式冷凍システム

コンプレッサーで圧縮液化された冷媒がエバポレーターに送られ、気化する際に冷却を行う。気化した冷媒はコンデンサーで冷却されたうえで、コンプレッサーに送られる。

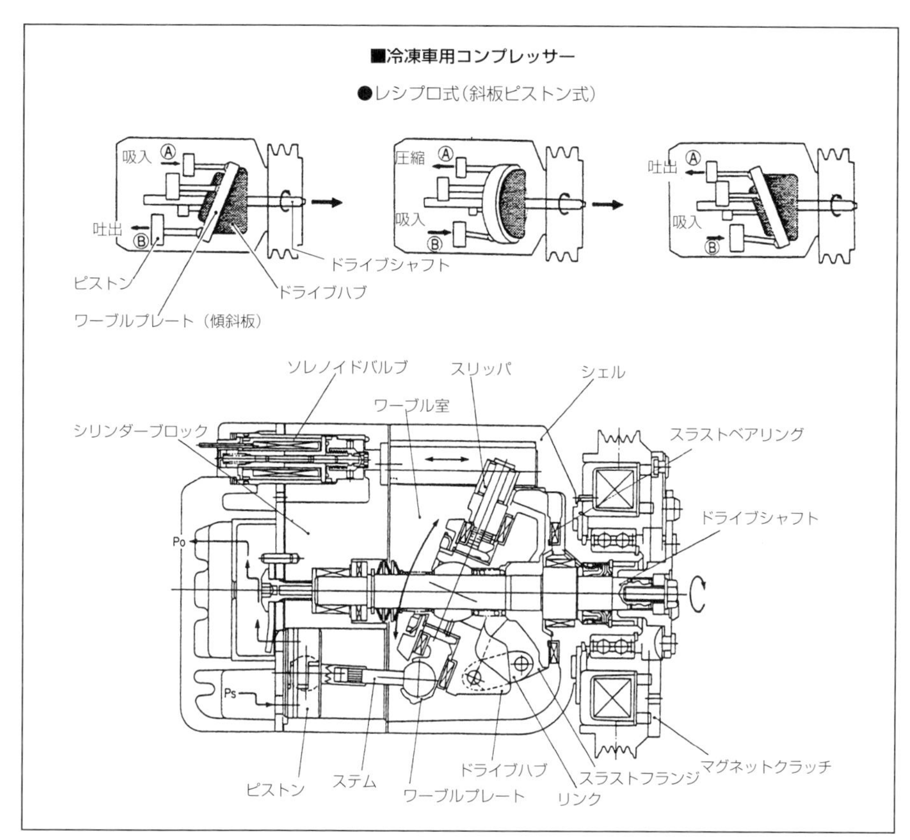

いが，最近ではスクロール式も登場してきている。スクロール式コンプレッサーは，一般家庭用エアコンではすでに採用されている方式で，カーエアコンにも採用が始まっている。スクロールとは渦巻きのことで，スクロールコンプレッサーでは2個のスクロールが使用される。いっぽうのスクロールは固定スクロールで，もういっぽうが可動スクロール。可動スクロールの回転軸は渦巻きの中心にはなく偏心回転運動をする。吸入はスクロールの外周部から行われ，吐出は中心部で行われることになる。可動スクロールと固定スクロールの間の空間は，スクロールの外側から内側に向かって移動しつつ，次第に容積が小さくなっていくため，吸入されたガスは圧縮される。

可動スクロールと固定スクロールの隙間の空間は複数あり，これらが連続的に圧縮を行うため，スクロールコンプレッサーでは脈動が起こりにくく，ほぼ連続した一定の圧力の吐出を行うことができる。圧縮効率が高く，ガス吐出量が大きくできる。これにより同サイズであれば，ほかの形式より冷却能力を高くすることができ，同能力

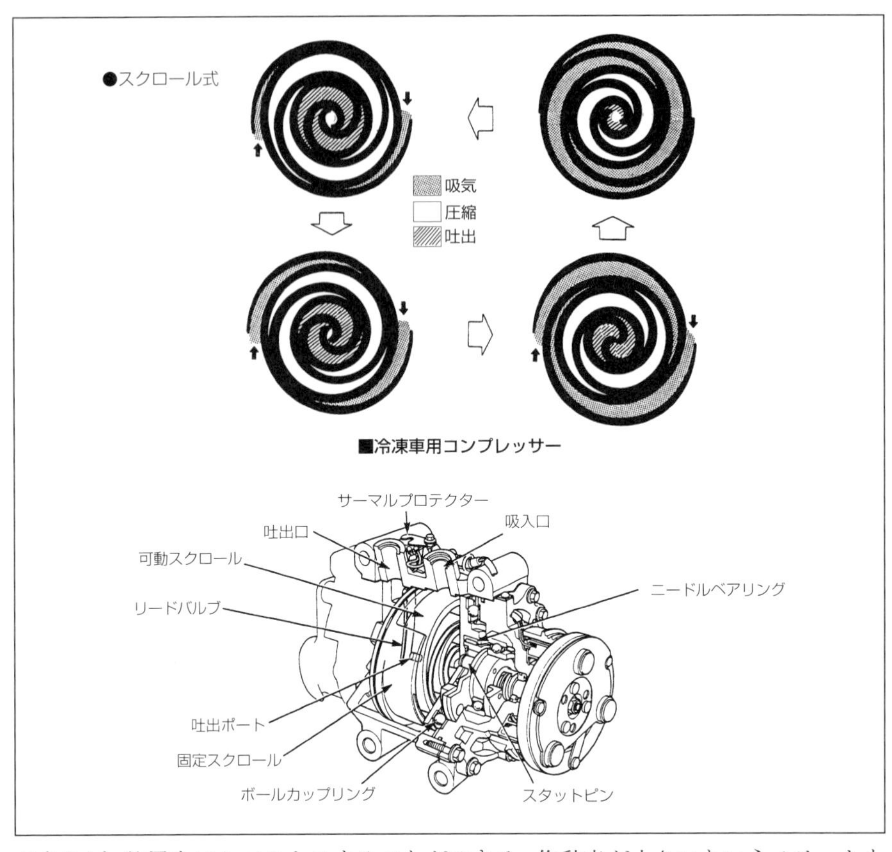

であれば，装置をコンパクトにすることができる。作動音が小さいというメリットもある。

一般的な冷凍機では，荷室内にエバポレーターユニットを備えている。荷室内の前方の天井に取り付けられていることが多いが，荷室が広い大型車では後方にも備えられることがある。コンデンサーユニットはボディ下のシャシーに配されるか，キャビン上部でボディの前部に配される。キャビン上部に備えられたものはノーズマウント型と呼ばれる。ボディ下の場合には，前輪と後輪の間のシャシーフレーム横に配される。サブエンジン式の場合は，サブエンジンもこの部分にまとめて配されている。

最近では，荷室内容積を確保するために，エバポレーターの荷室内への張り出しをなくし，コンデンサーと一体化したエバポレーター＋コンデンサー一体型も登場してきている。一体化したユニットをノーズマウントすることで，荷室前方上部の壁から冷気を荷室内に吹き出している。

■荷室内エバポレーター

荷室内にエバポレーターが突出している場合は、プロテクターによって積荷が当たらないように保護されていることもある。

■ノーズマウント型ユニット

ノーズマウントユニット内にはコンデンサーが備えられる。ノーズマウントユニット内にエバポレーターが一体化されていることもある。

こうした冷凍車の車載冷凍機の使われ方は，かなり過酷なものといえる。地域を配送する冷凍車の場合，ドアの開閉頻度が高く，特に真夏にはドア開閉で冷気が流出し，熱い外気が流入するため，冷凍機は常に稼働し続けることになる。拠点間運送のための大型冷凍車は，ドアの開閉は少ないが，ドアそのものが大きいため，いったんドアを開けると流出する冷気も入れ替わる外気も多くなる。最近では，積み込み時に荷物の温度を上昇させないようにするため，トラック後端がすっぽり入って密閉状態にすることができるドッグシェル型冷凍倉庫が増えてきているが，出発地がこうしたタイプの倉庫でも，荷降ろしする場所がこうした環境とは限らない。また，ボディ面積が大きいため，日射によるボディ外板の温度上昇も大きく，冷凍機の負担が大きくなる。

また，冷凍車や冷蔵車にとって，温度管理輸送のための庫内温度の維持はもちろん，積み込み準備のための冷却（クールダウン）時間の短縮も重要な要素となる。ドアの開閉によって温度が上昇した場合にも，スムーズにクールダウンが行われなければならない。さらに，冷凍車の問題としては，荷降ろし中も冷凍機を稼働させるためにエンジンをかけたままにしていることがあげられる。これは省エネに反するし環境問題ともいえるうえ，店舗前での荷降ろし時に排気ガスが出たままということを店舗に嫌われるという問題でもある。

冷気流出防止には，垂れ幕式のカーテンや，エアカーテン式が使われている。一般的なエアカーテンでは，ドアの上から下方向に空気を噴出させているが，最近では下から上方向に空気を噴射させるエアカーテンも登場してきている。冷気は比重の差によって開口部の下部から流出するため，下から噴射して空気の壁を作ることで，より効果的に冷気の流出を防ぐことができる。

電動コンプレッサー（発電機駆動方式）を使用する冷凍機も開発されている。メイ

■保冷カーテン

ドアを開けた際に一気に冷気が逃げ出し、外気が荷室内に入らないように、保冷カーテンが備えられていることが多い。上や下から空気を吹き出すエアカーテンが使われることもある。

ンエンジンを使って発電機を回し，その電気を使ってコンプレッサーを電動で駆動させる。サブエンジン式より軽量化できるうえ，低騒音化にも効果がある。最大のメリットは，電気をバッテリーに蓄えておけば，駐車中にエンジンを切っても冷凍機を作動させ続けられる。ただし，メインエンジンに搭載しやすい小型大容量発電機の開発や取り付け場所の問題もあって，実用化にはもう少し時間がかかりそうだ。

ルーフ全面に太陽電池パネルを設置し，常に冷凍機専用の大容量バッテリーに蓄える方式も考えられている。冷凍機の電源をソーラーから優先的に使用し，不足した場合にエンジン直結の専用発電機でフォローするという方式。太陽電池であれば，荷役作業中などにエンジンを止めても冷凍機を作動させることができるので，アイドリング時間を減らすことができる。しかも外光が強く，ボディ温度が上昇しやすく外気温も高くなりやすい時ほど，発電能力が高くなるというメリットがある。

冷凍車の発展型ともいえる定温車も開発されている。冷凍機と加温機を組み合わせたもので，加温機はクルマのヒーターと同じようにエンジンの冷却水を利用して温風を作り出している。現状では最大積載量4トン車以下に対応したものが多いが，吹き出し温度と吸い込み温度を感知し，冷却・加温を自動で制御する。設定温度は外気温に関係なくマイナス5℃からプラス30℃が可能だ。これにより，四季を通じて一定温度を保つことができる。

冷凍車&保冷車の平成10年度の生産台数の実績は，バンボディの保冷車が5213台，バンボディの冷凍車が1万7154台，ウイングボディの保冷車が327台，ウイングボディの冷凍車が479台となっている。バンボディの冷凍車の冷凍方式による内訳では，蓄冷式が約1.87%，液体窒素式が約0.02%でほとんどが機械式といえる。パネルの種類による内訳では，スチール製が約5%，FRP製が約38%，アルミ製が約57%となっている。大きさによる内訳では，大型が約7%，中型が約30%，小型が約59%，軽トラックが約4%で，地域配送に利用される中小型が主力となっている。

荷役省力化装置

■荷室内装備＆荷役省力化装置

バンボディやウイングボディの荷室内は，基本的には単なる箱だが，最終ユーザーの要望にそってさまざまな装備が施されることがある。たとえばファッション系メーカー用には多数のハンガーがかけやすい装備が施されたり，園芸店用には棚板がかけやすいようにサイドパネルやフロントパネルに棚受けが施されたりする。中小型トラックでは，トラックメーカーがこうしたさまざまな仕様のバンボディを設定してい

■業種別仕様車

いすゞがエルフのドライバンに設定している業種別仕様車の一例。ドアの構成や荷室内がそれぞれの業種で使いやすい仕様にされている。

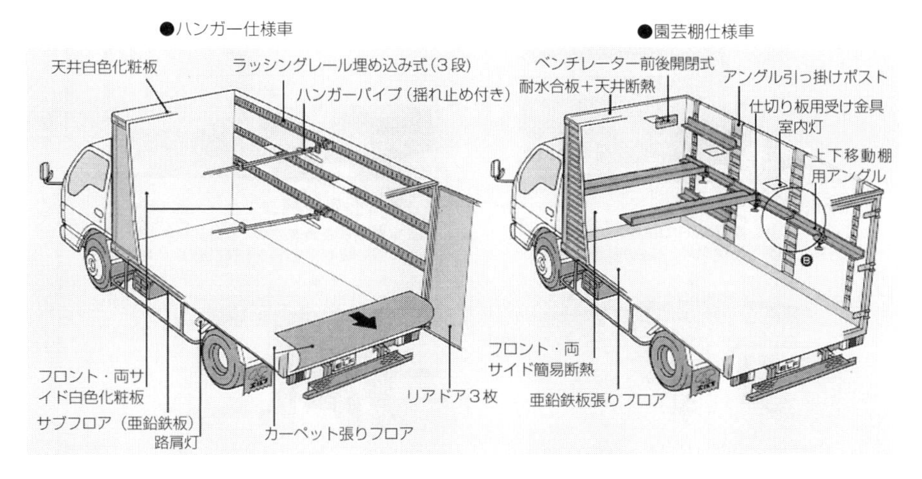

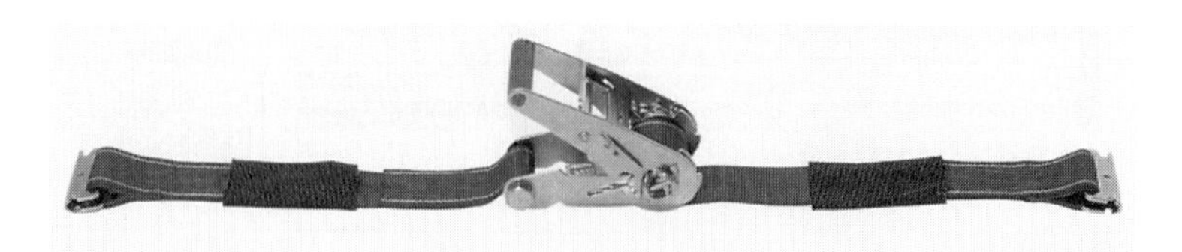

■ラッシングベルト
芦森工業のラッシングベルト。バックルにはさまざまなタイプがあり、必要に応じて締め付けられるものが大半。フックの部分にもさまざまなタイプがあり、単に引っ掛けるだけの鈎状のものもある。

ることもある。

汎用の貨物を運搬するバンボディやウイングボディの場合も，単なる箱ではなく荷崩れ防止のための装備や積荷を守るための装備が装着されることがある。荷崩れ防止の装備としては，ラッシングレールが一般的だ。ラッシングレールとは，ラッシングベルトの金具をかけるフックが多数備えられたレールで，これがサイドパネルに取り付けられたり，埋め込まれたりする。ラッシングベルトはポリエステル製などのベルトで，途中には調節金具が備えられ，自在に長さを調整することができる。

■クッション（エアホース式）
芦森工業のエアホース式クッション·ニマモール。電動ブロアーでエアホースに空気を送り込むことで、クッションにも積荷の固定にも利用できる。エアホースなので積荷の凹凸にも対応しやすい。

●エアホースの配置

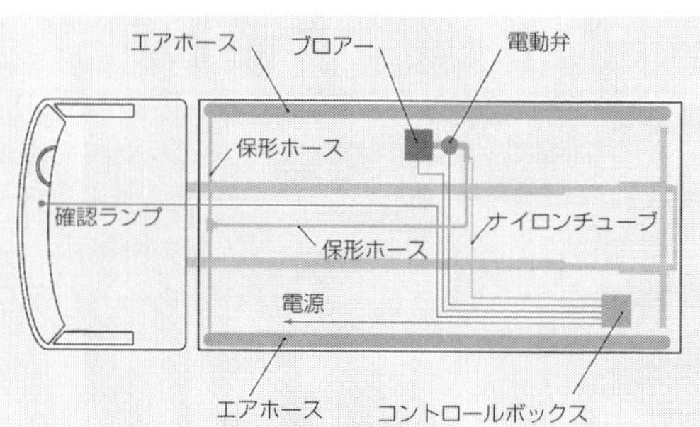

積荷を守るための装備としては，ボディ内クッションがある。もっともシンプルな構造のクッションは，スポンジやウレタンなどの弾力性のある素材で作られたもので，これがサイドパネルやフロントパネルの内側に張られている。最近では，エアクッションもあり，自在に空気を入れたり出したりすることができるものもある。こうした空気圧式のクッションは，クッション材としてばかりでなく，積荷を両側から挟み込むことによって，積荷を固定することも可能となる。

ウイングボディは，フォークリフトやクレーンによる荷役の省力化のために考え出された構造といえるが，こうした構造的な変化ばかりでなく，バンボディをはじめとするトラックでは，荷役を省力化するための各種装置がある。

低床化が進んでいるとはいえ，荷台まではある程度の高さがあり，作業者が登ったり降りたりするのは肉体的にも辛く，無駄な労力が必要とされる。大型車ともなると荷台は広く，荷室内での移動だけでも手間がかかってしまう。こうした荷役の省力化のための装置が荷室内搬送システムで，パレットやバラ積みの積荷を開口部まで軽い力で移動できるようにしたり，自動的に開口部まで移動させてくれる。

重量のある積荷の場合，フォークリフトやクレーンがあれば荷役は簡単だが，配送時などには路上で積荷を降ろさなければならないことも多く，後方荷役が望まれる。重量物を容易に後方荷役する装置としてはテールゲートリフターがある。テールゲートリフターであれば，人力では積み降ろしが難しい重量物も，比較的容易に荷役することができる。特にドライバーがひとりで配送を行うような場合には必要不可欠なものとなる。

さらに重量が大きく何人かの人手があっても荷役が難しい積荷もある。こうした場合，クレーンなどが必須となるが，目的地にクレーンなどなければトラッククレーンを用意し，荷物を積んだトラックと共に現場に向かい，荷役をしなければならない。そこで考え出されたのがクレーン付きトラックで，キャブと荷台の間にクレーンを備えている。荷台のないトラッククレーンに比べれば，クレーンとしての能力は劣るものの，ある程度の能力を備えたクレーンを搭載することができるので，かなりの積荷に対応することができる。

こうしたクレーン付きトラックは，カーゴクレーンやキャブバッククレーンと呼ばれるが，クレーン装置を備えられているため，JISによる分類ではトラッククレーンの一種として扱われ，積載形油圧クレーンと呼ばれる。本書ではトラッククレーンに関連するものとして，164ページで解説している。

荷役の省力化には，集配の省力化という側面もある。荷台の乗り降りを容易にするステップの多段化や自動化などがこれに含まれる。フットスイッチで自動的にドア開閉とステップの張り出しを実現しているものもある。

■積載形油圧クレーン＋テールゲートリフター

積載形油圧クレーンとテールゲートリフターを備えたカーゴトラック。重い荷物でもクレーンとテールゲートリフターを使い分けることで楽に荷役することができる。新明和工業・トラッククレーン＋パワーゲート。

また，オートロックや集中ロックといったセキュリティ面での配慮も行われている。セキュリティ機能に関しては，盗難防止の側面もあるが，昨今増えてきている異物混入事件などへの対策としてニーズが高まっている。IDタグによる自動開閉装置では，IDタグをセンサーが認識すると，自動的にドアを開閉してくれる。自動化による省力化に貢献するのはもちろん，セキュリティの面でも効果が高い。

■荷室内搬送システム

荷台移動システムはパレットやバラ積みの一般貨物を，荷室後方などの開口部にスムーズに運ぶための装置で，バンボディなど密閉タイプのボディで使われることが多い。荷室内搬送システムには，パレットに対応したパレットローダーをはじめ，さまざまな積荷に対応したローラーコンベアや移動フロアがある。さらにローラーコンベアには，自動的に積荷を移動させるものと，積荷の移動を省力化するものがある。

パレットローダーはパレットスライダーなどとも呼ばれ，荷室のフロアにはパレットローダーレールが前後方向に2列埋め込まれている。パレットローダーは四角い棒状のもので，このレールのなかに収められているが，通常の状態ではフロアと同じ高さ，もしくはわずかに低くなっている。パレットローダー上にあるパレットを移動させたい場合は，ローダーの手前部分に操作レバーを差し込んで手前に倒すと，ローダー内のローラーが下方向に突出して，軽い力でパレットを移動させられる。

もっともシンプルなローラーコンベアは，多数のローラーを連続的に備えたユニッ

■パレットローダー

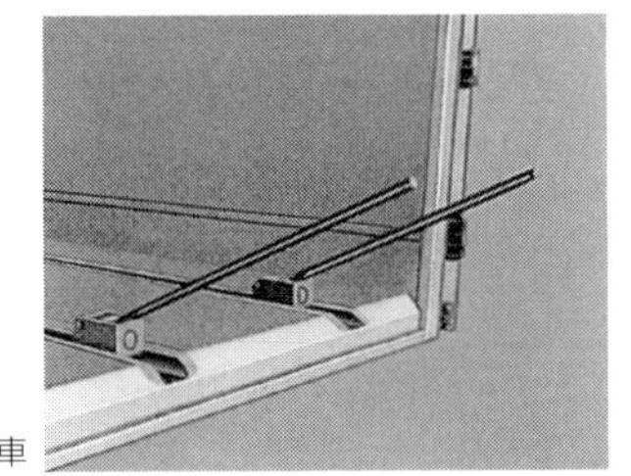

●パレットローダー装備車

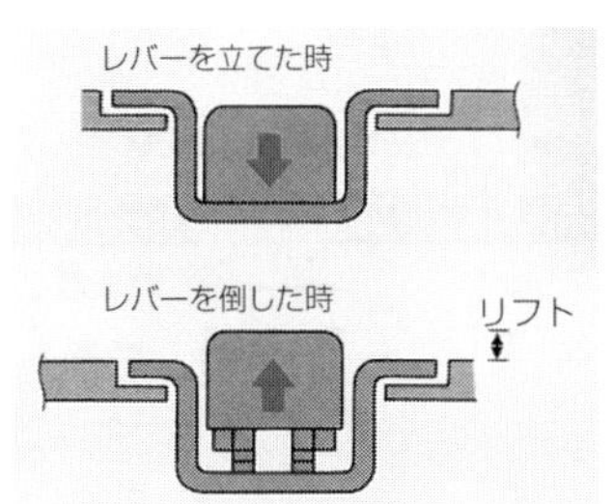

●パレットローダー本体

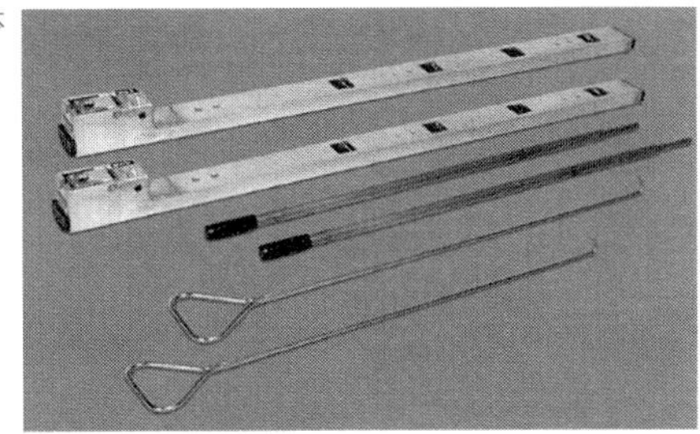

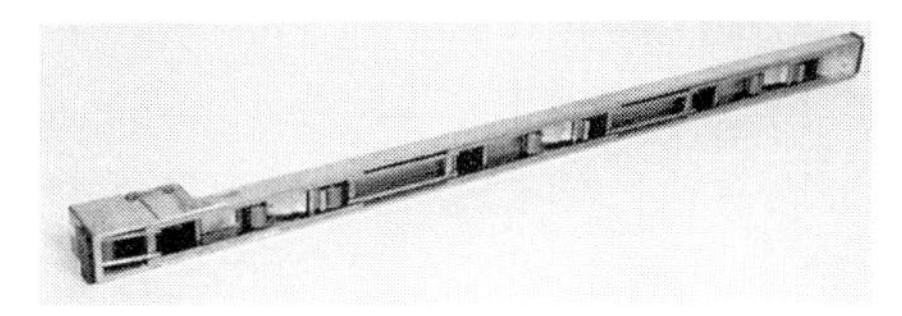

パレットローダーは脱着式のレバーをローダーに差し込んで倒すと、裏面にローラーが現われローダーが浮き上がり、ローダー上のパレットを軽い力で動かすことができる。ローダー本体のフルアルミ化で軽量化が図られている芦森工業のライトスライダー。

トを，荷室の前後方向に床に配したもの。ローラーは高さ数cm程度のものが多い。ローラーを備えた個々のユニットは，レールと呼ばれることもある。荷室の幅や頻繁に使用される積荷に応じて1列から5列程度までさまざまで，数10cm幅のローラーが1列で配されることもあれば，数cm幅のローラーが複数列配されることもある。バラ積みの一般貨物にも対応可能だが，特にパレットには有効で，軽い力で前後方向に動かすことができ，作業を軽減することができる。

ローラーには金属製のもののほか，樹脂製のものもある。ローラーではなく，多数のボールを配したものもある。ローラーの場合は，前後方向にしかスムーズに動かすことができないが，ボールの場合には，斜め方向にも自在に動かすことができ，荷室内で積荷の位置をかえたりする際に便利だ。

このままローラーコンベアが床面に露出していたのでは，走行中に積荷が動いて荷崩れを起こしたり，制動時や加速時に積荷がドアや前壁に激突し，ボディや積荷を損傷してしまう。そのため，ローラーコンベアにはリフト機構やロック機構が備えられていることが多い。

リフトアップ式ローラーコンベアのリフト機構にはさまざまなものがあるが，油圧

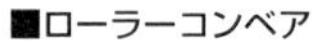
■ローラーコンベア

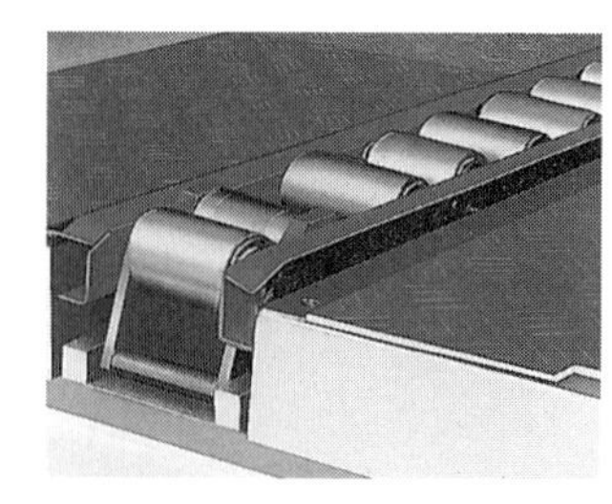

ローラーコンベア(左)
リフトローラーコンベア(右)

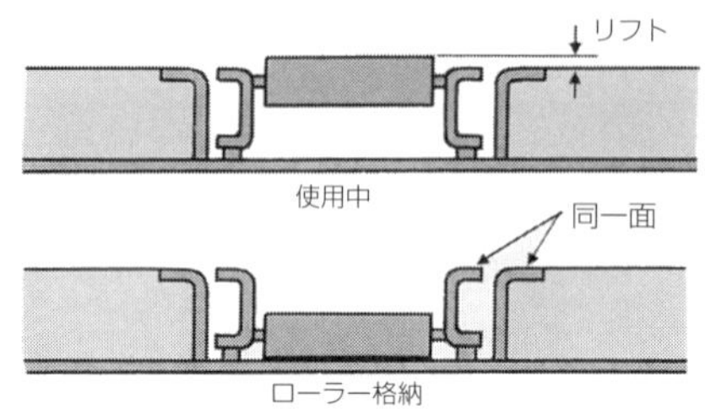

ローラーコンベアにはワイドなものからコンパクトなものまである。常にローラーが露出しているタイプと、必要に応じて床面より上に出たり平坦になったりするリフトタイプとがある。

機構や空気圧機構でローラーが収められているユニットを上下させるものが多い。油圧の場合には，油圧シリンダーによって上下するが，空気圧の場合にはエアホースによって上下する方法が開発されている。ローラーユニットの下に伸縮性のあるエアホースが収められていて，空気圧がない状態ではホースがつぶれているため，ローラーは床面より低くなっているが，空気が送り込まれるとホースがふくらみ，ロー

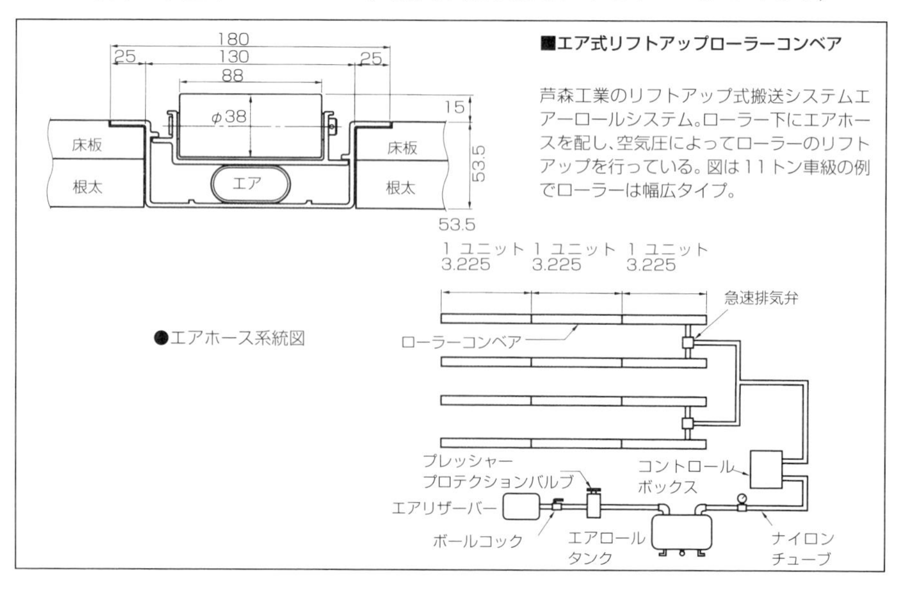

■エア式リフトアップローラーコンベア

芦森工業のリフトアップ式搬送システムエアーロールシステム。ローラー下にエアホースを配し、空気圧によってローラーのリフトアップを行っている。図は11トン車級の例でローラーは幅広タイプ。

ラーが床面より高くなる。これらの油圧機構や空気圧機構は，車載のバッテリーを動力源として，電動モーターで油圧ポンプやエアコンプレッサーを駆動している。

ロック機構も油圧や空気圧で制御しているものもあるが，動力源を必要としないシンプルなシステムもある。たとえばあるシステムでは，各ローラーの下にブレーキ板が配されていて，ユニットの端に備えられているナットを回転させると，カムの動きによってローラー下のスライドが移動する。スライド上には各ブレーキ板ごとに傾斜面を備えたスライドコアが配されている。ブレーキ板が傾斜面の低い位置にあれば，ローラーは自由に回転できるが，傾斜面の高い位置になるとブレーキ板がローラーに押し付けられる。これによりローラーが回転できなくなり，ローラーをロックすることができる。

こうしたローラーコンベアを併用しながら，自動搬送を可能にしているシステムもある。駆動用のレールは，構造的には通常のローラーコンベアのローラー上に，ゴム製のエンドレスの駆動ベルトがかけられているものといえる。エンドレスベルトの一部は床下の駆動システムに導かれ，電動モーターによって駆動される。電動モーターの回転方向によって，駆動用レール上のゴムベルトを，前後方向にスライドさせることが可能となる。駆動レール上にある積荷は，ローラーコンベアで支えられ軽く動かせる状態になっているので，ベルトのスライドによってスムーズに前後に動かすことが可能となる。

ローラーコンベアと駆動用レールを使用した自動搬送システムの場合，パレットのようにある程度の大きさがあるものならば，搬送することが可能だが，小口配送時のようにさまざまな大きさの積荷があり，なかには小さな積荷もある場合には，スムーズに移動させることができない。そのため，床全体を前後にスライドさせる移動フロ

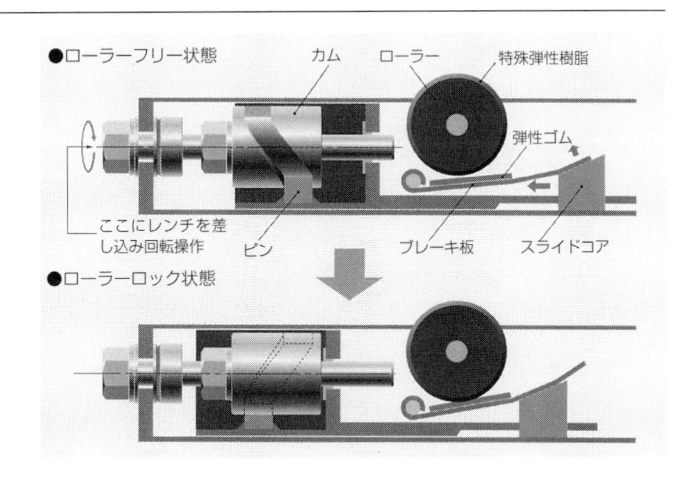

■ローラーコンベア ロックシステム

芦森工業のメカロールでは油圧や空気圧などの動力源を使わず、手動でローラーの回転をロックしている。レンチでカムを回転させるとピンの位置が移動し、スライドコアも移動。ブレーキ板がローラーに接触してロックする。

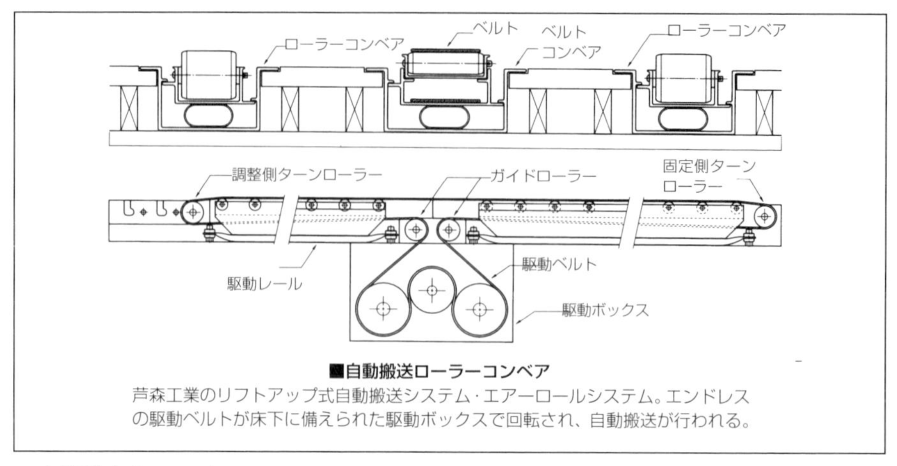

■自動搬送ローラーコンベア
芦森工業のリフトアップ式自動搬送システム・エアーロールシステム。エンドレスの駆動ベルトが床下に備えられた駆動ボックスで回転され、自動搬送が行われる。

アも開発されている。

移動フロアも，基本的には駆動レールと同じ発想のものだが，幅の広いゴムベルトが使用される。荷室の幅にもよるが，こうした幅の広いベルトが2～4枚組み合わされて，荷室の幅いっぱいをカバーしていることが多い。また，移動フロアには移動壁が併用されることが多く，ベルトとともに前後に移動できるようにされている。

ベルトはハーフベルトタイプとフルベルトタイプがある。フルベルトタイプでは駆動システムが荷室前方に備えられ，電動モーターによって駆動ローラーが回れさ，ベルトを前後に移動している。ハーフベルトタイプの場合，ベルトの端に移動壁が備えられ，移動壁が最前部に到達した状態でフロア全長をカバーできる長さのベルトとされている。ベルトの両端にはチェーンが接続され，このチェーンが駆動スプロケットによって前後に動かされ，ベルトを移動させている。駆動スプロケットは電動モーターによって回されている。これらの電動モーターは，車載のバッテリーによって駆動され，操作部はワイヤードリモコンとされていて，車両後方で荷室内を見ながら操作することができる。

ゴム製のベルトではなく，金属製のものもある。ゴム製のベルトは弾力性があって荷崩れが少ないメリットがあるが，冷凍車などの低温状態では，ゴム製ベルトと金属製フレームが凍りついてしまうことがある。また，食品などを輸送する車両では，ゴムの臭いが嫌われることもある。こうした場合には，金属製のベルトが使用される。金属製のベルトは軽量化のためにアルミ合金が使用されている。断面が台形や楕円形の棒の両端にピンが備えられたスラットバーと呼ばれる棒が多数用意され，それぞれのピンが駆動チェーンにはめられている。バーには適度な間隔があけられているため，ローラーの部分でベルトが曲面を描くことができる。

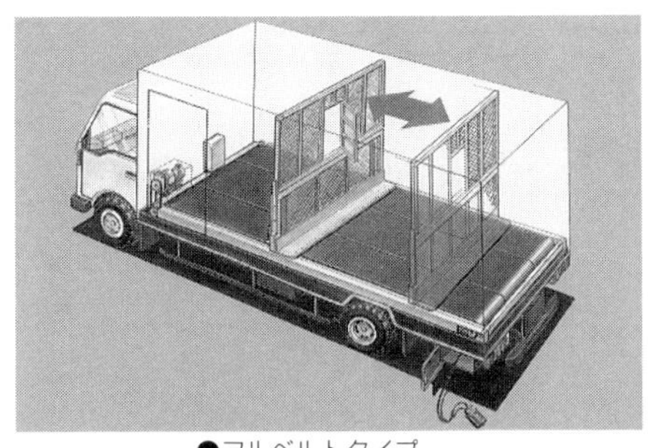
●フルベルトタイプ

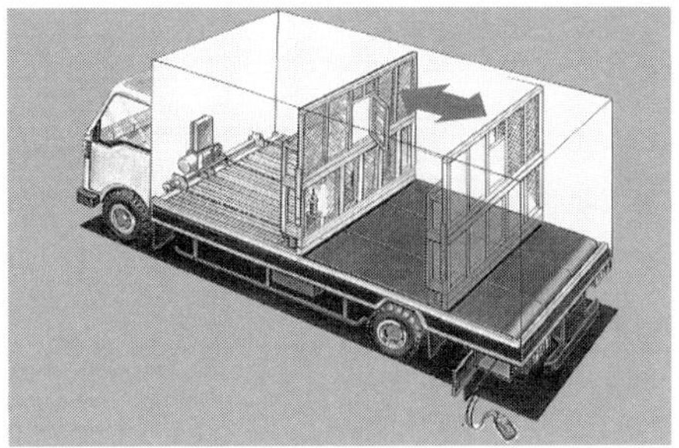
●ハーフベルトタイプ

■移動フロア

新明和工業のトラック荷台移動装置パワーデッキ。ハーフベルトタイプの場合、移動壁より前方に積荷を入れることはできないが、後方からシンプルな荷役が行える。フルベルトタイプの場合、移動壁の前後に積荷を入れられるので、サイドドアを併用することで、効率よく集配が行える。

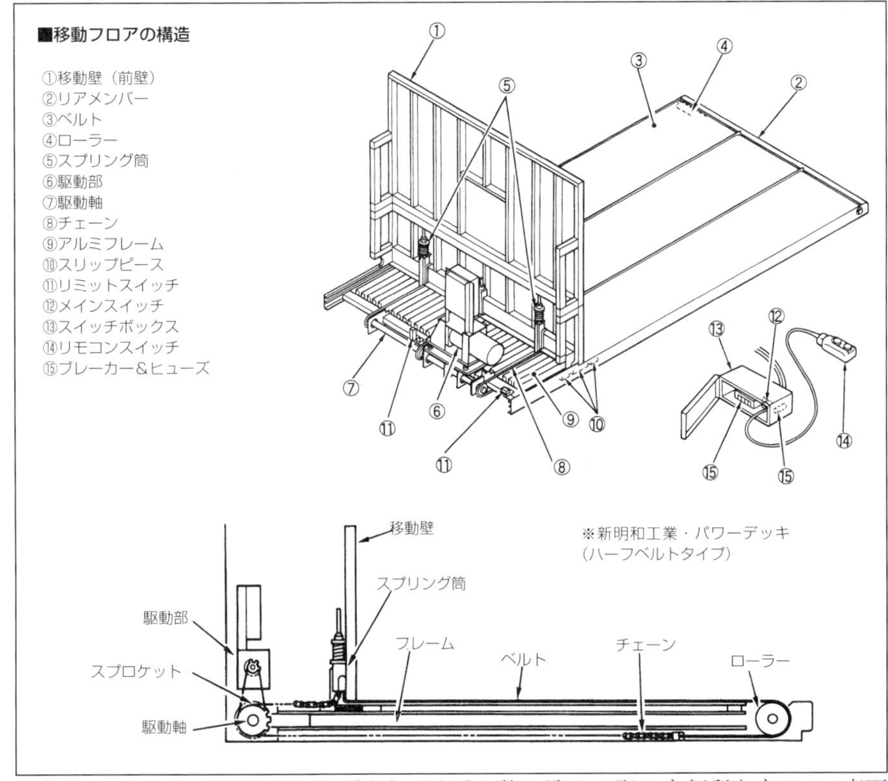

移動フロアは，荷降ろしの際ばかりでなく，積み込みの際にも便利なもので，車両後方から順次荷物を積み込み，フロアを前方に移動させていけば，荷役を省力化する

ことができる。荷降ろしの際には，逆に順次フロアを後方へ移動させていけばよい。ハーフベルトタイプはこうした用途で使用される。

リアドアだけでなく，サイドドアを備えた荷室であれば，集配の効率を高めることが可能となる。リアドアから配送物を取り出し続け，これにより後方にスライドした移動壁の前方に，サイドドアから集荷物を積み込んでいくことができる。こうした用途ではフルベルトタイプが使用される。

こうした集配作業を行った場合，最終的に集荷が終わった段階では，移動壁が荷室の後方にあることになり，中継地などで集荷した積荷を降ろす際にはサイドドアから行わなければならない。移動フロアを使用することは可能なので，荷室内に乗り込む必要はないが，リアドアに比べるとサイドドアは小さく，荷役作業が困難になる。そのため，移動壁が車両後方にスライドした状態でドアのように開くことが可能にされているシステムもある。こうすることで，集荷物を車両後方から荷降ろしすることが可能となり，作業効率が向上する。こうしたタイプはエンドレスタイプと呼ばれることがある。サイドドアとリアドアを組み合わせた使用例としては，リアドアからパレットに積載した積荷を降ろし，サイドドアから空きパレットを積み込んでいくという配送方法も考えられる。

また，大型トラック用には，荷室中段にも移動フロアを設け，上下2段にパレットを積み込むことができるシステムもある。これにより積載効率を大幅に向上させることが可能となる。

荷役がどの程度効率化できるかについては，新明和工業が行った社内テスト値がある。段ボール1個あたり15 kgの荷物，合計240個を奥行き5.3mの4トン車バンボディに積み込んだ場合を計測しているが，ひとりで手積みを行った場合は約42分かかり，

■エンドレス移動フロア

固定されていることが多い移動壁をロックピンを解除することで全開することが可能とされている。新明和工業・パワーデッキ・エンドレスタイプ。

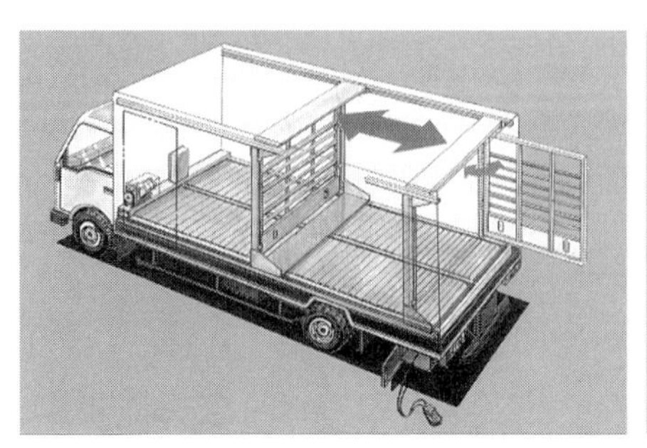

■2段パレット搬送システム

床面の移動フロアに加えて、中段にも移動フロアを設けて、効率よくパレット輸送を行えるシステム。新明和工業・パワーデッキ＋中段パレット搬送装置。

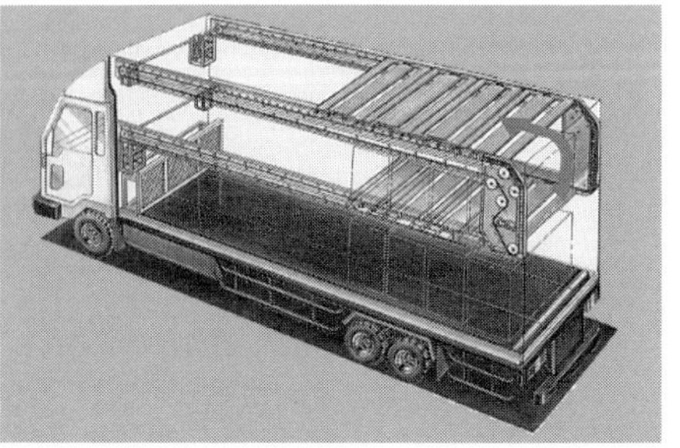

フォークリフトを使用しても荷室内での荷物の移動があるため約31分かかった。ところが，移動フロアのあるバンボディでは，積み込み時間は約16分。フォークリフトを使用すれば，わずか約6分で完了した。

■テールゲートリフター

重量物荷役に欠かすことができないのがテールゲートリフターで，テールゲートリフトや自動昇降板装置と呼ばれることもある。商品名ではあるがパワーゲートの名で呼ばれることも多い。基本的には，平ボディのテールゲート（後ろアオリ）が水平に開いた状態で，荷台の高さから地面まで下ろすことができるもので，テールゲートがリフト装置となるためテールゲートリフターと呼ばれる。現在では，バンボディに備えられることも多く，実際にはテールゲートとしての役割を備えず，単にリフト装置として機能していることも多い。そのため昇降する部分は，テールゲートと呼ばれることもあるが，リフトテーブルやプラットホームと呼ばれることもある。

テールゲートリフターは垂直式とアーム式に大別できる。アーム式はさらにリンク式と狭義のアーム式に分類されることもある。

リンク式テールゲートリフターは，リフトテーブルの左右端に支柱が立てられ，それぞれが2本のアームで支えられている。アームの一端は荷台後端の床下付近に備えられ，この2本のアームがリンク機構となり，ほぼ水平状態を保ったままテーブルを昇降させることができる。アームの駆動は油圧シリンダーによって行われる。単動式の油圧シリンダーが使用され，シリンダーが伸ばされるとリフトテーブルが上昇する。

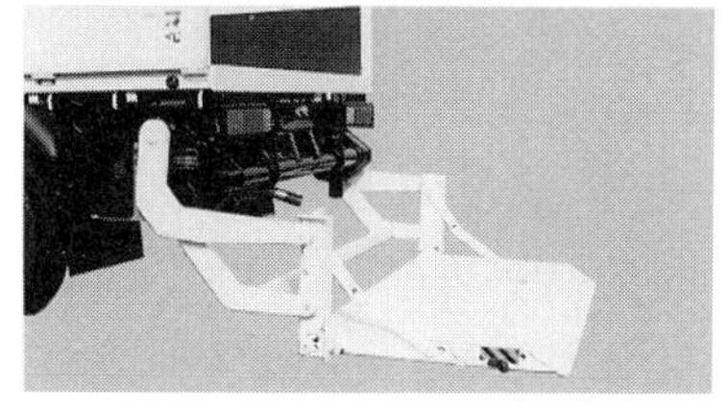

■リンク式テールゲートリフター

リンク式が採用された新明和工業のパワーゲート・標準タイプ。写真はカーゴ車用だがバン型車用もあり，低床車に対応したタイプもある。適用車種は0.75トン車級から3.75トン車級で，300kgから800kgのリフト能力を備える。

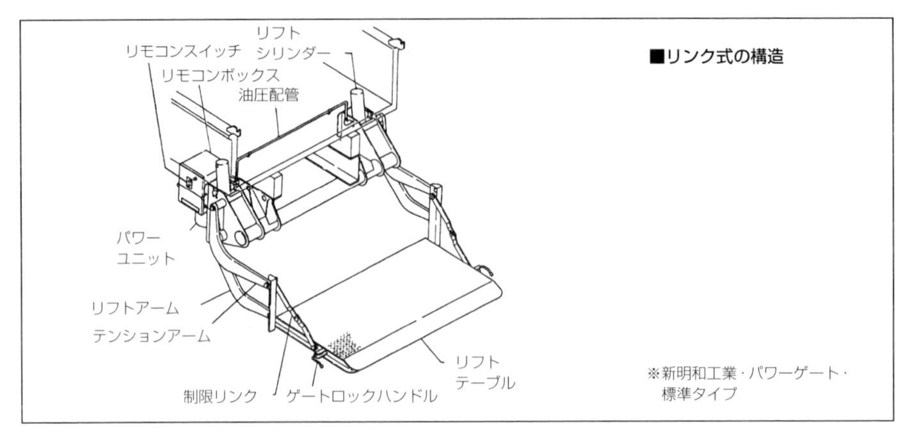

リフトテーブルの下降は，テーブルの自重及びテーブル上の荷物の荷重によって行われる。一般的に2本の油圧シリンダーで左右それぞれが駆動される。

狭義のアーム式テールゲートリフターの場合も，リンク機構によってリフトテーブルが上下されることは同じだが，左右にあるそれぞれ2本のアームは，テーブルの左右端ではなく，中央に寄せられ，テーブルの裏側に接続される。油圧シリンダーなどによる駆動方法もリンク式とまったく同様だ。そのため，アーム式としてひとつの分類とされることもある。

垂直式テールゲートリフターは，駆動部がH形の構造で，Hの横の辺はクロスメンバーと呼ばれ，荷台後端に荷台と同じ高さもしくはそのすぐ下に設置され，2本の縦

■アーム式テールゲートリフター

アーム式が採用された新明和工業のパワーゲート・マルチタイプ。写真はバン型車用でリフトテーブルがリアドアとしても使用されている。バン型車用もあり、適用車種は2トン車級から10トン車級で、600kgから1000kgのリフト能力を備える。

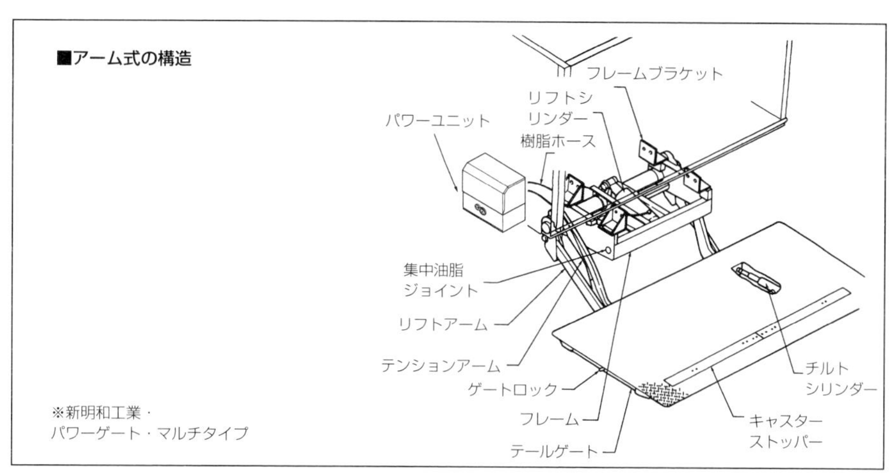

の辺は荷室の幅にされ，荷室のサイドパネルや横アオリの後端に取り付けられる。縦の辺はポストとして使用され，ここにリフトテーブルのスライダーが収められる。クロスメンバーには，駆動装置としての油圧シリンダーが収められている。リフトテーブルの荷台側の両端にはスライダーがあり，ワイヤーで吊られていて，滑車を介して駆動装置に導かれている。油圧シリンダーが伸びると，クロスメンバー内のワイヤーの全長が長くなることになり，結果としてスライダーが引き上げられ，リフトテーブルが上昇する。

一般的な垂直式テールゲートリフターでは，テーブルは地面から荷台の高さまでを

■垂直式テールゲートリフター

垂直式が採用された新明和工業のすいちょくゲート・標準タイプ。写真はバン型車用だがカーゴ車用もあり、広い間口に対応したワイドタイプもある。適用車種は0.75トン車級から12トン車級で、300kgから1000kgのリフト能力を備える。

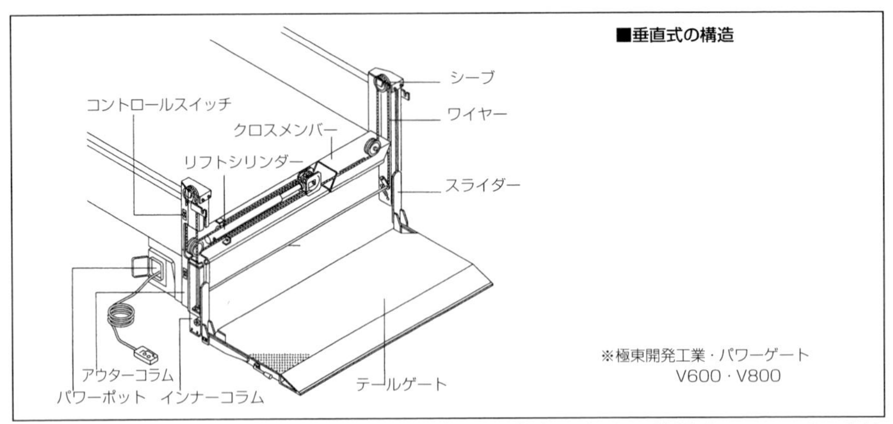

昇降するが，なかにはポストを上方に伸ばして，荷台より高い位置までテーブルを持ち上げられるものもある。

テールゲートリフターの格納は，一般的には起立タイプ（立て掛けタイプ）が多い。リフトテーブルを荷台後端側を支点にして立てることによって，車両後端に垂直に格納する。この状態でフックなどによって荷室後端に固定する。大きなリフトテーブルともなるとかなりの重量があるので，補助スプリングによって，軽い力で動かせるようにされている。

自動起立式のものもあり，昇降用のリンク機構に起立用のリンク機構を加え，上昇操作を行うとリフトテーブルが上昇と同時に起立格納される。起立用の油圧シリンダーを別途備え，油圧シリンダーの伸長によって起立を行っているものもある。

また，アーム式テールゲートリフターのなかには，荷室後端側を支点として上下に首振り運動が行え，必要に応じて先端の高さをかえられるものもある。中大型トラックでは配送センターなどで積み降ろしを行うことがあるが，こうしたセンターは，床

■ハイリフトテールゲートリフター

一般的なテールゲートリフターは荷台と同じ高さまでしか上昇しないが、さらに高い位置まで上昇可能なタイプもある。新明和工業・すいちょくゲート・ハイリフトタイプ。

■自動起立装置

リフトテーブルを地面近くまで下げたうえで、ストッパーを外して自動起立操作レバーを起立側に動かし、テーブルを上昇させ、アームにフックをかける。そのままさらに上昇させると、テーブルが起立格納される。新明和工業・すいちょくゲート（自動起立装置付き）。

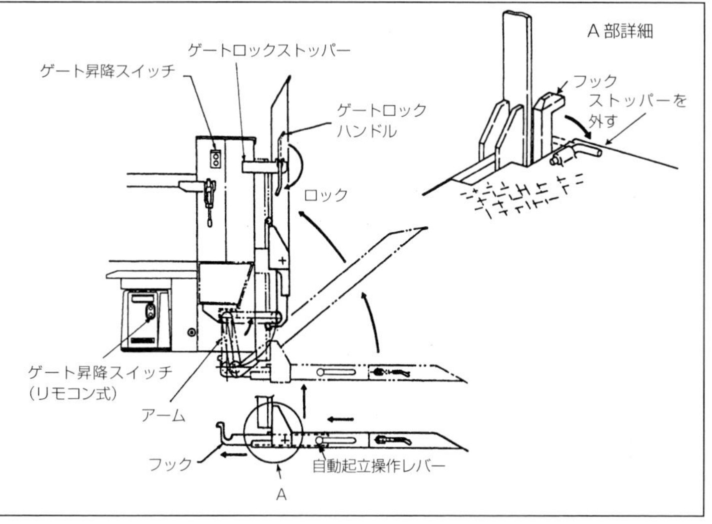

面がトラックの荷台の高さと揃えてあり，スムーズに積み降ろしを行うことができるようにされている。こうした際に，テールゲートリフターは道板として使用することができるが，センターの床面の高さとトラックの床面の高さは微妙に異なっていることもある。テールゲートリフターが首振り可能であれば，完璧な道板として使用可能で，キャスターなどでスムーズに積み降ろしを行うことができる。首振り運動は，格納用の起立シリンダーを利用して行っていることが多い。

アオリ付き平ボディの場合には，格納されたリフトテーブルがそのまま後方のアオリとして使用されることも多い。側面のアオリが低い平ボディでは，格納されたリフトテーブルのほうが高くなってしまうこともあるため，リフトテーブルを折りたたみ可能として，コンパクトに格納しているものもある。

バンボディでは，リフトテーブルが後部ドアに重なることになる。こうした状態では，テールゲートリフターが必要ない場合にも，リフトテーブルを倒して地面まで下ろさないと，ドアを開けて積み降ろし作業を行わなければならない。そのため，現在では床下格納タイプも登場してきている。

床下格納タイプのテールゲートリフターでは，荷室のフロアより低い位置にフロアと水平に車両前方に向ったスライドレールが備えられている。リフトテーブルをこの高さにした状態で，車両前方に押し込むことで，荷室の床下に格納することができる。スライド距離を短くするために，テーブルを折りたたんだうえでスライド格納するタイプもある。また格納にも油圧シリンダーが使用されることがある。テーブルだけを前方にスライドして格納するのではなく，リンク機構なども含めてリフト装置全体を

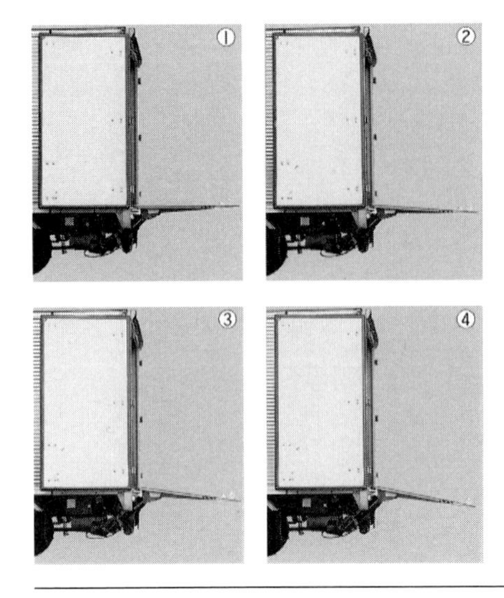

■首振り式テールゲートリフター

昇降に使用されるリフトシリンダーとは別にチルトシリンダーを備えることで、リフトテーブルの首振りを実現している。チルトシリンダーは起立格納にも使用される。新明和工業・パワーゲート・スーパーゲート。

スライド格納する方式もある。この位置に収納するため，サスペンションをはじめシャシーフレーム下に装備されている車両の装置が障害になることもあり，オーバーハングの短い車両では装着できないこともある。

いずれの方式でもリフトテーブルの昇降は油圧シリンダーによって行われるが，油圧は専用の油圧ポンプで発生される。動力源は車載のバッテリーで，電動モーターによって油圧ポンプが駆動されている。操作部は，車両後端に固定されていることもあるが，最近ではワイヤードリモコンが多く，離れた位置からでも作業できる。ワイヤ

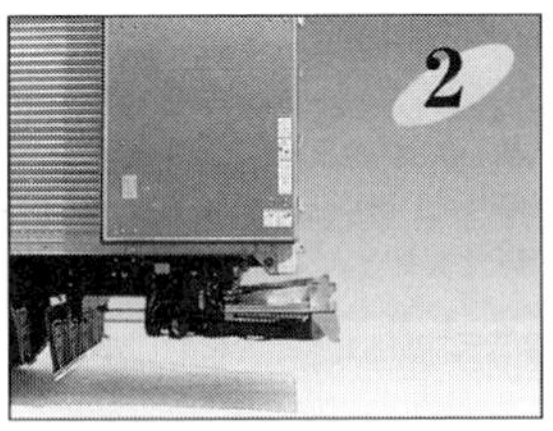

■床下格納式テールゲートリフター（アーム式）

リフトテーブルが折りたたまれたうえで、リンク機構も含めて荷台下にスライド格納される。極東開発工業・パワーゲートCG1000（床下格納式）。

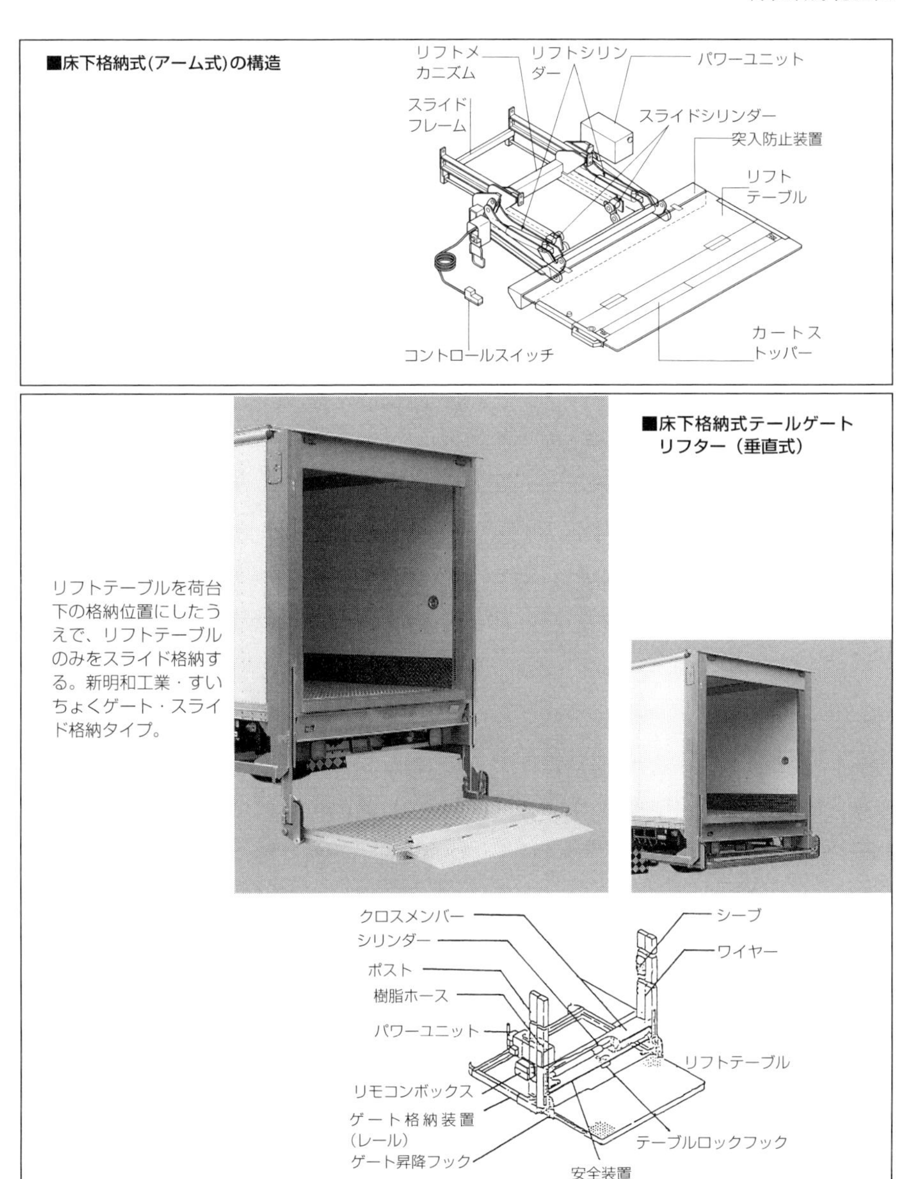

リフトテーブルを荷台下の格納位置にしたうえで、リフトテーブルのみをスライド格納する。新明和工業・すいちょくゲート・スライド格納タイプ。

レスリモコンも登場してきている。

テールゲートリフターの各部は，スチール製のことが多いが，リフトテーブルに関しては軽量化のためにアルミが使用されることも多い。全体での重量は，最大積載量

2トン車クラスでは200 kg程度で，10トン車クラスでも500 kg程度に収められている。この重量の分だけ最大積載量は減ることになる。

リフト能力は，装備されるトラックの大きさによっても異なるが，最大積載量2トン車クラスのトラックでも数100 kgのリフトが可能で，4トン車クラスになると1トンのリフトが可能なものもあり，10トン車クラスでは1.5トンのものもある。昇降時間もさまざまだが，荷重がかかっていなければ5～10秒，最大荷重がかかっていても10～25秒程度でリフトできる。

テールゲートリフターは一般的には，バンボディや平ボディに装着されるが，ダンプ車に採用されることもある。ゴミ収集などに使用されるアオリの深いダンプ車に装着すれば，重量級の粗大ゴミを積み込む作業が容易になる。ダンプ排出する際には，テールゲートリフターを荷台と同じ高さにすれば，ダンプ排出の障害にならない。テールゲートではなく，側面のアオリにリフト装置が設けられることもある。道路メンテナンス作業車など，停車状態で車両の側面から積み降ろしを行いたい車両に適している。

さらに，ユニークなリフト装置も登場してきている。リフトテーブルを別途設けるのではなく，荷室の後部床面をそのままリフトテーブルとして利用している。構造的には垂直式テールゲートリフターと同様で，一般的には車両後方に向ってリフトテーブルが取り付けられているのに対して，車両前方に向ってリフトテーブルを備えていることになる。リフトテーブルの格納を考える必要がなく，配送センターなどの荷役場所に車両後部をぴったりとくっつけての作業も問題なく行える。

平成10年の実績では，テールゲートリフター付きトラックの生産台数は7041台で，そのうち大型が約4%，中型が約19%，小型が約75%となっている。装置のみの販売された生産台数は5828台で，そのうち大型が約10%，中型が約30%，小型が約53%，軽が約7%となっている。ただし，これらの数字には工業会に参加していない企業の

■サイドゲートリフター

使用状況によっては側面アオリ側に昇降装置を備えたほうが便利なこともある。新明和工業・すいちょくゲート・サイドタイプ。

■深ボディダンプ＋
テールゲートリフター

ダンプアップ排出時には、リフトテーブルを荷台と同じ高さにすれば、排出の邪魔にならない。新明和工業・すいちょくゲート付き清掃ダンプ。

ものは含まれていないため，実際は2万台近いと推定されている。大型車の場合には，フォークリフトやクレーンによる荷役が多いため，テールゲートリフターの利用は少なく，いずれの場合も小口配送に使用されることが多い小型車が中心で，少しずつ中型車に広がっているといえる。

特装車

特装車とはどんなものか

■特装車とは

一般的に特装車と呼ばれている車両は，JISの自動車用語によれば特別車（特別自動車）という扱いになる。特別車とは「次に示す目的のために設計及び装備されたモータービークル。a）特殊な装備をした人及び物品の運搬専用。b）特殊な作業用専用。c）上記のaとbを兼ね備えたもの」とされている。

そのうえで，特別車は，特用車（特別用途自動車）と特装車（特別装備自動車）に分類される。特用車とは「特別な目的のためにボディを特殊なものとし，または特殊な器具を備えている特別車」とされ，宣伝車や救急車，冷蔵車などが含まれている。いっぽう特装車とは「特別な機械を備え，それを自動車の原動機で駆動するようになっている特別車。積載した別の原動機で駆動するものもある」とされ，ダンプ車やタンク車，ミキサー車，冷凍車，トラッククレーン，クレーン付きトラックなどが含まれている。

この定義付けでは，非常にあいまいな部分があり，たとえば冷蔵車は特用車であるのに，冷凍車は特装車であるといった部分もあり，この分類が使われることはほとんどない。一般的には，汎用の貨物運搬のための荷台である平ボディやバンボディ，ウイングボディなど以外は，すべて特装車と理解しても問題ない。

また，道路交通法（道交法）の自動車の区分では，大型自動車，普通自動車，大型特殊自動車，自動二輪車，小型特殊自動車に分けられている。このうち大型特殊自動車と小型特殊自動車は以下のように定義されている。

大型特殊自動車：カタピラを有する自動車（内閣総理大臣が指定するものを除く），ロード・ローラ，タイヤ・ローラ，ロード・スタビライザ，タイヤ・ドーザ，グレー

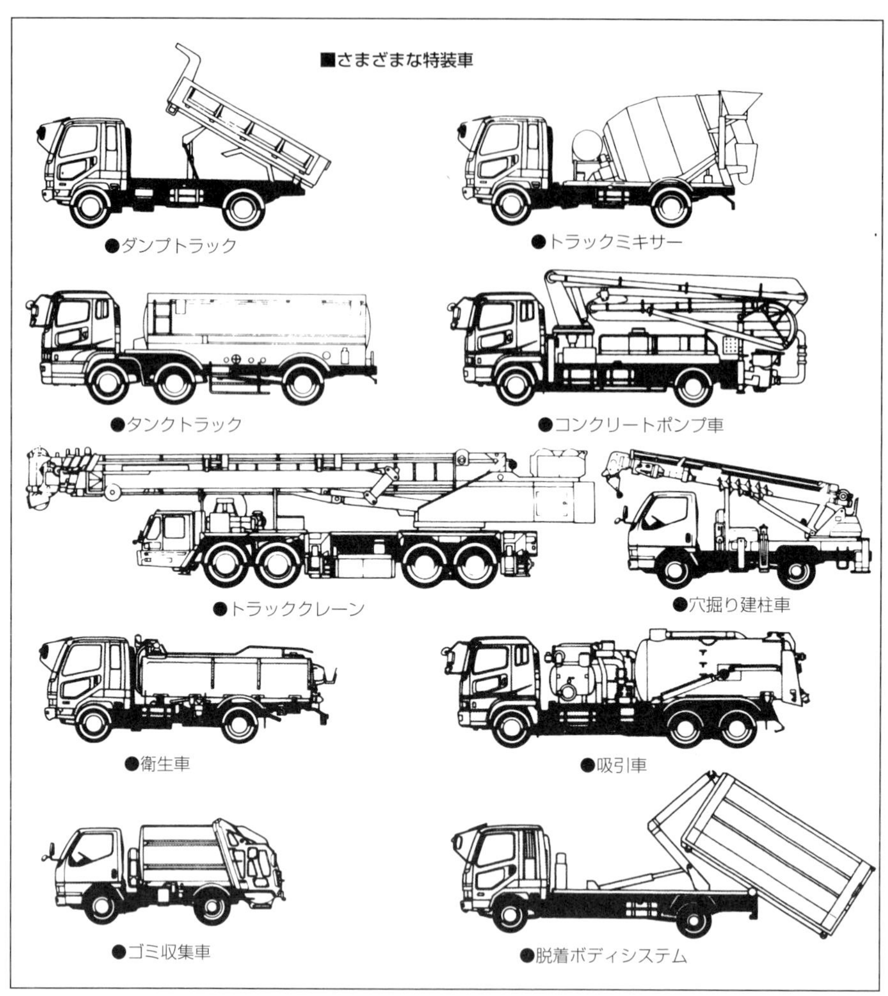

ダ，スクレーパ，ショベル・ローダ，ダンパモータ・スイーパ，ホーク・リフト，ホイール・クレーン，ストラドル・キャリヤ，アスファルト・フィニッシャ，ホイール・ハンマ，ホイール・ブレーカ，ホーク・ローダ，農耕作業用自動車，ロータリ除雪車，自動車の荷台が屈折して操向する構造の自動車及び内閣総理大臣が指定する特殊な構造を有する自動車で，小型特殊自動車以外のもの。

小型特殊自動車：車体の大きさ，長さ4.70メートル以下，幅1.70メートル以下，高さ2.00メートル以下。カタピラを有する自動車，ロード・ローラ，タイヤ・ローラ，ロード・スタビライザ，タイヤ・ドーザ，グレーダ，スクレーパ，ショベル・ローダ，ダ

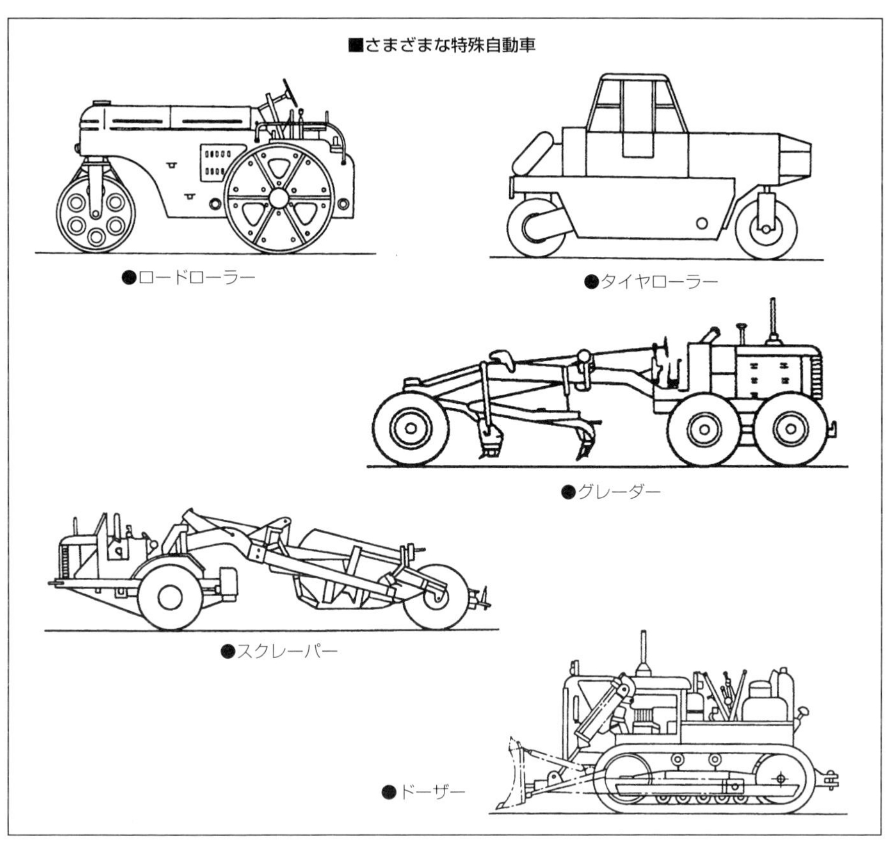

ンパ，モータ・スイーパ，ホーク・リフト，ホイール・クレーン，ストラドル・キャリヤ，アスファルト・フィニッシャ，ホイール・ハンマ，ホイール・ブレーカ，ホーク・ローダ，農耕作業用自動車，ロータリ除雪車，自動車の荷台が屈折して操向する構造の自動車及び内閣総理大臣が指定する特殊な構造を有する自動車で，車体の大きさが前記に該当するもののうち，15キロメートル毎時をこえる速度を出すことができない構造のもの（内燃機関を原動機とする自動車では，その総排気量が1.50リットル以下のものに限る）。

この定義によれば，一般的な特装車は，大型特殊自動車にも小型特殊自動車にも含まれないことになり，大型自動車か普通自動車ということになる。大型自動車であれば大型免許が必要になり，普通自動車であれば普通免許で運転できることになる。

さて，実際に業界などで特装車を分類する場合には，特装車をさらに輸送系特装車，作業系特装車と大分類し，76頁表のようにさらに細かく分けることもある。ただし，

特装車

輸送系特装車	建築資材運搬車	ダンプ車 ミキサー車	ダンプカー， コンクリートミキサー
	液体・粉粒体運搬車	タンク車 バルク車	タンクローリー， 粉粒体運搬車など
作業系特装車	環境衛生車	塵芥車 衛生車 洗浄車	ゴミ収集車， バキュームカー， 高圧洗浄車など
	建設作業車	クレーン系車 建機系車	トラッククレーン， 穴掘り建柱車，高所作業車， コンクリートポンプ車など
省力系特装車	荷役省力トラック	荷役機付き 脱着ボディ	テールゲートリフター付き，クレーン付き，脱着ボディ式など

これもあくまでも机上の分類で，たとえば建築資材運搬車にされているダンプ車にしても，ダンプという荷台を傾斜させる機構は荷役省力トラックともいえる。ゴミ収集車にしても，ゴミを圧縮しているのだが，同時に運搬もしているわけで輸送系特装車ともいえる。

以上のように特装車とは，とにかく分類することが難しいもので，ここまでに出てきた特装車のように，常にある程度の台数が生産されているもの以外にも，特種車体と呼ばれるものがたくさんある。日本自動車車体工業会の統計では，医療防疫用（胸部レントゲン車，胃及び胃胸部レントゲン車など），保健用（身体障害者輸送車，入浴車など），緊急車（救急車，警察車など），公務用（図書館車，トイレット車など），作業工作用（ガス作業車，水道作業車，道路維持作業車など），検査測定用（測定車，検査車など），放送通信用（衛星中継車，テレビ中継車など），広報宣伝販売用（移動販売車，商品展示車など），サービス用（霊柩車，ハウスクリーニング車など）などが挙げられている。これらの車両は特種車と分類されることもあるが，特装車の一種と考えても基本的には問題ない。

つまり，特装車とは「なんでもあり」の世界といえる。本書の最初で触れたように，特殊な機械装置を装備した車両を作りたいと考え，費用に制限をつけなければどんな車両でもきっと製造することができ，それもひとつの特装車となるはずだ。

この本では，基本的には汎用のキャブ付きシャシーに架装として施されるものを取り上げていくことにする。シャシーまでも専用設計されるものや公道を走行できないものは，機会をあらためてまとめることにする。

■架装の動力源

特装のための機械装置は，一般的な定置式の装置類に比べて軽量であることが求められ，強度面では走行中の振動やねじれ，発進停止時の衝撃などに耐えられることが条件である。法規制によるサイズの制限もあるため，コンパクトに収めなければならない。そのうえ，架装によって重心位置も高くなりやすいので，安全性に充分配慮した設計が必要となる。

また，これらの機械装置では，なんらかの動力源が必要になる。平ボディでもクレーン付きのものや，バンボディでもテールゲートリフターなどを備えていれば，動力源が必要となる。こうした架装の動力源にはさまざまなものがある。

架装のための動力源を大別すると，パワーテイクオフ，バッテリー駆動，セパレートエンジン駆動となる。これらによって，回転力や電力を供給している。パワーテイクオフはPTOと略されることが多く，トラックのエンジンやパワートレインから動力を取り出す。

◆パワーテイクオフ

PTOを大別すると，トランスミッションPTO，フルパワーPTO，トランスファーPTO，フライホイールPTO，エンジンフロントPTOになる。この回転を増減速してそのまま使用したり，この動力で油圧ポンプを回して油圧シリンダーや油圧モーターを駆動する。

もっとも多用されているPTOはトランスミッションPTO（T／M・PTO）で，トランスミッションのカウンターシャフトかリバースシャフトから回転が取り出される。トラックでは，ほとんどのトランスミッションケースにトランスミッションPTO用の穴が用意されている。PTOが必要でない場合には，ここにカバーがかけられている。マニュアルトランスミッションだけでなく，最近採用が始まってきているオートマチックトランスミッションにも用意されている。

トランスミッションPTOは，クラッチ以降で動力取り出しが行われるため，クラッチによる断続の影響を受けるが，カウンターシャフトを使用しているためトランス

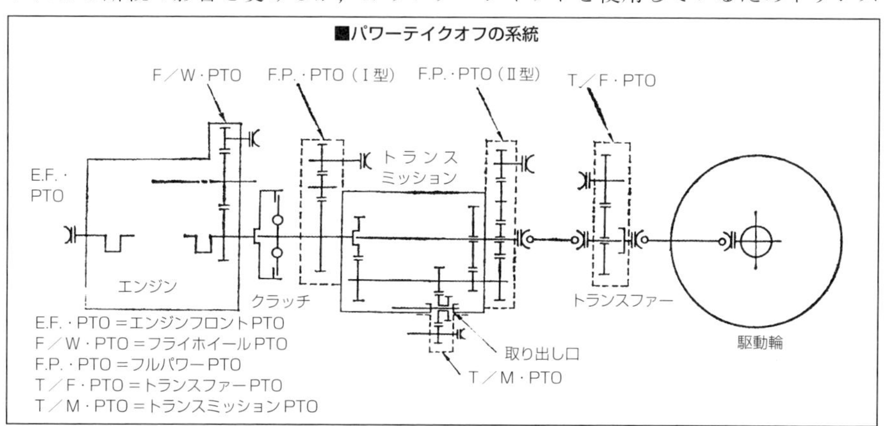

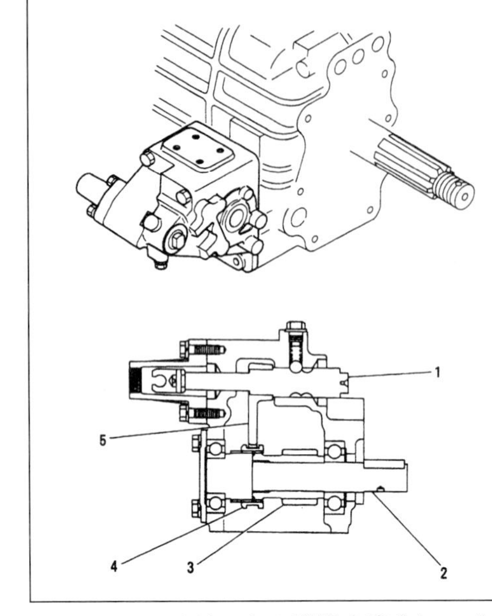

■トランスミッションPTO

PTOユニットはトランスミッションの側面に取り付けられ、カウンターシャフトかリバースシャフトから回転を取り出す。

1：PTOシフトレール
2：PTOシャフト
3：PTOギア
4：PTOシフトスリーブ
5：PTOシフトフォーク

ミッションの変速による影響は受けない。走行中に動力を取り出せないわけではないが，信号待ちではPTOの出力がなくなるうえ，走行状態に応じたエンジン回転数の変動がそのままPTOの出力に影響を与えるため現実的ではない。基本的には停車中に動力を使用する装置のためのPTOといえる。

ただし，一部には低速走行中に取り出していることもある。たとえば，ダンプトラックでは土砂などの排出の効率を高めるために，低速で走りながらベッセルを上げたり下げたりすることがある。この場合，走行しながらPTO出力も利用していることになる。とはいえ，これは限られた状況でのみ使用すべきもので，PTOのスイッチを切り忘れたまま走行を続けてしまうと故障を引き起こすこともある。

専用シャシーなどで，あらかじめPTOが必要なことが分かっている場合には，トラックメーカーがPTOユニットを取り付けることもあれば，架装メーカー側が独自に用意したPTOユニットを取り付けることもある。特に，特殊な架装で一般的なギア比のPTOでは対応が難しい場合には，架装メーカーがPTOユニットを製造して取り付けることになる。

動力の断続は，トランスミッションPTOのアウトプットギアをシフトフォークで断続するものが多く，運転席からケーブルで操作することもあれば，油圧などでシフトフォークを操作することもある。スムーズに断続できるように電磁クラッチを備えているものもある。運転席にはPTOの断続を行うためのPTOレバーが備えられている。

■フルパワーPTO（II型）

PTOユニットはトランスミッションの後端に取り付けられ、トランスミッションの出力シャフトから回転を取り出す。

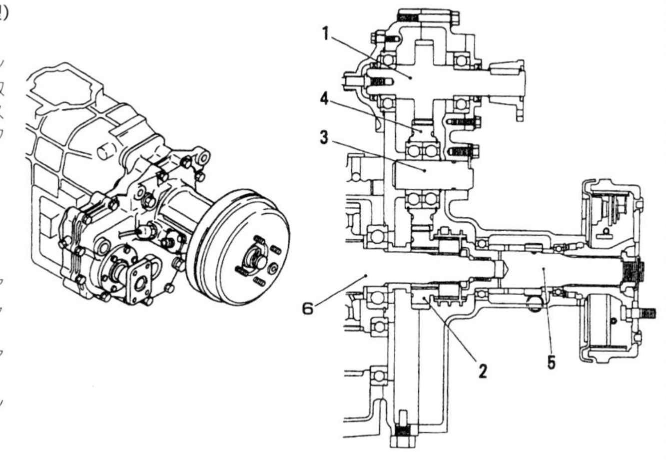

1：PTOアウトプットシャフト
2：PTOインプットギア
3：PTOアイドラーシャフト
4：PTOアイドラーギア
5：リアメインシャフト
6：トランスミッションメインシャフト

そのほかの方式のPTOでも断続には同様の方式が使用されることが多い。

トランスミッションPTOの問題点としては，トランスミッションケースの穴に取り付けることになるため，取り出せるトルクに限界があること。また，取り付けスペースの問題から，エンジン回転速度に対する減速比が制約される。

フルパワーPTO（F.P.・PTO）は，トランスミッションケースとクラッチハウジングの間から動力を取り出す場合と，トランスミッションケースの後端から取り出す場合がある。トランスミッションケースの前端の場合をフルパワーPTO I 型，後端の場合をフルパワーPTO II 型と呼ぶ。エンジン出力いっぱいまで取り出すことができるためフルパワーPTOと呼ばれるが，プロペラシャフトを動かさない状態で，エンジンの出力を最大限に取り出せるものと考えるべきで，トランスミッション以降で取り出せば確かにトランスミッション内部でのロスはあるが，ほぼフルパワーに匹敵しているといえる。基本的には停車時に使用するものだ。ただし，停車時にエンジンを高出力で使用し続けると，走行風による冷却が期待できないため，フルパワーPTO装備車ではエンジンの冷却系統がサブラジエターなどによって強化されていることもある。消防車や高圧洗浄車など，大きな力が必要とされる特装車で使用される。

トランスファーPTO（T／F・PTO）は，トランスミッションの後端やプロペラシャフトの中間に取り付けたトランスファーケース（ギアボックス）から動力を取り出す。トランスファーケースはドロップボックスとも呼ばれ，構造的にはFRベースの4WD車で前輪の駆動力を引き出すために使用するようなトランスファーと同じものだ。パワートレインの位置関係からすると，フルパワー・PTO II 型と同じことになり，フルパワーPTOの一種といえる。切り替えによってPTO使用中は，すべての動力をPTO

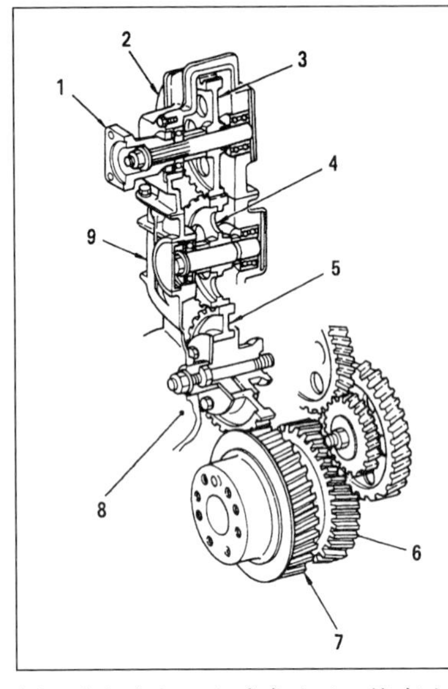

■フライホイールPTO

PTOユニットはエンジンの後方でフライホイールの側面に取り付けられ、フライホイール外周に刻まれたギアから回転を取り出す。

1：フランジ
2：PTOギアケース
3：PTOギア
4：アイドラーギア
5：アイドラーギア
6：クランクシャフトギア
7：PTOドライブギア
8：フライホイールハウジング
9：アイドラーギアケース

側に取り出してしまうため，停車中にのみ使用可能となる。大きな動力の取り出しが可能でコンクリートポンプ車などで使用されるが，トランスミッションの変速段の影響を受ける。

エンジンから直接動力を取り出す場合，フライホイールPTO（F／W・PTO）が使用されることが多い。エンジン後端のフライホイールハウジングの外周に取り付けられ，フライホイールにPTOのアウトプットギアが直接，もしくはアイドラーギアを挟んで噛み合わされている。クラッチの断続に関係なく，エンジン稼働中は常に動力を取り出すことができるため，走行中でも問題なく使用することができる。そのうえ，比較的大きなトルクも取り出すことができる。走行中も常時動かす必要があるミキサー車などで使用される。

このほか，エンジンから直接動力を取り出す方式には，エンジンのクランクシャフト前端から動力を取り出すエンジンフロントPTO（E.F.・PTO）もあるが，ラジエターやファンベルトの改造，場合によってはフロントオーバーハングの変更も必要となるなど問題が多いため，現在ではほとんど使用されていない。なおフルパワーPTOやトランスファーPTO，フライホイールPTOの場合も，動力の断続はT／M・PTOの場合と同様の各種方式が取られている。

PTOから取り出された回転力を，そのまま架装で利用するのであれば，シャフトなどで回転を伝達することになるが，多くの場合，その回転力を利用して油圧ポンプやエアコンプレッサーを作動させて，ほかの形の動力にして利用する。こうした場合，容量の小さな油圧ポンプであれば，PTOの部分に油圧ポンプを直結できるが，トランスミッションの周囲にはスペース的に余裕がないことも多く，油圧ポンプやコンプレッサーなどが離れて配置されることもある。こうした場合，シャフトでPTOと駆動する装置が接続される。この場合，PTOの位置によっては，シャシーフレームやサブフレームに固定された油圧ポンプなどの装置の位置が，走行中は相対的に動くことになる。そこで，車両のトランスミッションとデフの場合と同じように，シャフトの両端にユニバーサルジョイントを備えたプロペラシャフトでPTOと装置を接続する。角度ばかりでなく，距離の変動も考えられるため，スプライン付きのプロペラシャフトが使用されることが一般的だ。

◆バッテリー駆動

バッテリー駆動式はストレートに電力が供給される方法で，トラックのバッテリーを動力源としている。車両のバッテリーは，実質的にはエンジンの回転力でオルタネーター（発電機）を駆動し，その電力が蓄えられる部分なので，元をたどればエンジンから動力を供給されているともいえる。

バッテリー駆動式では，バッテリーに蓄えられた電力によって電動モーターを作動させ，回転力を利用したり，電動モーターによって油圧ポンプを回し，油圧シリンダーや油圧モーターを駆動する。大きな動力を取り出すことは難しく，比較的小さな動力で済むテールゲートリフターやウイングボディ，車両運搬車の駆動などに使用される。バッテリー上がりを防止するために，バッテリーの容量を通常より大きくしたり，オルタネーターの発電容量を大きなものに変更することもある。ただし，出力の大きなエンジンを搭載している車両の場合には，スペース的に余裕がないことも多い。一見したところスペースに余裕があったとしても，エンジン周囲の空間はエンジン冷却に大きな影響を及ぼすので，オルタネーターの容量を上げることが難しいことも多い。

◆セパレートエンジン駆動

セパレートエンジン駆動式の場合，トラックのエンジンとは別に専用のディーゼルエンジンなどが搭載される。さらに細分化すると，エンジンの回転力をそのまま使用したり油圧ポンプを駆動する場合と，エンジンの動力で発電機を駆動し，その電力を動力源とする場合がある。前者が狭義のセパレートエンジン駆動式とされ，後者は発動発電機式と呼ばれる。発動発電機式は，スタンドアロン発電機式とも呼ばれ，エンジンと発電機は一体化されているため，単にディーゼル発電機と呼ばれることもある。

直接回転力を利用する狭義のセパレートエンジン駆動式の場合，搭載するエンジンの能力に応じて，大きな動力を取り出すことができるため，高圧洗浄車や路面清掃車といった作業車に使用されることが多い。逆に，冷凍車のコンプレッサーをセパレー

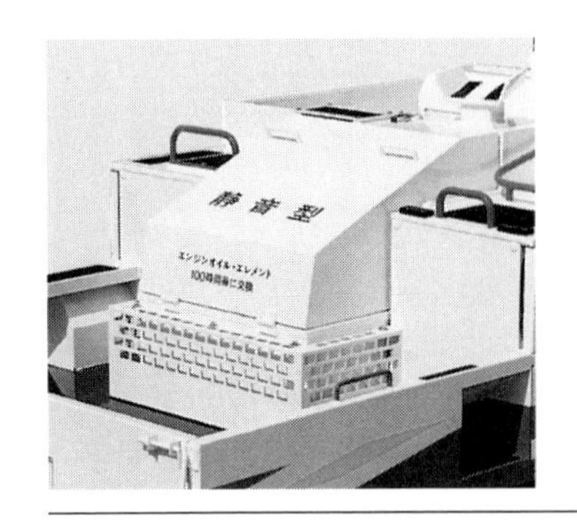

■静音型エンジンユニット

PTOで架装に必要な油圧ポンプを駆動すると騒音が問題になる場所で使用される特装車では、セパレートエンジン式が採用され、油圧ポンプと組み合わせたうえで静音ユニットとして防音ケースに収められる。写真は高所作業車のもの。

トエンジンで直接駆動する場合には，かなり小さなサブエンジンが使用される。荷台下などにコンパクトに取り付けることが可能だ。

架装の装置が油圧を必要とする場合，一般的にはPTOで油圧ポンプを駆動しているが，それだけでは充分な駆動力を得られない場合には，セパレートエンジンによって油圧ポンプが駆動される。また，PTOで油圧ポンプを駆動する場合，エンジンは常に作動させておかなければならないため，排気ガスや騒音の問題が発生する。特に住宅地などで作業を行うことが多い特装車ではこうした問題がクローズアップされる。そのため，PTO駆動で充分な油圧が得られる場合でも，セパレートエンジン駆動が採用されることがある。その場合，騒音の小さなセパレートエンジンが選ばれ，油圧ポンプなどとまとめて防音カバーなどが施された静音ユニットとされることが多い。

発動発電機式は，外部から電源が取れない場所で電力を必要とする装置を使用する特装車で使用されることが多い。電源車として電力を供給する特装車はもちろん，レントゲン車やテレビ中継車などで発動発電機式が採用される。また，冷凍車のコンプレッサーが電動モーターで駆動されていて，それほど冷凍能力が必要とされない場合，バッテリー駆動でも問題はないのだが，これでは駐車中や停車中の発電力低下状態では冷凍能力が低下してしまう。そのため冷凍車にはスタンドアロンのディーゼル発電機が搭載されることもある。

■架装のためのシャシー改造

トラックメーカーが製造する汎用シャシーは，以降に施される架装を考慮にいれ，可能な限り汎用性の高い構造とされ，フレームの長さや車軸の数，配置にはさまざまなバリエーションを用意している。そのうえ，架装を設計しやすいように，各トラックメーカーのシャシー主要装置は，ほぼ同じレイアウトとされている。

しかし，特装のなかには汎用シャシーへの架装が難しいこともあり，シャシーフレーム関連の改造がボディメーカーで行われることもある。もっともベーシックな改造としては，シャシーフレームの補強がある。架装物による重量配分や，使用時の荷重などによって，汎用のシャシーフレームでは問題がある場合，フレームの補強が必要になる。一般的には，スティフナーによる補強が行われる。スティフナーは補強板といえる鋼板で，これがフレームの内側や外側に張られる。必要に応じて，その枚数も増減する。場合によっては，クロスメンバーが追加されたりもする。

標準の汎用シャシーのシャシーフレームの長さは，トラックメーカーがさまざまな長さのものを用意していて，汎用性を考え，リアオーバーハングは長めに設定されている。架装物によっては，そのオーバーハングが長すぎたり短すぎたりすることもある。こうした場合，ボディメーカーではシャシーフレームの切断や延長が行われる。切断は切るだけの作業だが，延長する場合には溶接による接合などが行われる。

また，汎用シャシーはそれぞれのシャシーの長さに対して，ホイールベースが決められていることが多い。そのためボディメーカーでは，架装物に応じてホイールベースを変更してしまうこともある。サスペンションを含めて車軸のサブフレームを移動することになり，それに応じてサブフレーム取り付け部分のシャシーフレームの補強なども行われる。当然のごとく，プロペラシャフトの長さも変更されることになる。

これらのシャシーフレーム関連の改造はボディメーカーで行われるものだが，大型トラックともなると一点物の傾向が強い。ボディメーカーの要望に応じて，トラックメーカーが特定のホイールベースで，標準のものより長めのオーバーハングの車両を製造することもある。

さらに，サスペンションは位置変更ばかりでなく，架装物の重心によっては転倒防止のためのサスペンション改造がボディメーカーによって行われることもある。スプリングの変更やアーム類の変更など，さまざまなことが行われる。

これらのシャシー改造に関しては，トラックメーカーから車体架装指示書が出されていて，そのシャシー形式の類別に許容された重量，強度の限度が示されている。ボディメーカーはその範囲内においてシャシーの改造を行う。

ボディメーカーによる改造はフレーム関連ばかりではない。標準の汎用シャシーのままでは架装物が干渉したり点検スペースを取ることができない場合は，ボディメーカーがシャシー側の機器類を移設することもある。燃料タンクやバッテリー，マフラーなどのほか，ブレーキ配管や燃料配管，排気管などを動かすこともある。

さらに，特装車の必要性に応じて，標準のキャブをダブルキャブやトリプルキャブへとボディメーカーが変更することもある。機器類の移設も含めて，これらの場合も，ボディメーカーはトラックメーカーと連絡を取り合い，充分な安全性・信頼性が確保される状態で改修を行う。

ボディメーカーにとっては，こうした改造も業務のひとつではあるが，可能な限り

■ダンプ専用シャシー

ダンプ用シャシーは一般的なバンボディや平ボディに比べるとショートホイールベースで、シャシーフレームにも補強が施されている。また、機動性を重視するために、フロントタイヤの切れ角を通常の汎用シャシーより大きくしていることもある。三菱ふそう・スーパーグレート。

手間を減らしていきたいのは企業として当然のことである。いっぽうトラックメーカーとしては，より多くのトラックを販売していきたいため，現在では専用シャシーと呼ばれるものも数多く製造販売されている。

専用シャシーの代表といえるものがダンプ用シャシーだ。比重の大きなものが積載されることになるうえ，悪路などでの使用も多いため，ホイールベースが短く，フレームに充分な強度が必要となる。そのため，ダンプ用シャシーはショートホイールベースの車両をベースに，スティフナーによるシャシーフレームの補強が行われている。リアオーバーハングは，完成時のダンプトラックより長めで出荷されることが多い。ボディメーカーごとにベッセル（荷台）の傾斜角度や位置が異なるため，それに合わせてボディメーカーがフレームの端を斜めに（上が短く下が長く）カットして使用することになる。

また，ダンプ用シャシーでは必ずトランスミッションPTOが備えられている。このPTOを操作するための操作部や，対応した電気回路も用意されている。このPTOの操作部がダンプレバーと呼ばれる。さらに，法規制に応じてダンプ用シャシーには，左折ブザーも装備されている。こうしたダンプ用シャシーは，トラックメーカーによって型式登録されていることも多い。

ダンプ用シャシーの一部には軽量ダンプ用シャシーもある。これは，土砂などの重量物用のダンプに使用するものではなく，軽量なものを運搬するダンプトラックのためのシャシーで，積載量を確保するために，シャシーの軽量化が行われている。

ひと昔前まではダンプ用シャシー以外には，専用シャシーと呼ばれるものは少なかったが，最近ではトラックメーカーの企業努力によって，さまざまな専用シャシーが用意されるようになってきている。専用シャシーとしては，ミキサー用シャシー，タンク車用シャシー，重機運搬車用シャシー，コンクリートポンプ車用シャシー，消防車用シャシーなどがある。

ミキサー用シャシーにはフライホイールPTOが用意され，専用の補強が施されている。ミキサー車では，アジテーター（タンクの部分）の前方と後方で支持されることになるので，フレームに局所的な荷重がかかりやすい。そのため，ダンプ用シャシーの補強よりも難しい部分がある。

タンク車用シャシーにはトランスミッションPTOが用意され，シャシーが軽量化されている。タンク車の場合，積載する液体の種類と容量によって積載物の重量が決定されるため，シャシー重量に対する要求が厳しくなりやすい。しかし，タンク車の場合，タンクがフレームのほぼ全体に載り，フレームとしても機能することになるので，軽量化のために一般的なものより軽量（細い，弱い）フレームを使用しても，完成時の強度は充分に確保することができる。

重機運搬車用シャシーでは，アウトリガーが装備されるため，キャブ後方を中心にフレームの補強が行われる。このアウトリガーを設置しやすいように，ブレーキ用のエアタンクを後方に移動していることが多い。

コンクリートポンプ車用シャシーも，フレームの補強が行われ，フライホイールPTOかトランスファーPTOが備えられていることもある。

消防車用シャシーはフルパワーPTOが用意される。静止状態でしか使用できないPTOであるため，走行風による冷却が期待できないので，冷却系統が強化されていたりもする。

冷凍車用シャシーも登場してきている。独立タイプのコンプレッサーを使用する場合には，一般的なシャシーで問題ないのだが，エンジンの回転を利用して冷凍用のコンプレッサーを駆動するタイプの場合，エンジンルームにコンプレッサーを設置するためのスペースを用意している。独立駆動のコンプレッサーを設置するよりも，エンジン駆動のコンプレッサーを使用したほうが，安価に冷凍車を製造することができるため，こうしたタイプが登場してきている。

クレーン車用シャシーもある。クレーンのように先端に荷重がかかるものの場合，テコの原理で根元部分には大きな力がかかってしまうため，フレームのねじれに対する剛性を高める必要がある。クレーン車以外にも，高所作業車や橋梁整備車のベースに使われることもある。

ただし，ここで解説したクレーン車用シャシーは，一般的な汎用シャシーをベースにトラックメーカーが改造したもので，トラックメーカーではこのほかにもクレーン車用の専用シャシーであるクレーンキャリアを製造していることもある。大型クレーン車に使われるもので，汎用シャシーとはまったく別にゼロから設計される。シャシーフレームも一般のトラックとは異なり，クレーン台とするための箱構造が採用されている。車軸の数も多く，複数車軸でステアリングするものも多い。

■架装の油圧装置

架装の作動装置には油圧式が採用されることが多い。油圧装置は，小さくても大きな力を出すことが可能で，遠隔操作も容易に行える。無段変速が可能で，制御も簡単に行えるなどのメリットによって油圧装置が採用される。

油圧装置では，油圧ポンプによってエンジンの回転力などが，油圧に変換される。その油圧がアクチュエーターに導かれて駆動が行われる。アクチュエーターには，油圧を直線運動にかえる油圧シリンダーと，回転運動にかえる油圧モーターがある。油圧回路には，さらに方向切り替え弁が備えられ，アクチュエーターの動作の制御が行われる。

油圧ポンプにはさまざまな種類があり，大別すると回転式ポンプと往復動式ポンプ（レシプロ式ポンプ）に分けられる。回転式ポンプにはギアポンプ（歯車ポンプ）やベーンポンプなどがある。回転ポンプは往復ポンプに比べると，全般的に構造が簡単で小型軽量，低価格に製造することができる。

ギアポンプは，外接ギアポンプと内接ギアポンプに分けられる。外接ギアポンプは，2個またはそれ以上の歯車が噛み合い，その歯溝と壁に囲まれた容積の移動によってポンプ作用を行う。歯車が2個の場合，いっぽうの歯車がドライブギアとして外部の力で駆動され，もういっぽうの歯車はドライブギアの回転によって回されるドリブンギアとなる。

内接ギアポンプでは，ドライブギアは凸型，ドリブンギアを凹型とし，偏心した位

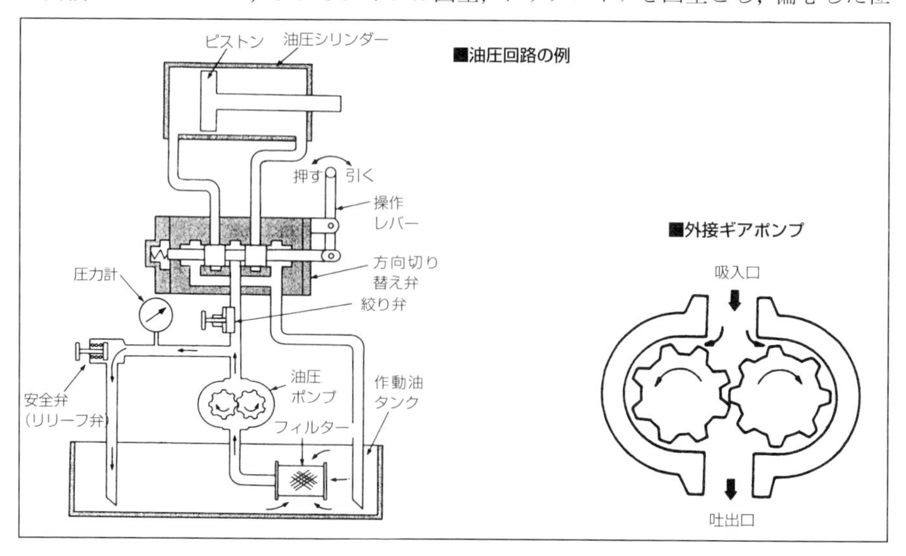

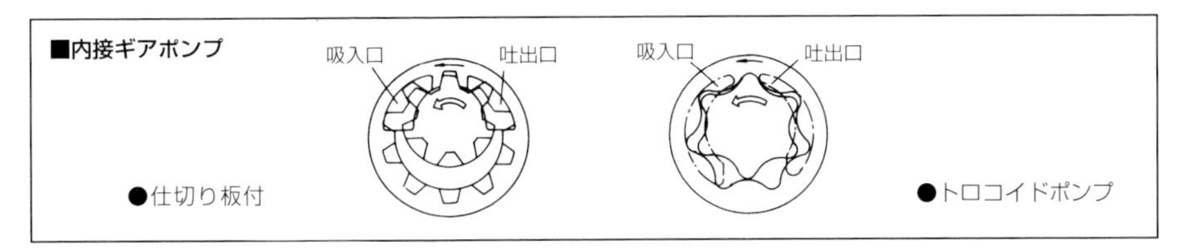

置で噛み合わされている。偏心によってずれた隙間には，仕切り板が配され，これにより吸入側から吐出側へ，両歯車と仕切り板に囲まれた容積が移動していき，ポンプ作用が行われる。仕切り板が備えられるため，仕切り板付き内接ギアポンプと呼ばれることもある。

内接ギアポンプにはトロコイドポンプと呼ばれるタイプもあり，この場合，トロコイド曲線（直線上を円が転がる際に円の中心以外の一点が描く曲線）による凹凸がアウターローターとインナーローターに刻まれている。アウターローターの凹部の数はインナーローターの凸部の数より1個多くされていることがほとんどで，この2個のローターに挟まれた容積が移動することでポンプ作用が行われる。

一般的に，ギアポンプは構造が簡単であるため故障が少なく，保守も容易に行えるというメリットがある。自動車では，エンジンオイルを循環させるためのオイルポンプに，ギアポンプが採用されることが多い。

ベーンポンプは，カムリング内にローターが備えられ，ローターの周囲には溝が刻まれて，そこにベーンと呼ばれる羽根が放射状に取り付けられている。ローターが回転すると，遠心力によってベーンが飛び出そうとするが，カムリングの位置までしか飛び出すことができず，2枚のベーンとカムリング，ローターに囲まれた容積ができ上がる。この容積は，ローターの回転によって変化していくが，この容積変化によってポンプ作用を行っている。ベーンポンプには，カムリングとローターの中心が同じ位置にあり，2カ所の吸入口と2カ所の吐出口を対称の位置に備えた平衡型と，カムリングとローターが偏心され，1カ所の吸入口から1カ所の吐出口へと圧送される非平衡型がある。

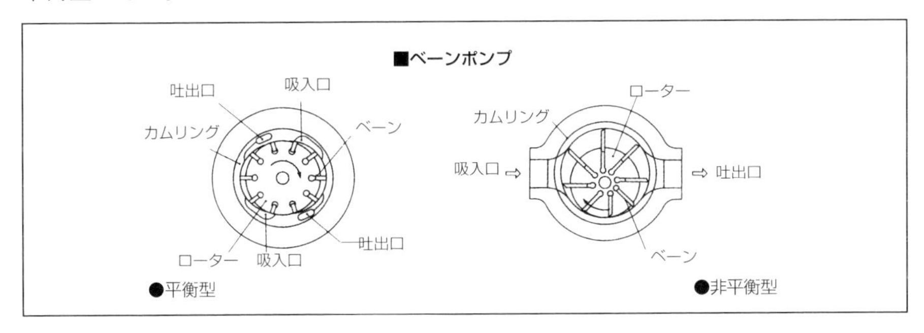

ベーンポンプも低価格に製造でき，作動音が静かという特長があるが，ベーンとカムリングの間には隙間ができることもあるため，高圧用ポンプを作ることは難しく，低圧から中圧用のポンプに使用される。

往復動式ポンプは，ピストンポンプやプランジャーポンプとも呼ばれ，アキシャル式とラジアル式に大別される。アキシャル式はピストンが軸と平行に複数本配され，ラジアル式ではピストンが放射状に複数配されている。アキシャル式はさらに，斜軸式（傾斜軸式）と斜板式（傾斜板式）に分けられる。また斜板式には，複数のピストンを収めたシリンダーブロックが回転する固定斜板式と，斜板側が回転する回転斜板式がある。いずれの場合も斜軸や斜板によってシリンダーブロック内の複数のピストンが順次往復運動を行い，ポンプ作用を行うことになる。

ラジアル式には，回転シリンダー式と固定シリンダー式がある。回転シリンダー式では，ローター状のシリンダーブロックに放射状にピストンが配され，これが偏心したカムリングの内側で回転する。偏心しているため，ローターの回転に従って，各ピストンは順次往復運動が行われ，ポンプ作用を行う。固定シリンダー式では，逆に外周のカムリングが回転することでポンプ作用を行う。

往復動式ポンプは，内部漏れが少ないため効率がよく，高圧力に適しているが，構造が複雑になりやすいため，高価格になってしまう。また，たとえば斜板式で斜板の傾斜角度を可変にすれば，ピストンストロークを変化させることができ，状況に応じてポンプの吐出容量を変えることができる。

このほか，ポンプの形式としては，ルーツポンプやスクリューポンプがあり，油圧ポンプに採用されることは少ないが，ブロアー，真空ポンプなどで使われることがあ

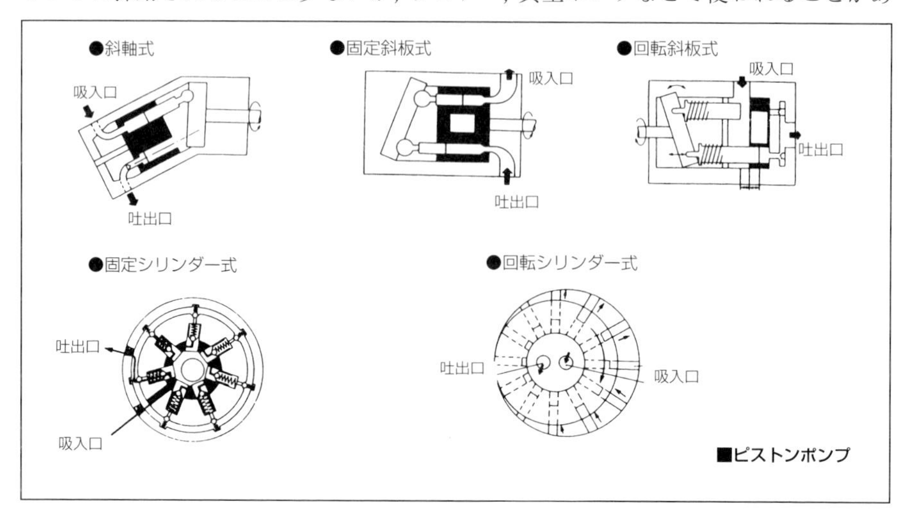

■ピストンポンプ

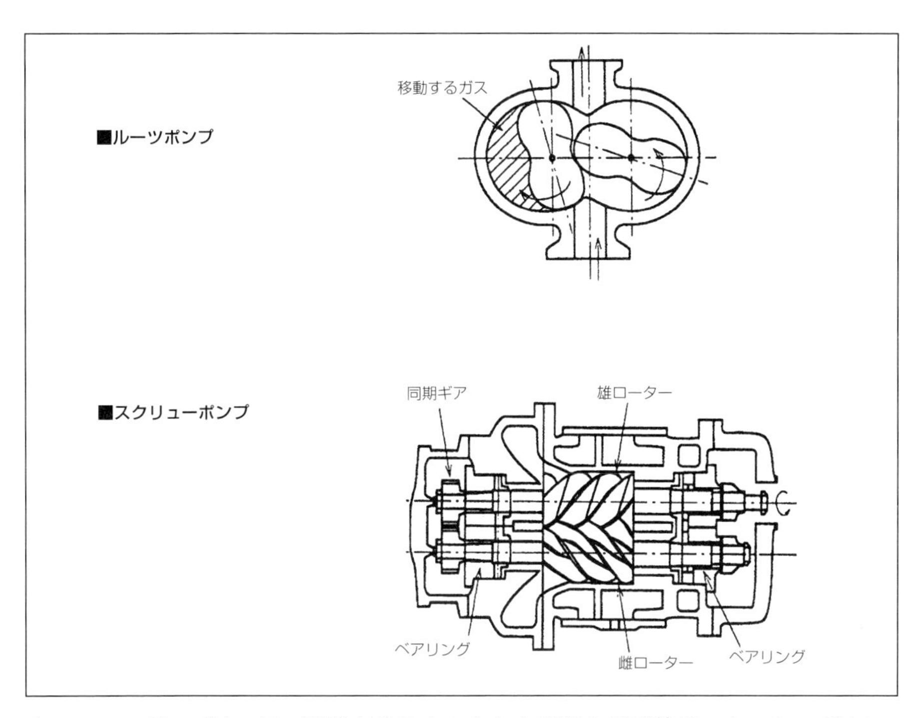

る。ルーツポンプは2個の円筒が組み合わされた形状や長円筒状のケーシング内に，マユ型をした2個のローターが収められ，このローターが回転することでケーシングとローターに囲まれた容積が変化しながら移動することでポンプ作用を行う。スクリューポンプは，2本のらせん状のスクリューギアが互いに逆方向に回転することで，ネジ溝とケーシングに囲まれた容積が変化しながら移動することでポンプ作用を行う。

油圧を回転運動に変換するアクチュエーターである油圧モーターは，基本的には油圧ポンプと同じ構造で，油圧ポンプ同様にさまざまな形式があり，状況に応じて使い分けられている。

油圧を直線運動に変換する油圧シリンダーには，単動式と複動式がある。単動式油圧シリンダーは，シリンダーの底付近に油圧が導かれる部分があり，油圧が導かれると，ピストンが移動する。アクチュエーターそのものに，ピストンを元の位置に戻す能力はなく，油圧が停止し自由に逆流できる状態になると自重などピストンにかかっている負荷や，スプリングによって元の位置に戻る。

複動式油圧シリンダーでは，シリンダーは密閉された空間で，ピストンの上側と下側に油路が設けられる。ピストンの下側の油路に油圧が導かれると，ピストンは上昇し，その際ピストン上側のオイルは上側の油路から排出される。逆にピストン上側の

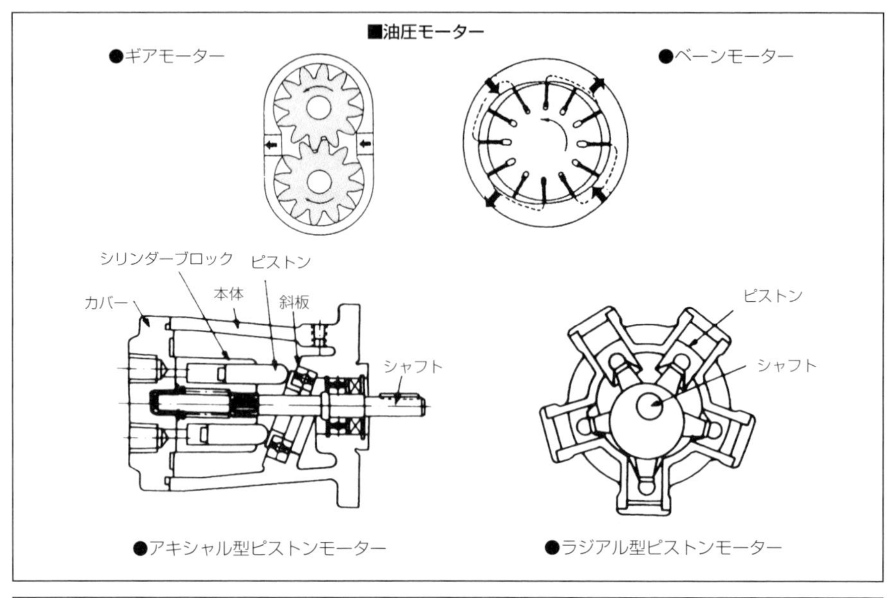

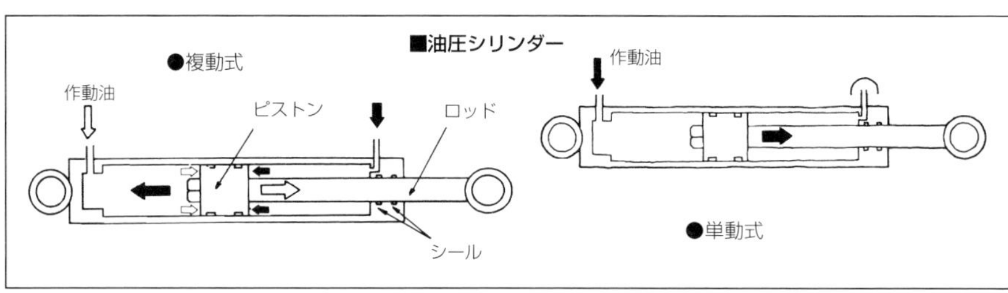

油路に油圧が導かれれば，ピストンは下降しピストン下側の油路から排出が行われる。

アクチュエーターの動作を制御する方向切り替え弁は，バルブボディ内にバルブスプールが収められ，スプールの位置がレバーによって移動できるようにされている。バルブスプールにはランドと呼ばれる突き出した部分があり，バルブボディ側にはグルーブと呼ばれる溝があり，ここに油路が接続される。バルブスプールがレバーによって移動されることで，スプールのランドがバルブボディのグルーブの位置になれば，その油路は閉じられることになる。スプールのランドとランドの隙間に2カ所のグルーブがあれば，その油路はつながれることになる。

方向切り替え弁が機械的に動かされる場合は，リンク機構などによって操作レバーまで導かれている。電動式の場合には，ソレノイドバルブが使用される。ソレノイドバルブでは，通常はバルブスプールの位置がスプリングによって保持されているが，電磁石のコイルに電流が流されるとスプリングの力に打ち勝ってバルブスプールが電

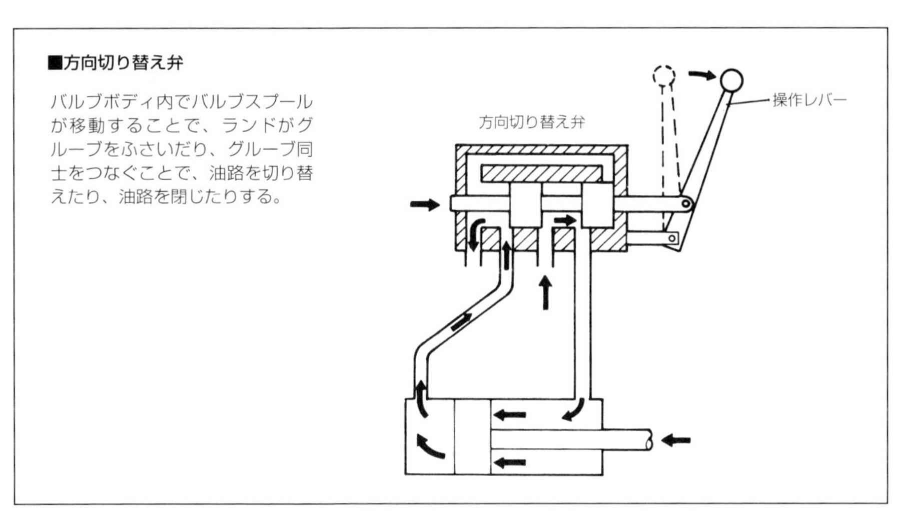

磁石に引き寄せられ，油路の切り替えが行われる。油路そのものをソレノイドバルブで切り替えているものもあるが，切り替え弁のバルブスプールを移動させる油圧シリンダーを設け，そこへ至る油路をソレノイドバルブで切り替えているものもある。

また，油圧回路には安全弁や逆止弁なども配されている。安全弁はリリーフバルブとも呼ばれ，必要以上に高い油圧が油圧システムにかからないようにしている。バルブはスプリングに支えられていて，適正範囲を超えた油圧がかかるとスプリングの力

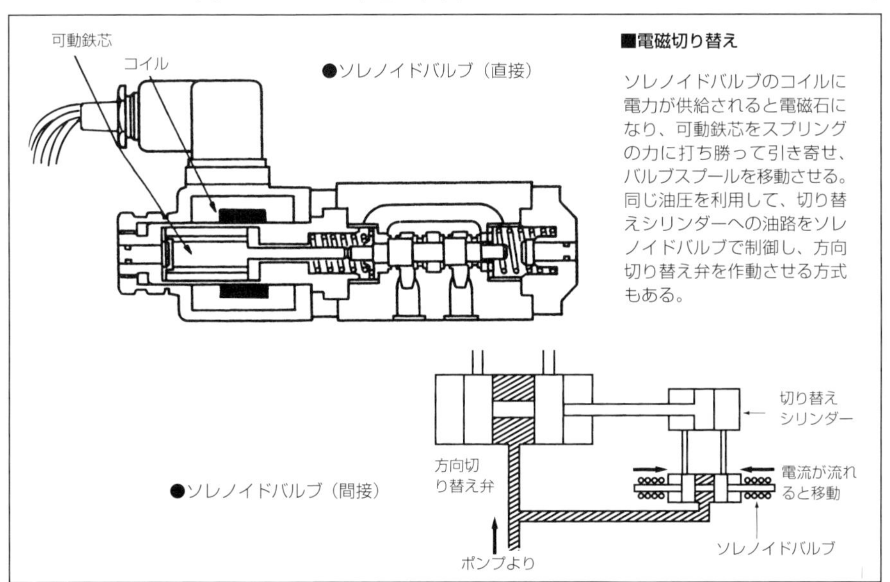

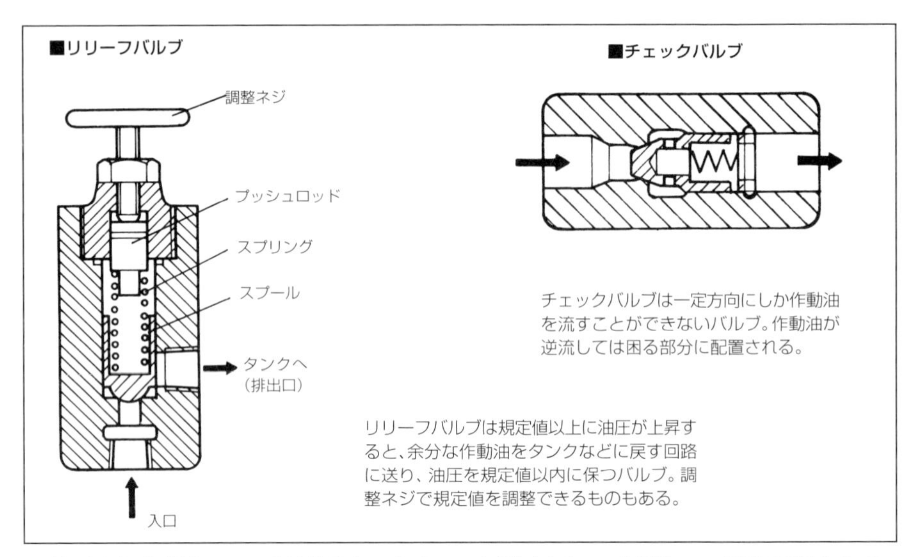

に油圧が打ち勝ちバルブが移動し，リリーフ回路（リターン回路）への油路が開かれる。これにより一定の油圧を維持することができる。スプリングの力を調整ネジで調整できるものもある。逆止弁はチェックバルブとも呼ばれ，一定方向に油圧がかかっている場合にはスプリングを押し縮めて油路を開いているが，逆方向に油圧がかかると，その油圧によってバルブが閉じてしまう。

このほかにも，一定方向のオイルの流れを制御する圧力制御弁であるカウンターバランス弁や，入口側と出口側の圧力差を一定に保ち，油圧が変動しても一定の流量が得られるようにした流量調整弁などが必要に応じて油圧回路に配される。

建設資材運搬車系

■ダンプトラック

本来，ダンプとは「投げ捨てる」や「どさりと落とす」という意味で，荷台を傾斜させるメカニズムをダンプ機構と呼ぶ。つまり，荷台を傾斜させて積荷を降ろすことができるトラックは，すべてがダンプトラックということになる。

ダンプトラックはダンプカーと呼ばれることも多く，JIS規格ではダンプ車（ダンプ自動車）とされている。このダンプトラックを大別すると，一般ダンプと特殊用途ダンプになる。一般ダンプとは，土砂等の運搬用で，特殊用途ダンプは土砂以外のものを運搬する。土砂等を運搬する一般ダンプにはさまざまな法規制が加えられている。

特殊用途ダンプは，一般ダンプが積載する土砂に比べると軽比重のものを運搬することが多いため，一般ダンプの荷台のアオリは浅い（低い）が，特殊用途ダンプではアオリがかなり深くなる。こうしたダンプを深ボディや深アオリと呼ぶが，深アオリダンプは，通称「土砂禁ダンプ」とも呼ばれ，土砂を運搬することはできない。深アオリダンプは，飼料や肥料の運搬など農業用途で使われることもあり，ファームダン

■一般ダンプ（土砂ダンプ）

土砂専用の一般ダンプはベッセルのアオリが低い。
写真は新明和工業・土砂ダンプGVW22トン。

■一般ダンプ４面図

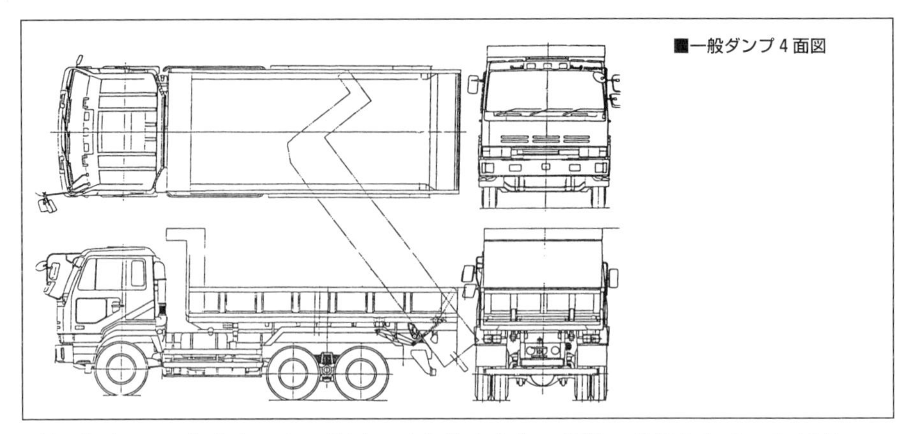

プと呼ばれることもあるが，最近では産業廃棄物の運搬に使用されることが多い。

一般ダンプの場合，過積載を防止するために，法規制によって最大積載重量を荷台容積で割った数値が1.5以上（小型車の場合は1.3以上）と定められている。たとえば，10トン積ダンプトラックの場合，10÷1.5＝6.6ということになり，荷台容積は6.6㎥以下にしなければならないことになり，一例としてのベッセルのサイズは，長さ5.1m×幅2.2m×高さ0.59m＝6.6㎥ということになる。ちなみに，2トン車シャシーでの積載量は2～3トン，4トン車で3.5～4.5トン，10トン車（GVW20トン）で8.5～11トン，GVW25トン車で11～13トンの積載が可能だ。これが土砂を積載するダンプトラックの場合で，塵芥や軽石，石灰，カーボンブラックなど比重の軽いものを専用に運搬するダンプトラックの場合には，その比重に見合った荷台容積のベッセルを架装することができる。

ダンプトラックの基本的な構造は，荷台であるベッセルと，それをダンプさせるダンプ機構，ダンプ機構を作動させるための油圧機構で構成される。

一般ダンプのベッセルの形状は，角底型と船底型に大別される。角底型はカーゴト

■特殊用途ダンプ（土砂禁ダンプ）

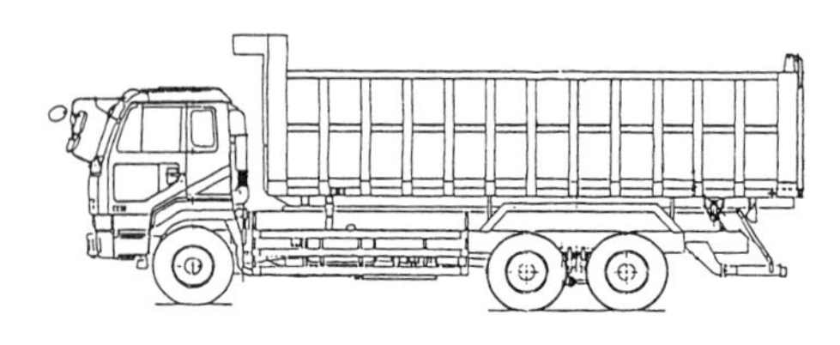

土砂以外の軽比重のものを運搬するダンプはアオリが高く、深アオリや深ボディと呼ばれる。写真は新明和工業・深ボディダンプGVW25トン。

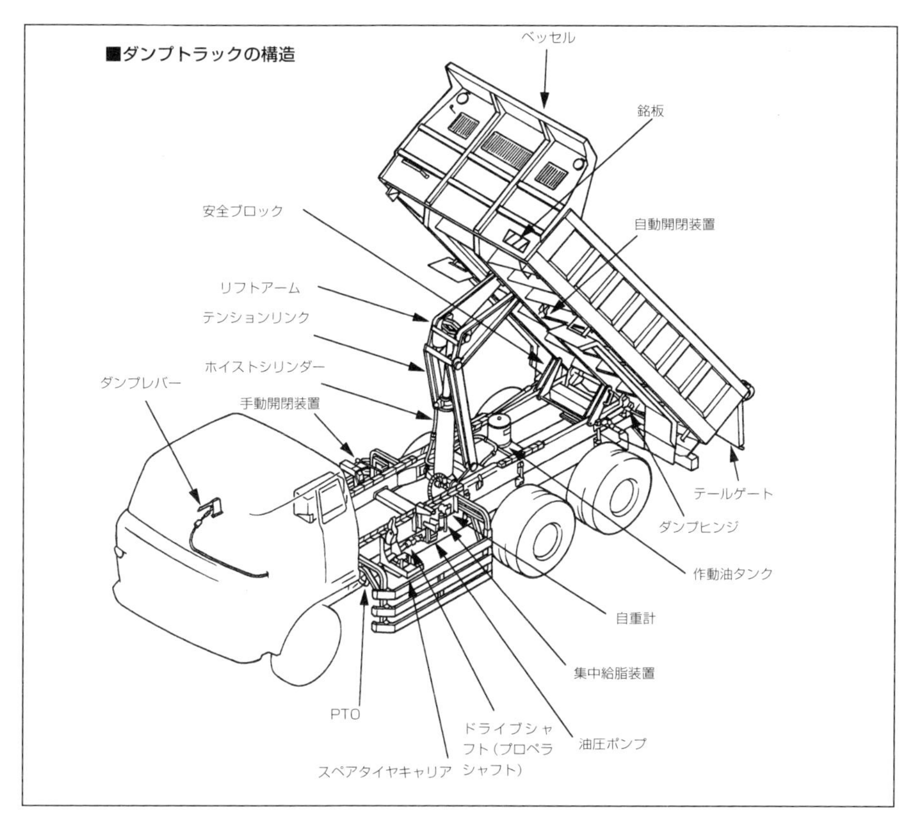

ラックのアオリのようにサイドパネルが垂直の壁になっているが,船底型の場合にはサイドパネルの下のほうが傾斜している。船底型では傾斜があることによって,ダンプアップ時に積荷が排出されやすいため,残土や粘土質の土など粘着性の高い積荷に適している。角底型の場合は,船底のように傾斜している部分がないため,その部分も積載スペースとして積載量を増やすことができる。しかし,一般用ダンプの場合には積載容量は制限を受けているのでメリットがないようだが,重心を低くすることができる。

一般的には,後方のアオリのみが開く構造にされている一方開形ベッセルが多く,大型車ではほとんどが一方開形だが,中小型車はサイドパネルも開く構造にされている三方開形ベッセルも多い。

このほか,最近はほとんどないが構内ダンプの一部で採用されるベッセルとしてスクープエンド型がある。後アオリがないかわりに,床面後方が上方へ傾斜した形状で,岩石など大きな塊状のものを積載するのに適している。

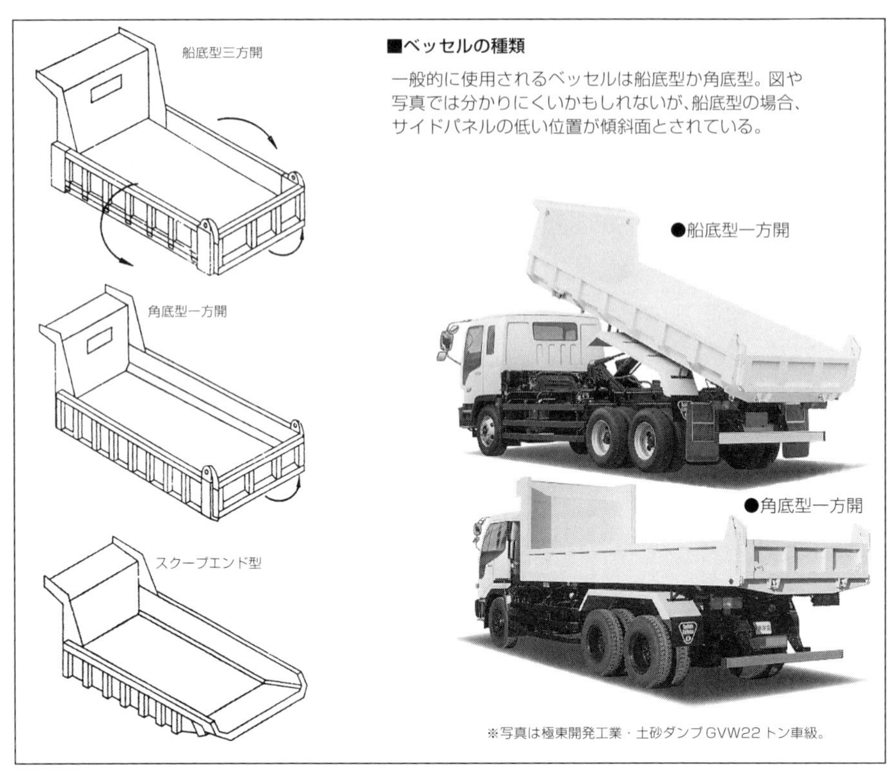

※写真は極東開発工業・土砂ダンプGVW22トン車級。

ベッセルの前方は,キャブを保護するために堅牢なプロテクターが備えられている。トラックのキャブのハイルーフ化が進んでいるため,それに応じてプロテクターも高いものになってきている。

サイドパネル上に飛散防止装置を備えていることもある。これはサイドパネルとほぼ同サイズの枠にシートが張られたもので,サイドパネルの上辺を回転軸として翼のように動かすことができる。積み込み時には,外側に開かれていき,サイドパネルの外側に沿った状態とされ,走行時には少し内側に立てて,積荷の飛散を防止している。このほか,飛散防止を目的にベッセルにシート掛けをする必要がある場合には,ベッセルにロープフックが備えられる。これらの飛散防止への対策は,国全体としてのものではなく,都道府県ごとに条令などで対策が義務付けられている。

深アオリダンプの場合にも,角底型と船底型のベッセルが基本だが,丸底ベッセルといったものもある。このほか,木材チップ運搬や飼料運搬に使用する車両のなかには,非常にアオリが深く,走行時にはカーゴボディのように見えるものもある。天蓋付きダンプもあり,積み込み時には天井部分のカバーを開いて作業する。シート掛け

●丸底ベッセル

丸底ベッセルを採用したダンプトレーラー。新明和工業・GVW26トン車級丸底モノコックボディ。

●カーゴボディ状ダンプ

飼料運搬用のダンプや農業用リアダンプのなかには、走行時にはカーゴボディのように見えるものもある。新明和工業・チルト式飼料運搬車10トン車級ロングダンプ、農業用リアダンプ4トン車級。

●天蓋付きダンプ

天蓋を開けて積み込みを行い、テールゲートから排出を行う。積載物を保護しながら飛散を防止することができる。新明和工業・天蓋付きダンプ4トン車級。

●パワーシート付きダンプ

面倒なシート掛けをスイッチ操作だけで行うことができるベッセルもある。新明和工業・パワーシート付きダンプ10トン車級。

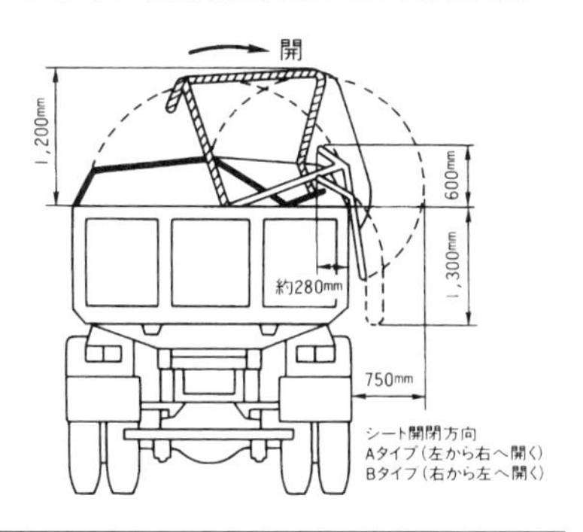

を自動化したパワーシートタイプのダンプトラックもある。

一般ダンプのベッセルの素材は鋼板が一般的で，高張力鋼板や耐摩耗鋼板が使用されることもある。溶接によって接合されていて，サイドパネル（サイドゲート）やテールゲートの部分には，コの字形の鋼板が補強材として溶接されることも多い。大型車では，床板の鋼板が3.2～4.5㎜厚程度が一般的で，これを標準ダンプと呼ぶが，なかには過酷な使用状況に対応するものとして，各部の板厚を増した強化ベッセルもある。こうしたベッセルを備えた強化ダンプの場合には，床板の鋼板は4.5～6.0㎜厚程度が使用される。

ただし，これらの鋼板の厚さはあくまでも基本の仕様であって，ユーザーの要望があれば，さらに厚い9㎜や12㎜の鋼板が使用されることもある。鋼板の厚さは過酷な使用状況に対応するだけでなく，摩耗対策にもなる。土砂などをダンプアップ排出するダンプトラックの場合，自重がかかった土砂に擦られて，どんどん摩耗していく。実際，ベッセルの後部の床板が，摩擦によってピカピカに磨かれたように見えることも多い。こうした摩耗に対応するために，厚い鋼板を採用することもある。

このほか，ベッセルを強化するために，サイドパネルやリアゲートのスティフナーの数を増やしたり，幅の狭い鋼板を補強材として張ったりすることもある。これらはすべて最終ユーザーの要望によって決定される。

完成したベッセルには塗装が施されるが，ベッセルの内側は防錆塗装程度のこともある。これは実際に使用を開始すれば，すぐに土砂などとの摩擦によって塗装が剥がれてしまうためだ。

強化ダンプでは車両重量が増加してしまうが，逆に車両の軽量化のために，アルミ製ベッセルの採用も始まっている。ベッセルをスチールからアルミにすることで，たとえばGVW20トン車のベッセルで数100 kgの軽量化が図れ，それだけ積載量を増やすことができる。アルミベッセルの場合も溶接で組み立てられるが，部分的には成型材も使用される。

ダンプの方式に関しては，ベッセルの前方が持ち上げられ後方から荷降ろしが行われるリアダンプが主流だが，側面からの荷降ろし専用のサイドダンプもある。左右どちらへもダンプアップできるもので，2ウエイダンプや二転ダンプとも呼ばれることもあるが，最近では左右両側に荷降ろし可能ではなく片側専用にされたサイドダンプも多い。左右両側に加えて，後方への荷降ろしも可能な三転ダンプもある。3ウエイダンプとも呼ばれる三転ダンプやサイドダンプは，荷降ろしする場所の状況に合わせて使いわけることができるので便利なものだ。特に狭い路地の奥などの現場で，後方への排出が困難な場合でも，三転ダンプならば排出方向を自由に選べる。このため三転ダンプは中小型車での採用が多く，大型車での採用例は少ない。

■アルミベッセル

モノクロ写真では分かりにくいが、アルミ製の深アオリベッセル。スチールに比べ軽量化を図ることができる。新明和工業・深ボディダンプGVW25トンアルミボディ。

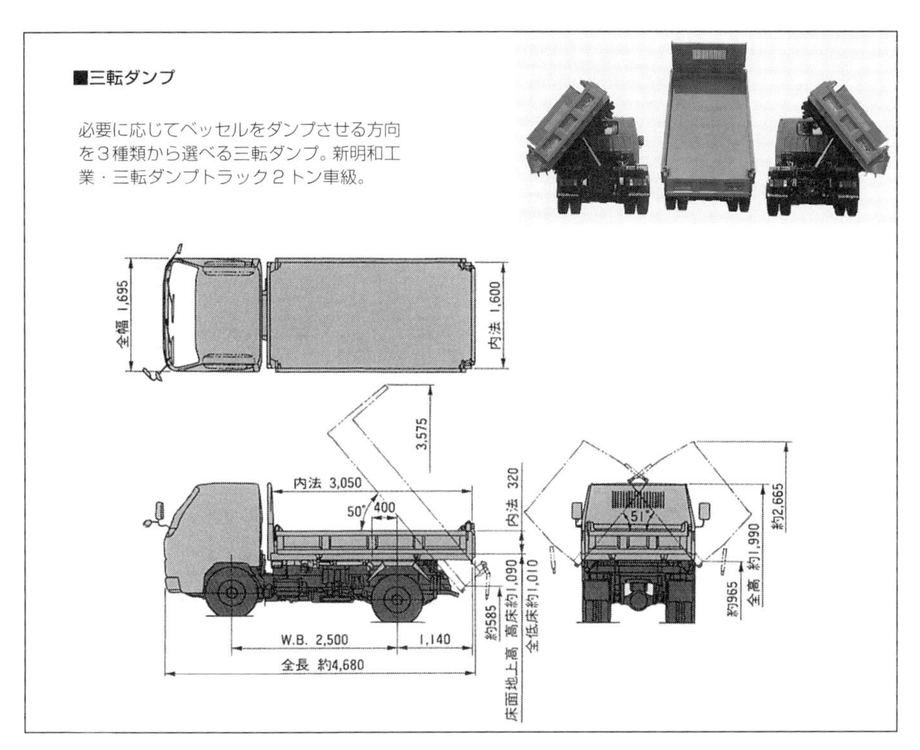

■三転ダンプ

必要に応じてベッセルをダンプさせる方向を3種類から選べる三転ダンプ。新明和工業・三転ダンプトラック2トン車級。

ベッセルは，シャシーフレームにUボルトなどで取り付けられたサブフレーム上に，硬質ゴムや堅木などの緩衝材を介して装着される。リアダンプであれば，ダンプの支点となるダンプヒンジが，ベッセル後端部の主桁とサブフレームを連結している。最近ではこうしたサブフレームをなくし，シャシーフレームに直接架装されるサブフレームレス構造も増えてきている。特に中小型車では多く，大型車でも採用が始まっている。サブフレームをなくすことで，全高を抑えたり，重心を低くすることが可能となる。

リアダンプの場合，ダンプヒンジを支点として，ベッセルの中央部か前端部が押し上げられる。押し上げに使用されるのが油圧で伸縮するホイストシリンダーで，単段のものと2～4段の多段のものがある。このダンプ機構はホイスト機構とも呼ばれ，直押し式（直突き式）とリンク式（リンク機構併用式）に大別される。

直押し式はホイストシリンダーが直接ベッセルを押す方式で，押す位置によって中押し式（中突き式）と，前押し式（前突き式）があり，動きを安定させるためにスタビライザーを備えたリンク付き直押し式（直突き式）もある。直押し式では多段のホイストシリンダーが使用されることがほとんどだ。直押し式が一般ダンプで使用され

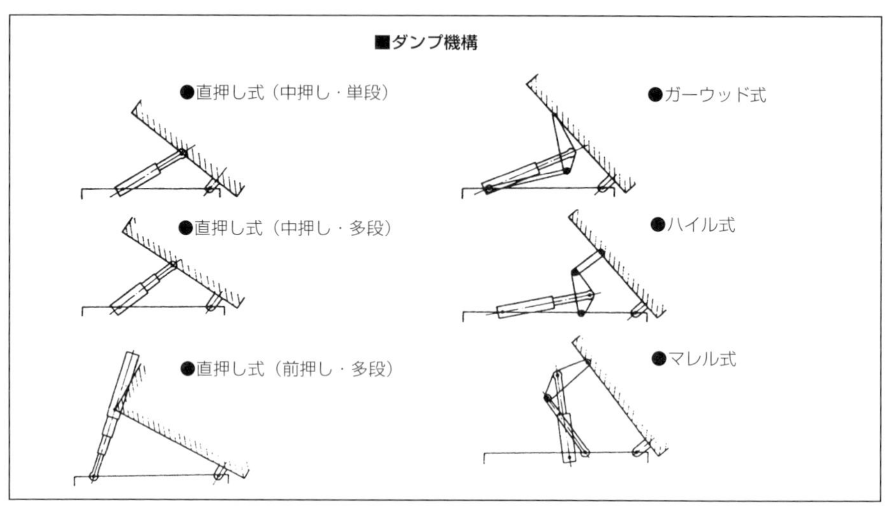

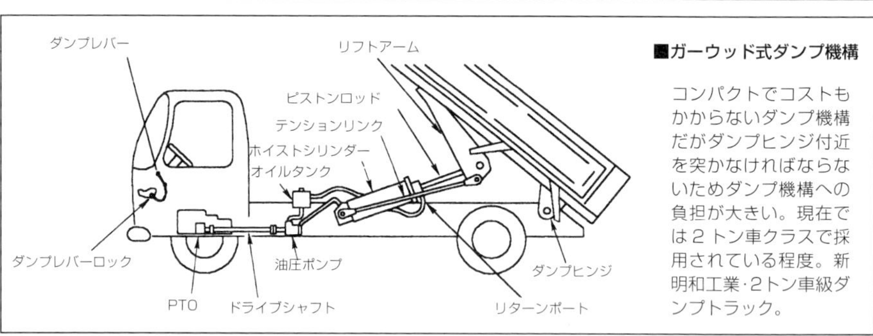

■ガーウッド式ダンプ機構

コンパクトでコストもかからないダンプ機構だがダンプヒンジ付近を突かなければならないためダンプ機構への負担が大きい。現在では２トン車クラスで採用されている程度。新明和工業·２トン車級ダンプトラック。

ることはほとんどない。

リンク式では，ホイストシリンダーがリンクの一部を押すことによってリンクが動き，ベッセルが持ち上げられる。ガーウッド式，ハイル式（ヘイル式），マレル式などさまざまな方式がある。一般的にリンク式では単段のホイストシリンダーが使用され，ベッセル前端を押し上げる直押し式では多段のものが使用される。

リンク式の各種形式は，ダンプトラックの荷台長と積載量とともに変遷している。昭和40年代のはじめまでは，6トン，8トンのボンネットタイプのダンプが多く，ガーウッド式が主流であった。シリンダーが大きく動く必要がないため，シリンダーに直接油圧ポンプを取り付けることも可能で，コンパクトに設計でき，コスト的にも安かった。しかし，リフトプレートのベッセルに取り付けられる側の描く円弧が小さいため，ダンプヒンジ近くを突かなければならない。ベッセルが長くなり，積載量も増えてくると負担が大きくなってしまう。現在でも2トン車クラスならばガーウッド式のメリットをいかすことができるので採用されているが,それ以上のクラスでは使用されない。

昭和40年代に入ると，10トンのボンネットダンプも登場し，力のあるリンク機構が求められ，ハイル式が採用されるようになった。この方式は，腰切り時（ベセルが持ち上がる瞬間）に軽く上がり，サブフレームに固定される2点の距離が長いので，安定性がよいという特長がある。しかし，このリンクも回転円弧は小さいのでベッセルの後方を突かなければならず,架装重量が重くなりやすいというデメリットがあった。そのため,10トンキャブオーバーダンプの時代に入りベッセルが長くなると消えていき，各社がさまざまなリンク形式を採用するようになった。

そのなかで,現在の大型車で使用されているのはマレル式かオリジナルマレル式だ。マレル式は新明和工業が最初に採用したもので，フランス・マレル社の特許を使用している。使用している部材はガーウッド式と同じ組み合わせだが，テンションロッドとホイストシリンダーの取り付けが異なっている。こうすることで円弧が大きくなり，ベッセルの前方を突き上げられるので，安定もよく効率もよい。そのためマレル社の

■マレル式ダンプ機構

大きな円弧を描くことができるダンプ機構なので、ベッセルのより前方を突くことができ、大きな重量にも対応しやすい。現在の主流となっている。新明和工業・中大型ダンプトラック。

リリーフバルブ装着車表示ラベル
ダンプレバー
リフトアーム
ピストンロッド
作動油タンク
テンションリンク
ホイストシリンダー
ダンプレバーロック
油圧ポンプ
リリーフバルブ
ドライブシャフト
PTO

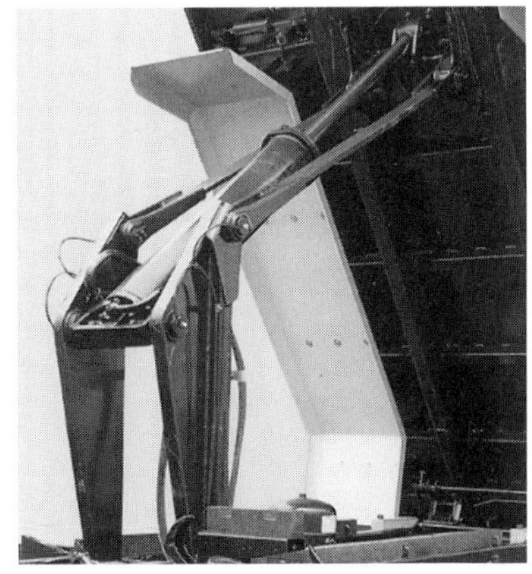

■オリジナルマレル式ダンプ機構

フランス·マレル社が開発したマレル式は、日本で主流となっているマレル式とは天地が逆になっている。この方式を採用しているメーカーもある。極東開発工業・大型ダンプトラック。

特許が切れた時点で多くのメーカーが採用するようになり,現在の主流となっている。新明和工業ではマレル式を採用するにあたって，ホイストシリンダーが直立に近く，天に向かって突き上げていくため「天突きダンプ」の名称を付けたが，同社のダンプは海外でも「TENTSUKI」の名で知られている。

オリジナルマレル式は，当初マレル社が開発した形式で，現在マレル式と呼ばれているものとは上下が逆になっている。メリットとしては同様なので，オリジナルマレル式を採用しているメーカーもある。

ダンプ機構によってベッセルには傾斜がつけられるが,その傾斜角度をダンプ角と呼ぶ。一般ダンプの場合で45～53度程度だが，中小型のなかには60度のものもある。当然,残土のように粘度の高いものを運搬するダンプトラックでは大きなダンプ角が求められる。

サイドダンプや三転ダンプでは，ダンプ機構の基本メカニズムは同様で，ベッセルの中央部を1本の多段ホイストシリンダーが押し上げていることが多いが，2本の単段ホイストシリンダーのこともある。ホイストシリンダーのベッセル側とフレーム側の接続にはユニバーサルジョイントやボールジョイントが使用され，どの方向にもダンプアップできるようにされている。たとえば，三転ダンプならば3方向にダンプヒンジがあるが，ヒンジはピンによって連結されていて，ピンが差された位置のダンプ

■三転ダンプの構造

上下がユニバーサルジョイントやボールジョイントで接続されているホイストシリンダーは自在に傾くことができ、固定するヒンジの位置をかえることによってダンプ方向がかわる。新明和工業・三転ダンプ。

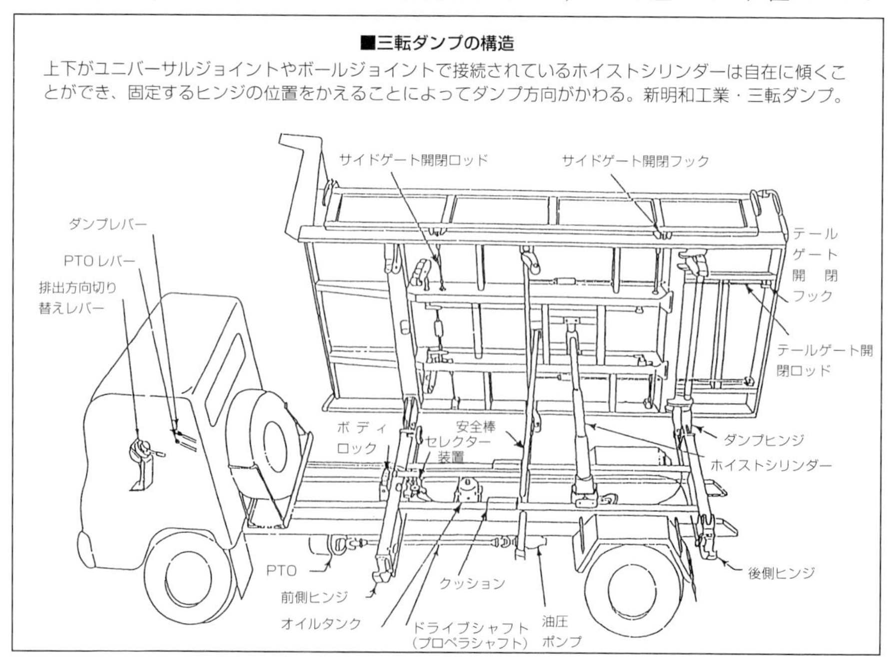

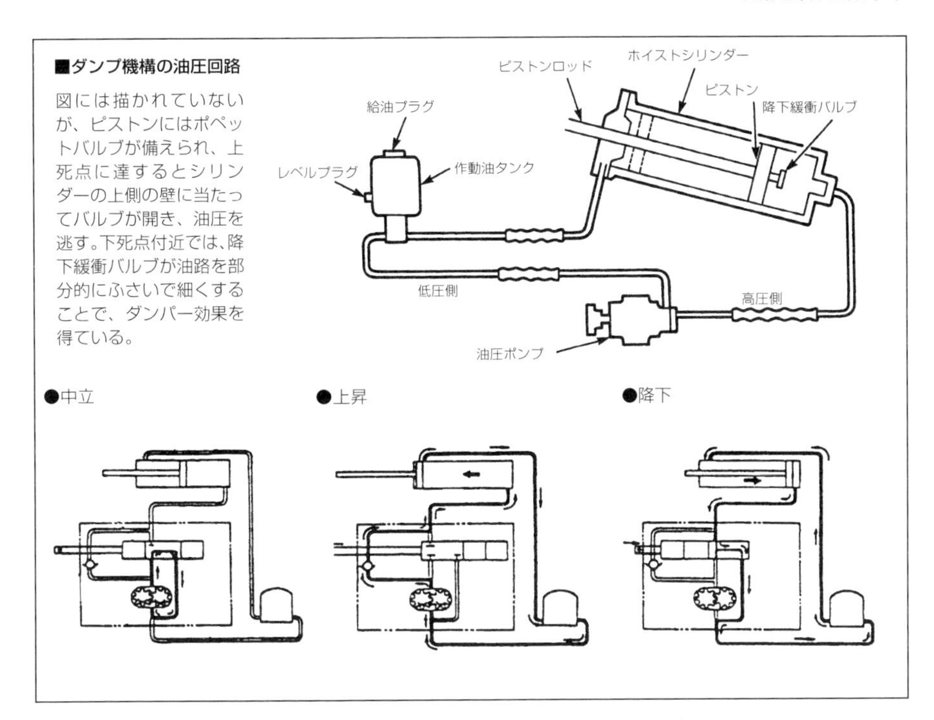

ヒンジがダンプの支点となる。ダンプ方向を変えたければ，ピンを移動すればよい。最近では，ダンプヒンジの切り替えがケーブルやリンク機構でコントロールされ，運転席から操作できるものもある。

ダンプ機構を作動させる油圧は，トランスミッションPTOを利用して作り出している。PTOからはプロペラシャフトで油圧ポンプに回転が伝達されている。油圧ポンプにはギアポンプが採用されることが多い。軽トラックのなかにはPTOが用意されていないため，電動モーターと油圧ポンプを組み合わせた電動油圧式が採用されることもあり，バッテリーで駆動されるが，最近では軽トラックでもPTOが設定されたものが登場してきている。

ダンプ機構使用時には，まずPTOが接続され，油圧ポンプが回転を始める。ダンプレバーを上昇に操作すると，油圧ポンプに内蔵された切り替えバルブのスプールが移動し，ホイストシリンダーに油圧が送られ，ダンプアップが行われる。ホイストシリンダーのピストンが上限に達すると，ポペットバルブが押されて開き，それ以上の油圧がシリンダーにかからないようにされている。

ダンプレバーを中立にすると，油圧ポンプの吸入側と吐出側がつながれることになり，ダンプ機構は作動しない。ダンプレバーを降下にすると，ベッセルの自重がホイストシリンダーにかかり，ベッセルは下降する。このままスムーズに降下が続くと，ベッセルがもっとも低い状態（走行状態）になる際に，ベッセルやフレームなどに衝撃を与えてしまう。そのためホイストシリンダーには降下緩衝バルブが設けられている。ピストンの先端に棒状に突き出した部分があり，ピストンが下降して下死点に近づくと，棒状の部分が油路の口をある程度までふさいでしまい，油路を細くする。これによりオイルが流れにくくなり，ピストンが下死点付近でのみゆっくりとベッセルを降下させることになる。

油圧回路には，クローズド回路とオープン回路の2種類がある。単段ホイストシリンダーにはクローズド回路が採用され，サイドダンプや三転ダンプで使用される多段ホイストシリンダーにはオープン回路が採用される。

クローズド回路で使用されるホイストシリンダーはピストン式シリンダーと呼ばれるタイプで，シリンダー内にピストンが収められ，ここにピストンロッドが接続されている。シリンダーの上方と下方にオイルの出入り口があり，シリンダー内はピストンの上下ともにオイルで満たされている。下方の口からオイルが送り込まれるとピストンが上昇して，ピストンロッドが押し出される。この時，ピストンより上方にあったオイルは，上方の口から排出される。この上下の口を接続する油圧回路の途中に，

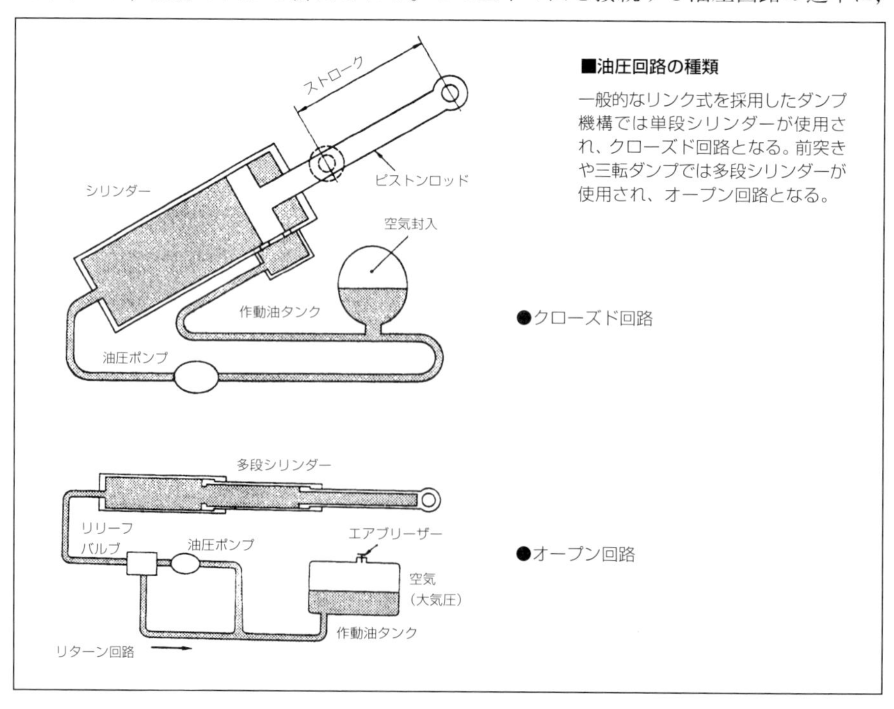

■油圧回路の種類

一般的なリンク式を採用したダンプ機構では単段シリンダーが使用され、クローズド回路となる。前突きや三転ダンプでは多段シリンダーが使用され、オープン回路となる。

油圧ポンプと切り替え弁が備えられている。

この方式の場合，一見すると回路内のオイル量は常に一定のようだが，実際にはピストンロッドがシリンダー内から出入りするため，ダンプアップ時にはシリンダー内以外の回路内のオイル量が減少し，ベッセルが下降するとオイル量が増えることになる。この変動を吸収するために，回路の途中のタンクなどに空気の入ったスペースを設け，この空気を圧縮することで吸収している。

オープン回路で使用されるホイストシリンダーは，ラム式多段シリンダーと呼ばれる。ロッドアンテナ状のもので，内部にオイルが送り込まれることで，シリンダー全体が伸びていく。オイルの出入り口は下端に1個あるだけで，ここからオイルが出入りする。オイルはリザーバータンクに蓄えられ，ここから油圧ポンプ，切り替え弁を経て，シリンダーへ送られている。切り替え弁からは，オイルをタンクに環流させるためのリターン回路が備えられている。

スクープエンド型ベッセルの場合には，ダンプアップするだけで積荷を排出することができるが，角底型や船底型のリアダンプの場合には，ダンプアップ時にテールゲート（リアゲート）を開かないと，積荷を排出することができない。一般的にはテールゲートは下開きで，上部両端にヒンジが設けられている。中小型のダンプでは必要に応じてテールゲートを外せるように，脱着可能なヒンジを使用していることもある。

テールゲートの下部は，爪を掛けることによって固定されている。この開閉装置には自動式と手動式がある。爪はテールゲートの左右2カ所にあり，自動式のみの場合には左右に1個ずつの爪が備えられる。自動式と手動式を両方備えている場合には，左右それぞれに2個ずつの爪が備えられる。

自動開閉装置は，ベッセルが上昇を始めると，リンク機構が動き自動的に爪が開放され，テールゲートは自重と積荷の排出圧力によって開放される。ベッセルの復元時には，テールゲートの自重によって元の位置に戻り，爪によって固定される。

手動開閉装置の場合は，爪をキャブ後方の部分から操作できるようにされている。操作部はフレーム側に固定されることになるので，リンク機構はダンプヒンジの回転

■テールゲート自動開閉装置

図はあくまでも一例だが、いずれの場合もベッセルが浮き上がることによってカムなどの位置が変化し、スプリングの力で爪が開かれる。

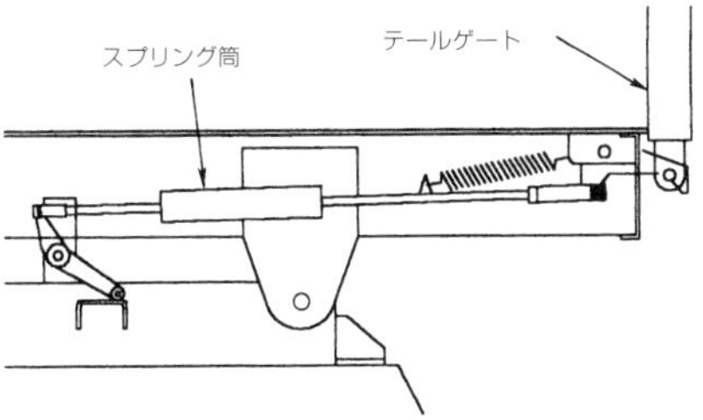

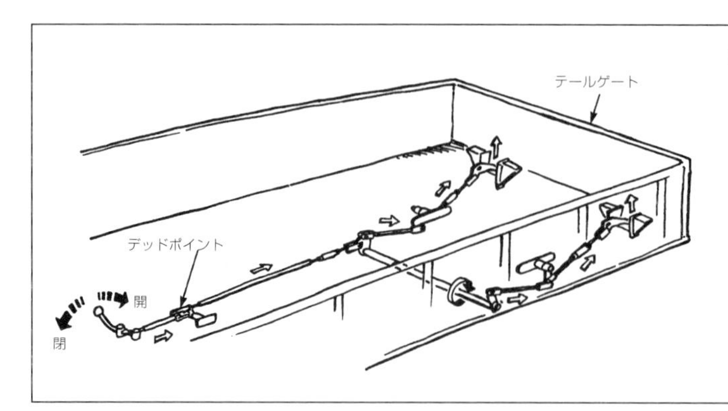

■テールゲート手動開閉装置

通常はスプリングの力で爪が開かれているが、レバーを操作することで爪を閉じることができる。シャシー側にある操作部の動きを、ベッセル側にリンク機構で伝達する必要があるため、距離が変化しないダンプリンクの部分を通している。

軸の部分を通してテールゲートに導かれている。手動式は積載物の重量を測定する際に使用されることが多い。自重計はホイストシリンダーの油圧によってベッセルと積載物を合わせた重量を測定する構造とされているので，積載状態のベッセルを少しダンプアップさせなければならない。その際に，自動式の爪が開いてしまうと積荷が排出されてしまうため，手動式の爪でテールゲートを固定してからダンプアップを行うことになる。

テールゲートは以上のような下開き式が一般的だが，下開き式のテールゲートでは開口面積が限られているため，岩石や粘着性の強い土砂などを排出する際にリアゲートにひっかかることがある。そのため，テールゲートのヒンジ部分をツノのように上方に延ばして位置を高くし，開口部を大きくしていることもある。

また，下開き式のテールゲートでは，土砂などを排出する際でも，開いているゲートそのものが，後方に流れていこうとする排出物をせき止めてしまう。このため，ダンプアップした状態で少し前進して排出を行うことがあるが，こうした不便さを解消するために，上開き式や水平式と呼ばれるテールゲートもある。

たとえば，新明和工業のFゲートでは，リンク機構によって上開きを実現している。

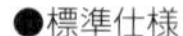

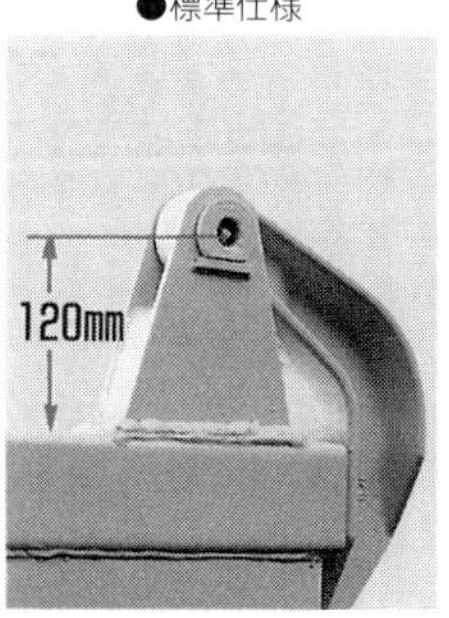

●オプション仕様

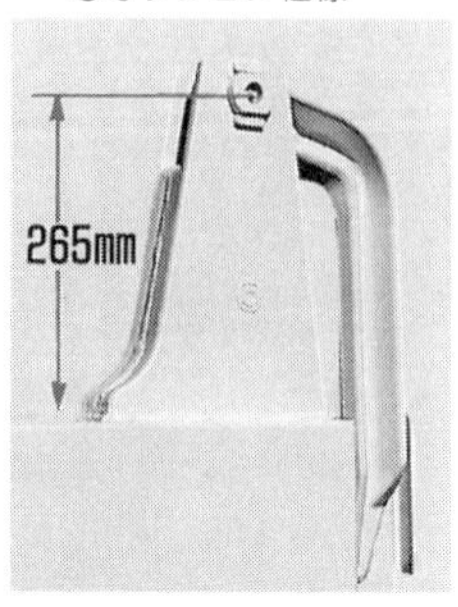

■テールゲート上部ヒンジ

開口部を大きくするためにテールゲートの上部ヒンジを高い位置にすることもある。極東開発工業・大型ダンプの標準仕様とオプション仕様。

■下開き式テールゲートの問題点

下開き式ではテールゲートそのものが排出の障害になってしまい、排出が阻害されるばかりか、後輪周辺に排出物が回り込んでしまったり、前輪が浮き上がることもある。上開き式であれば、こうした問題が解消される。

■上開き式テールゲート

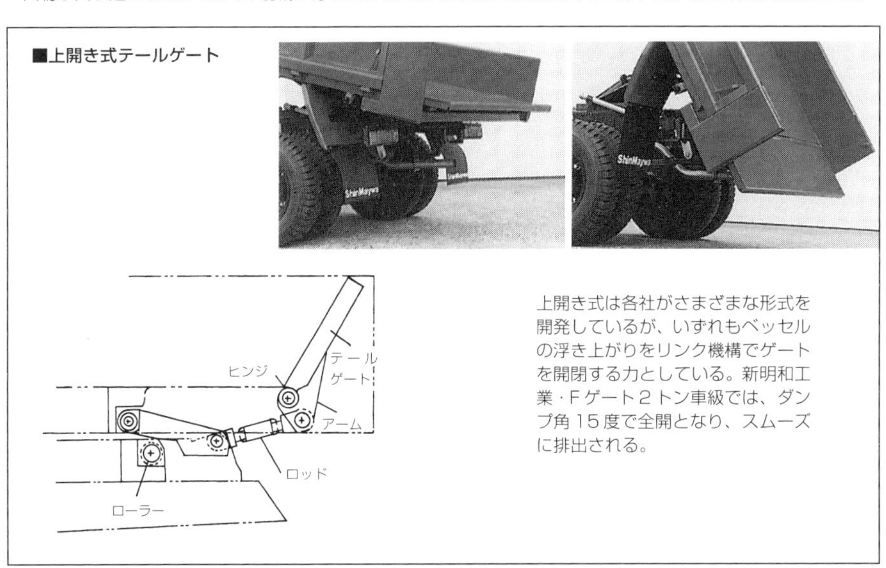

上開き式は各社がさまざまな形式を開発しているが、いずれもベッセルの浮き上がりをリンク機構でゲートを開閉する力としている。新明和工業・Fゲート2トン車級では、ダンプ角15度で全開となり、スムーズに排出される。

テールゲートの下部の支点になる点と，シャシーフレームの1点の距離が，ダンプアップによって変化することを利用し，リンク機構がテールゲートを開いたり閉じたりする。テールゲートの下部の支点となる点と，シャシーフレームの1点，ベッセルの下部の1点の3点の位置関係を利用したリンク機構もある。ダンプ角15度程度でテールゲート全開になるものから，わずか10度で全開になるものまである。

深アオリダンプでは，下開きや上開き以外のテールゲートが採用されることもある。カーゴボディのアオリのように開くものもあるが，アオリが特に深い（高い）場合は，開いた際にアオリの先端が地面に届くために使用することができない。中央から左右両側に開く観音開き式や，左右どちらかの片側だけに開く片開き式が使われることが

■観音開き＋上開きテールゲート

テールゲートに観音開きと上開きを組み合わせて使用することもある。写真車両では天蓋も備えられている。新明和工業・天蓋付きダンプトラック２トン車級。

多い。また，これらと上開き式を併用したものもある。テールゲートの下半分から3分の1程度が上開きとされ，それより上の部分が観音開きや片開きとされている。

一般ダンプの場合は，トラックメーカーが設定したダンプ用シャシーを使用することが多い。比重の大きなものを積載することになるので，ダンプ用シャシーはショートホイールベースでフレームが強化され，ダンプ機構用にトランスミッションPTOが用意されている。深アオリダンプの場合は，各種の汎用シャシーのなかから，積載物に適したものをベースにする。ホイールベースの長いシャシーが使われたり，低床シャシーが使われたりもする。最近では軽量ダンプ用シャシーもトラックメーカーが用意していることがある。

このほかダンプトラックには，自重計，左折ブザー，ダンプ警報装置，安全ブロック，ダンプレバーロック装置など各種の安全装備が備えられている。自重計は過積載による事故を防止するためのもので，5トン積載以上で土砂などを運搬するダンプトラックに義務付けられている。同様に，左折時の巻き込み事故を防止するために左折ブザーも義務付けられている。

ダンプ警報装置は，ベッセルがシャシーフレームから浮き上がった時に鳴ってドライバーに警告を与えてくれるもので，ベッセルをダンプアップさせたまま走行することを防いでくれる。また，ベッセルをダンプアップさせて，点検や整備する際に，誤操作でベッセルが降下して，思わぬ事故が発生する可能性があるため，点検などでベッセルをダンプアップさせた時には，ベッセルとシャシーフレームの間に安全ブロックを入れて，ベッセルを固定できるようにされている。この作業時に，第三者が誤ってダンプレバーを操作してしまうこともありうるので，ダンプレバーにはロック装置が備えられ，下降操作ができないようにすることができる。

一般ダンプではリアダンプが中心で，最大積載量2～4トン車クラスでは三転ダンプが7%程度ある。サイドダンプは最近ではほとんどない。特殊用途ダンプでは，サイドダンプや三転ダンプのほかにも，ダンプ機構にほかのメカニズムを組み合わせたシステムもある。

その代表的なものが，ダンプ機能とリフト機能を組み合わせたもので，リフトダン

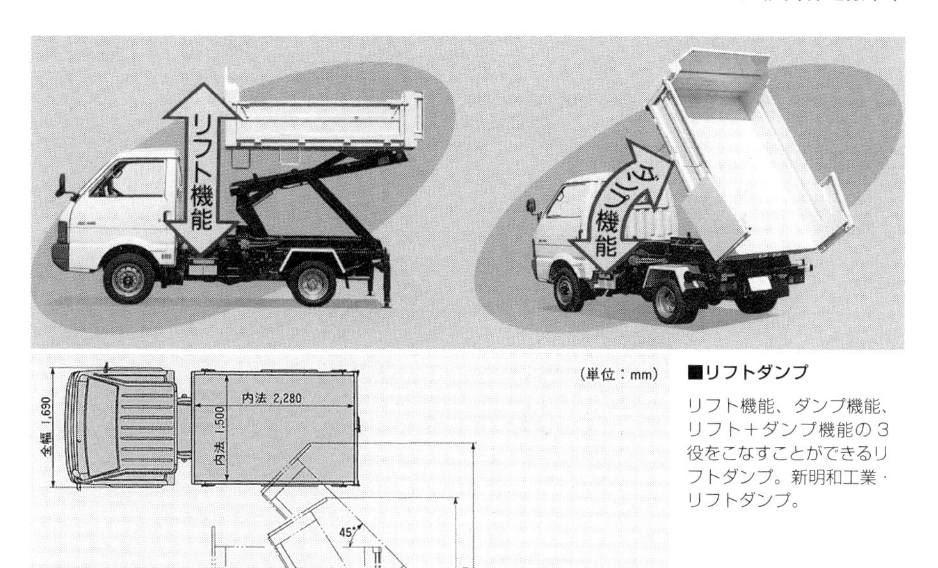

■リフトダンプ

リフト機能、ダンプ機能、リフト＋ダンプ機能の３役をこなすことができるリフトダンプ。新明和工業・リフトダンプ。

プと呼ばれる。単純にリフト機構とダンプ機構を組み合わせたものの場合，通常のダンプトラック同様に，サブフレーム上にダンプ機構を配してベッセルが備えられている。このサブフレームとシャシーフレームの間にリフト機構が備えられている。リフト機構は，X字アームのリンクを油圧シリンダーで伸縮させるもので，サブフレームを水平に昇降させることができる。場合によっては，サイドダンプや三転ダンプがリフト機構と組み合わされることもある。

リフト機能とダンプ機能をひとつの機構に盛り込んだリフトダンプもある。X字アームの変形ともいえるリンク機構に2本の油圧シリンダーを配し，それぞれの油圧シリンダーの伸縮によって，ベッセルをダンプさせたり，垂直に上昇させたり，高い位置でダンプさせたりすることを可能としている。

リフトダンプは大型ダンプトラックでの採用例は少なく，中小型ダンプトラック，特に小型ダンプトラックでの採用が多い。通常のダンプアップによる排出ばかりでなく，リフトアップとダンプアップを併用して高い位置への排出も可能となる。

ダンプ機構とスライド機構を組み合わせた中小型ダンプトラックもある。スライド

■ローダーダンプ
スライド機構をダンプ機構に加えることで、多様な排出を可能にしたり、建機運搬にも対応しやすい。新明和工業・ローダーダンプ２～５トン車。

■デザインダンプ
従来のダンプトラックのイメージを一新したデザインのものも各種登場してきている。新明和工業・天蓋付き焼却灰運搬車１０トン車級。

機構に関しては，後で車両運搬車のページで解説するが，荷台を後方にスライドさせ，後端を路面まで下げることができる。ダンプ機構とスライド機構との組み合わせの場合には，ダンプ機構を備えたベッセルのサブフレームが，スライド機構に載せられている。スライドによってベッセル後端を地面に接する位置まで下ろすことができ，同時にベッセルも傾斜することになるので，安全に荷降ろし作業ができる。

作業現場の求めに応じて，ダンプトラックに小型の作業用車両を積載して運ぶことがあるが，この場合には道板が必要になる。ところが，スライド機構を備えたダンプトラックであれば，簡単に作業用車両を積むことができる。これらのダンプ機構＋スライド機構のダンプトラックの場合，過酷な使用状況に合わせ，車両運搬車などに使用される場合のスライド機構よりもフレームの鋼板厚を増し，不整地の現場でもフレームのねじれを低減している。

なお，ダンプトラックはどちらかといえば無骨なイメージの車両だが，従来のダンプトラックのイメージを一新したダンプも登場してきている。ダンプトラックの威圧感をなくしイメージを一新するばかりか，サイドカバーやリアカバーを装備し，ドライバーや歩行者の安全性を高めている。

ダンプトラックは特装車のなかでは需要が大きな車両で，平成10年度の実績では，ダンプトラックの全生産台数は3万台を超える。そのうち，リアダンプが約90％，三転ダンプが約7％，深アオリダンプが約1％となっている。ほかに，塵芥ダンプ車（深アオリ）が別枠とされ，同年度の生産台数は436台となっている。この数を加えると，深アオリダンプの割合はもう少し高くなる。リアダンプのなかでは，大型が約18％，中型が約25％，小型が約57％で，一度に大量には運べないが，機動性の高い小型車が活躍しているといえる。

■トラックミキサー

一般的にミキサー車と呼ばれることが多いが，JIS規格ではトラックミキサーと呼

■トラックミキサー

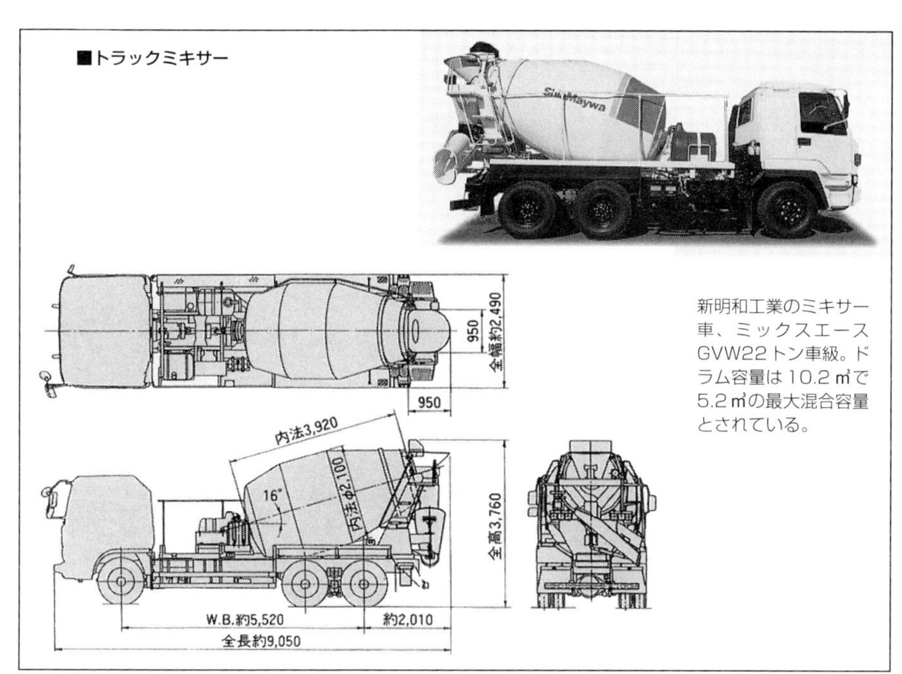

新明和工業のミキサー車、ミックスエースGVW22トン車級。ドラム容量は10.2㎥で5.2㎥の最大混合容量とされている。

ばれる。トラックシャシー上にミキサー装置を架装したもので，生コンクリートの運搬を目的とした車両のこと。コンクリートミキサー車と呼ばれることも多い。

セメントは泥のように，水分が蒸発することで固まると思っている人も多いが，セメントは石膏と同じように化学反応によって硬化するもので，水と混合した状態で放置すると硬化してしまう。石膏と同じように硬化時には発熱もともなう。しかし，適度に撹拌を行うと，硬化を遅らせることができる。

コンクリートは，セメントと骨材（砂，砂利）に水を加えて撹拌して作られるが，この固まる前の状態のコンクリートを生コンクリートと呼ぶ。昔は現場で袋詰めのセメントを使って人力やミキサー装置を使い，その場で練り混ぜて使用していたが，大量に製造することは難しく，品質も不安定であった。そのため，生コンクリート工場（バッチャープラント）で製造したものを，使用する現場に運搬する方法が一般的に用いられている。生コンクリート工場は，全国に5000以上もあり，広く普及していることも，生コンクリート工場から運搬する方法が一般的になった要因といえる。しかし，撹拌せずに生コンクリートを運搬すると，硬化が始まってしまうばかりか，分離が起こったり均等性が損なわれて品質も低下してしまう。

トラックミキサーは，その用途によってアジテーター，ウエット式ミキサー，ドライ式ミキサーの3種類がある。アジテーターは，生コンクリート工場から目的地まで，

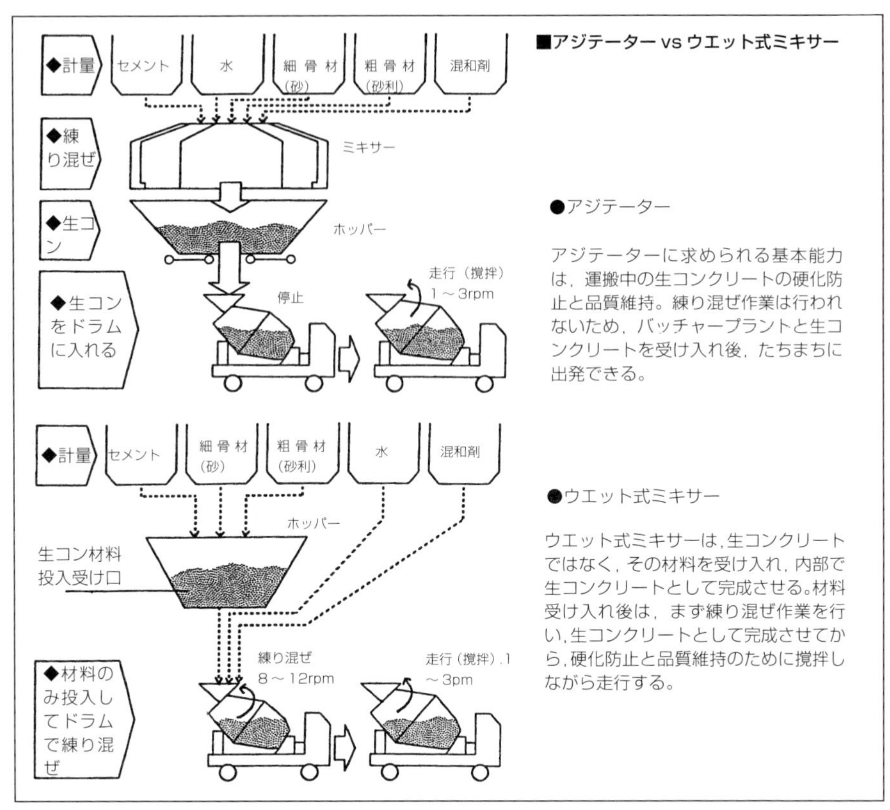

硬化や分離を起こさないように撹拌しながら運搬するもの。ウエット式ミキサーは，セメント，骨材，水を同時に受け入れ，ミキサー内で練り混ぜると同時に，硬化や分離を起こさないように撹拌しながら運搬し，目的地で排出するもの。ドライ式ミキサーは，セメントと骨材だけを受け入れ，目的地もしくはその近くで，車両に装備されている練り混ぜ用水タンクと水ポンプで，水を混入しながら練り混ぜ，生コンクリートとして完成させたうえで排出する。

アジテーターとウエット式ミキサーの基本構造は同一だが，ドライ式ミキサーの場合には給水装置が加わることになる。アジテーターとウエット式ミキサーは基本は同じとはいえ，混合前の材料を練り混ぜる必要があるためウエット式ミキサーのほうがアジテーターよりも高い練り混ぜ能力が求められる。

前述のように，生コンクリート工場からの運搬が一般的なため，日本ではアジテーターが主流といえる状況。しかし，現在のコンクリートは何らかの混和剤が使用され，特に最近の高強度コンクリートに対しては，流動化剤（高性能減水剤）の使用による

■トラックミキサーの構造

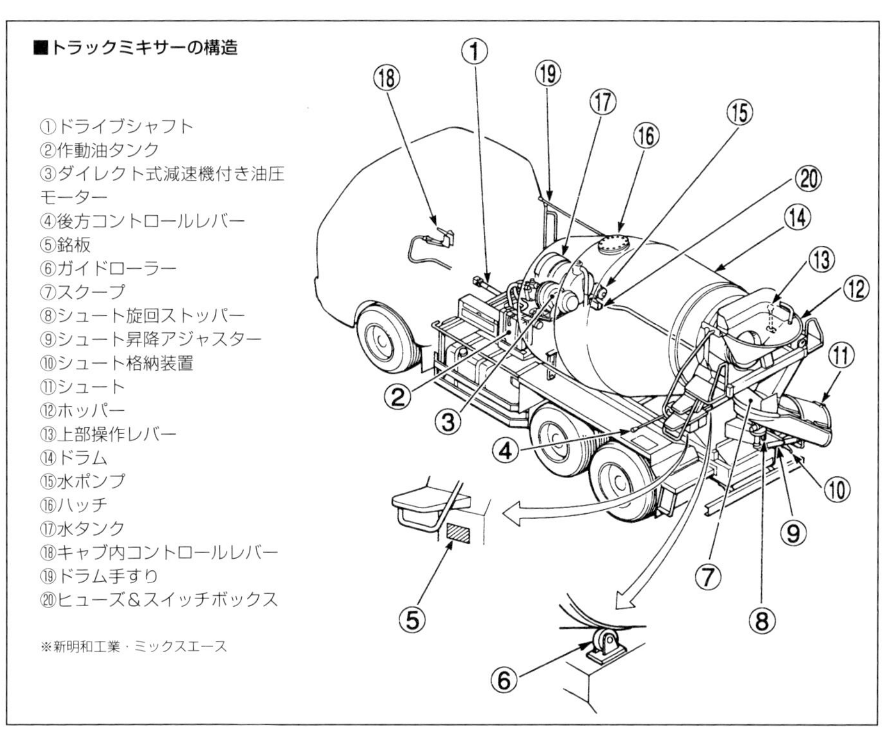

施工性の改善が行われていることが多い。こうした混和剤のなかには，トラックミキサーからの排出直前に添加したうえで混合してから使用しなければならないものも多い。こうなってくると，アジテーターとしての使用であっても，ウエット式ミキサーのような高い練り混ぜ能力が求められる。そのため，現在ではアジテーターであっても内部の撹拌ブレードなどが改良され，練り混ぜ能力が高められている。

ミキサー装置のドラム形式には，傾胴形，竪形などがある。竪形では垂直に置かれたドラムがシャシーフレームに固定され，ドラム内のブレードが回転することによって撹拌と排出を行う。ドラム上方が大きく開放されているため，投入が簡単で，練り混ぜ状況や残り量など内部の確認もしやすく，回転ブレードで強力に撹拌することができるなどのメリットがあるが，傾胴形に比べて消費動力が大きく，架装重量が大きく重心が高くなり，積載量も少なくなるというデメリットが大きいため，現在ではほとんど製造されていない。

現在主流の傾胴形ドラムでは，円錐の一部と円筒の一部が組み合わされたような形状で，徳利形と呼ばれることもある。ドラムはドラムシェルとも呼ばれ，高張力鋼板などを溶接して製造されている。内部に骨格などはない。壁の一部にはマンホールと

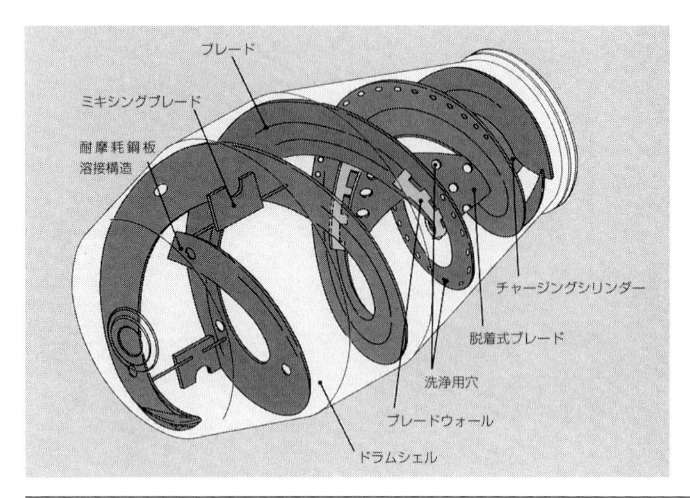

■ドラムの構造

ブレードなどはドラムシェルが回転すると，すべてが一体となって回転する。

呼ばれる開口部が設けられ，ハッチがボルト&ナットで固定されている。

ドラムの内壁に沿っては，らせん状のブレードが配されている。このブレードも高張力鋼板製で，ドラムに溶接で固定されている。ドラム内壁やブレードは，鋼板そのままの状態で塗装や表面処理はなにも行われていない。

ドラムは傾斜するように取り付けられていて，ドラムが回転するとブレードに沿って内容物が順次移動し，上部に達すると落下する。この撹拌方法を重力撹拌式という。ブレードは2本のらせんが組み合わされていることもある。ブレードとブレードの間には、撹拌性能を向上させるためにミキシングブレードと呼ばれる羽根が取り付けられることも多い。さらに、ブレードには各社が独自に開発した溝や壁を設けて，撹拌性能を高めている。

生コンクリートの投入は上部の開口部に設けられたホッパーから行う。ホッパーは漏斗状のもので，先端部分がドラムシェル内に入れられている。粘度のある生コンクリートは，そのままではドラム内にスムーズに収まらないので、ドラムを回転させて行う。

排出は投入時とは逆方向にドラムを回転させて行う。ドラムの上部開口部には，断面が半円形のスクープ2本がV字形に配され，ドラムの回転によって排出された生コンクリートを受ける。

2本のスクープのV字の頂点には，これも断面が半円形のシュートがあり、排出先に生コンクリートを導く。シュートは，V字の頂点の部分を中心にして，旋回やシュート先端の上下動が可能とされていて，排出先の位置に合わせられる。最近では操作者の作業性や省力化を考慮して，油圧を利用して軽い力で上下操作できるものが増えて

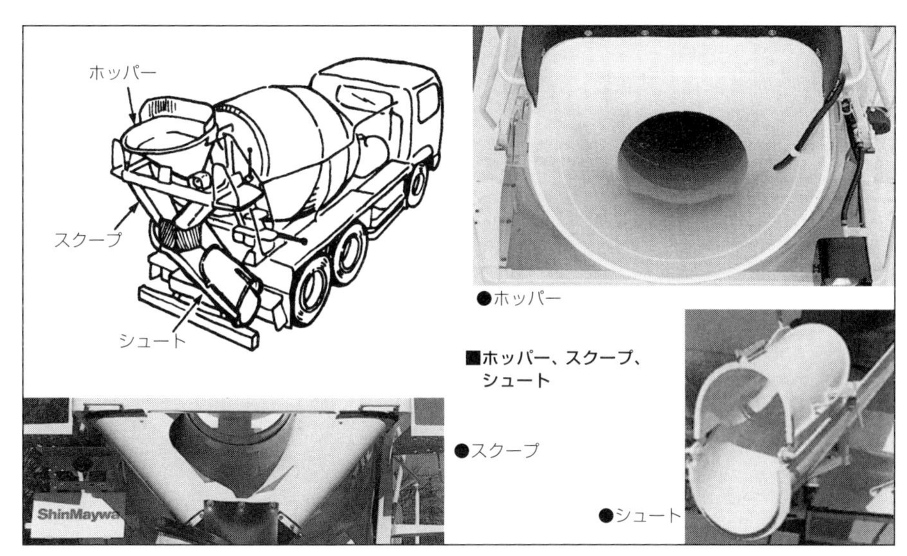

●ホッパー
■ホッパー、スクープ、シュート
●スクープ
●シュート

きている。1本物のシュートもあるが，長さも調整できるように折り畳み式や脱着式のサブシュートが備えられていることも多い。

ドラムの傾斜角度は16～20度で，3点支持されている。前方はセンターベアリングで支えられ，後方は左右両側にある2個のガイドローラーで支えられている。ドラムを回転させる動力源にはPTOが利用される。以前はトランスミッションPTOやエンジンフロントPTOが利用されていたが，現在ではほとんどがフライホイールPTOを使用している。これはトラックメーカーがトラックミキサー用の専用シャシーとしてフライホイールPTOを装備したものを用意するようになったためで，現在では最大積載量2トン車クラスのトラックミキサーの一部にトランスミッションPTOが使用されている程度だ。

PTOからの出力は，シャフトによって伝達されチェーンでドラムを回転させる直接チェーン駆動方式もあったが，現在では油圧駆動式を使用している。フライホイールPTOの動力はシャフトによって油圧ポンプに伝えられ，回転が油圧に変換されて、油圧モーターに送られる。油圧駆動式にはチェーン式とダイレクトドライブ式があり，チェーン式は油圧モーターでギアを回し，ドラムをチェーン駆動するが，昭和50年代の半ばにダイレクトドライブ式が開発されてからは、チェーン式はなくなり，すべてがダイレクトドライブ式となっている。ダイレクトドライブ式では，油圧モーターと減速機が結合され，モーターの回転軸でそのままドラムを回転させている。こうすることで，チェーンを使用する場合に比べて保守が容易になり，安全性も向上。さらに騒音低減などの効果もあり，外観もすっきりさせることができる。

■ドラム駆動システム

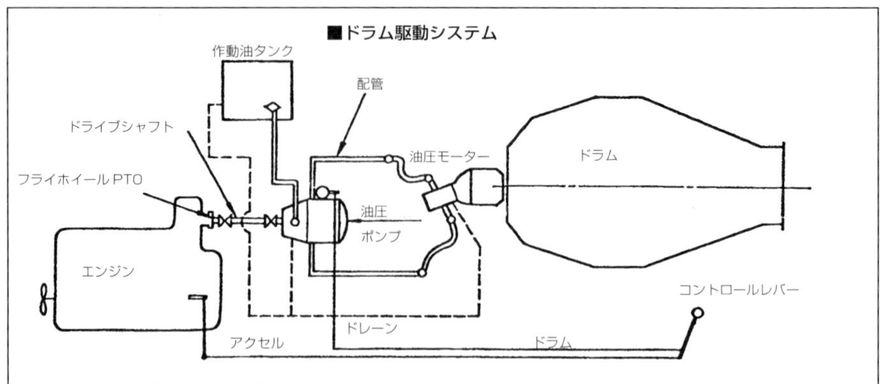

PTOによって駆動された油圧ポンプに発生した油圧で、油圧モーターを回し減速機を介してドラムを回しているダイレクトドライブ式。コントロールレバーの操作はワイヤーやリンクによって油圧ポンプに伝えられる。

油圧ポンプや油圧モーターには,小型車でベーン式ポンプやギア式油圧モーターが使用されることもあるが,一般的にはプランジャー式が使用される。油圧ポンプは可変容量タイプで,油圧モーターは定容量タイプとされる。これにプラネタリーギア式の減速機が組み合わされる。

ドラムの回転方向や回転速度の調整は,回転傾斜板式の可変容量プランジャーポンプで行われる。傾斜板の角度が大きくなればなるほど,ピストン（プランジャー）のストロークが大きくなり,流量を増やすことができ,定容量タイプの油圧モーターの

■ドラム駆動制御

油圧ポンプは可変容量タイプで可変斜板を備えている。油圧モーターは固定容量タイプで斜板は固定されている。可変斜板が図で垂直の状態にされると、ピストンのポンピングが行われず、油圧が発生しないため、モーターが回転しない。可変斜板を正転側に倒していくと、油圧が発生しモーターが回転する。傾きが大きいほど流量が増え、モーターが速く回転する。可変斜板を逆転側にすれば、逆方向に回転するようになる。

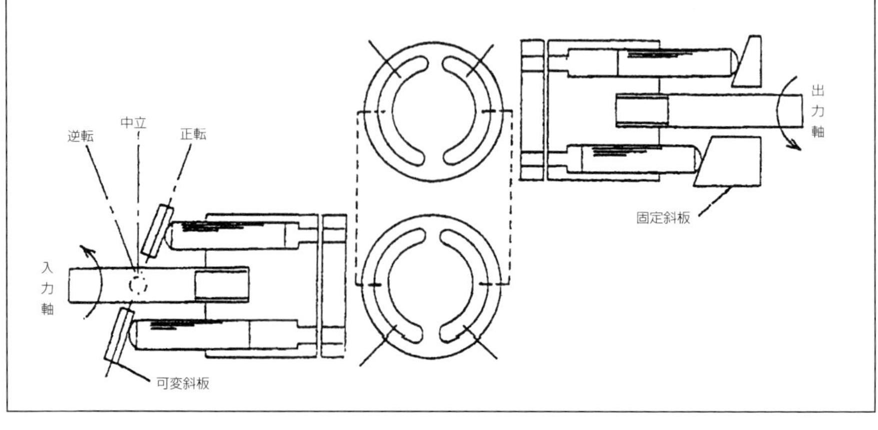

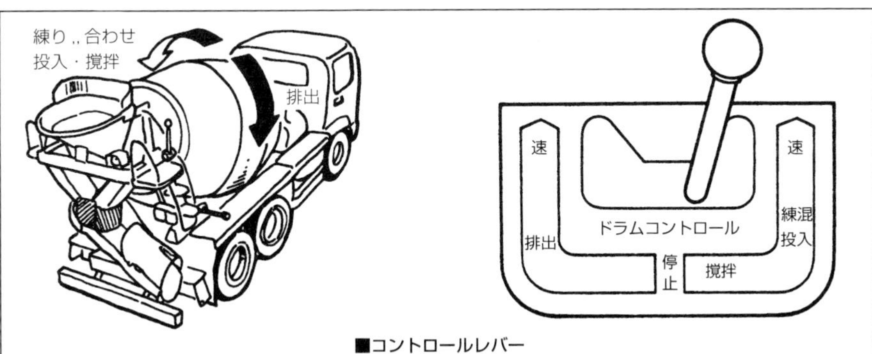

■コントロールレバー

コントロールレバーの位置によって正逆回転や回転速度を調整できる。練り混ぜや投入のような高速回転状態のまま走行すると、ドラム内での生コンクリートの移動が大きく、重心が高くなって車両が転倒することもある。

回転速度が速くなる。傾斜板の傾斜角度を反転させれば，逆方向への回転も可能で，傾斜をなくせば中立状態となる。傾斜板はコントロールレバーで角度が調整できるようにされている。状況に合わせてさまざまな操作が必要になるため，コントロールレバーはキャブ内，車両後部の左右，ホッパー付近の合計4カ所にある。

ドラムの回転速度は，投入&排出時が1～10rpm（1分間の回転数），撹拌走行時が1～3rpm，練り混ぜ時が8～12rpm程度とされていることが多い。最近では，生コンクリートの品質維持のために，エンジン回転速度とは関係なく，ドラム回転速度を一定に保ったり，必要以上に回転速度が高まらないようにするドラム回転制御機構が装備されることが多くなっている。

また，トラックミキサーは目的地で生コンクリートを排出後，すみやかにドラム内を洗浄しないと，内部に付着したコンクリートが硬化して取れなくなってしまう。そのため水タンク，水ポンプ，ホース，ノズルが装備されている。水ポンプは電動モーター式で，車両のバッテリーで駆動されている。ノズルから勢いのある水流をぶつけてコンクリートを洗い流す。車両によっては，ドラム内に洗浄用のノズルが備えられているものもある。洗浄後は，ドラムを回転させて洗い落としたコンクリートと水を

■洗浄装置

水タンクの水が水ポンプによって加圧され、スクープシャワーやブレードシャワーから噴射される。作業者はハンドノズルを使って、コンクリートが残っている部分を洗浄。洗浄後はドラムを逆転させて洗浄水の排出を行う。新明和工業・ミックスエースGVW20、22トン車級。

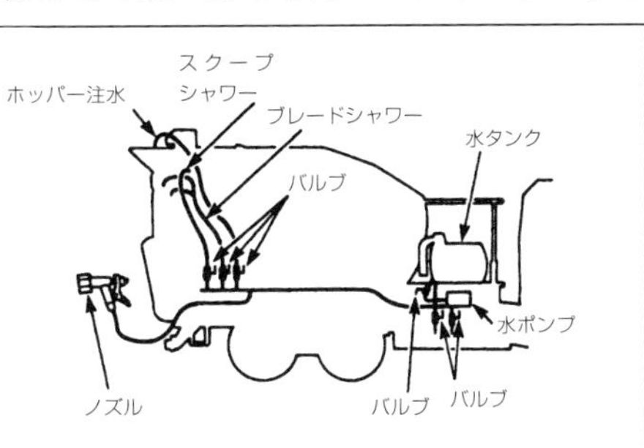

排出する。

トラックミキサーを長く使用していると，こまめに排出後の洗浄を行っていても，次第にドラム内壁やブレードに硬化したコンクリートが付着してしまう。洗浄をていねいにしていなかったりすると，たちまちのうちにコンクリートが付着する。こうしたコンクリートを取り除くために，トラックミキサーでは定期的にはつり作業が必要になる。はつり作業とは，ハンマーとノミや，削岩機などを使用して，固着したコンクリートを取り除く作業のことで，作業者がドラム内に入って行う。こうした作業時にはハッチが開けられ，マンホールから強制換気を行い，酸欠や塵肺症を防ぐ。

このほか，ドラムの両側にはサイドステップやガード，またスクープ部分での作業のためのステップなどが架装される。

トラックミキサーは荷台形状が特殊なため，車検業務の簡素化を目的に，ドラム型式登録規程が適用されている。ここでは，シャシー区分ごとにドラム容量やドラム取り付け角度，容積比が定められている。

トラックミキサーは，さまざまな現場で使用されるので，最大積載量2トン車クラスから大型までさまざまなタイプがある。大型クラスともなると，ドラム容量10.2 m³で最大混合容量5.2 m³を誇る。平成10年の実績では，トラックミキサーの全生産台数が1698台。そのうち約71％が大型，約26％が中型で，小型はわずかなものだ。普通免許で運転できる車両総重量8トン未満のクラスの需要もある程度はあるが，全体には輸送効率の向上を目指して大型化の傾向が強い。

液体・粉粒体運搬車系

■タンク車

液体を運搬するためのトラックがタンクトラックで，JIS規格ではタンク車（タンク自動車）とされている。タンクローリー（Tanklorry）と呼ばれることも多いが，ローリーとは英語でトラック（アメリカではトラック，イギリスではローリー）のことで，なぜタンク車だけがローリーで呼ばれるかは定かでない。

ひと口に液体を運ぶといっても，液体には幅広いバリエーションがある。ガソリン，軽油，灯油，アスファルトなどの石油製品をはじめ，LPガスや天然ガスなどの液化ガス，飲料水や飲料などの食料品，さまざまな化学薬品など，数え上げれば液体の種類は際限がない。それぞれに粘度や比重，揮発性や圧力，また危険性や衛生に対する配慮も異なる。その液体の性状に応じたタンク構造と付属装置があるため，タンク車はさまざまなバリエーションがある。また，積載物によっては消防法，毒物劇物等取締法，高圧ガス取締法，食品衛生法など諸規制の適用を受けるものも多く，それぞれの基準に適合させて設計製造する必要がある。

タンク車を大別する方法は特にないが，構造上に若干の違いがあるため危険物タンク車，非危険物タンク車，液化ガスタンク車（高圧ガスタンク車）などに分けられる。危険物タンク車は，石油類をはじめ各種の化学薬品の運搬に使用されるもので，消防法などの適用を受け，法令上は移動タンク貯蔵所と呼ばれる。危険物のなかには毒劇物の指定を受けているものもあり，この場合は毒物劇物等取締法の適用を受ける。

非危険物タンク車は，危険物に指定されていないものと，液化ガス以外のものを積載するタンク車で，さまざまな液体が含まれる。代表的なものには，液状の食品を運搬する食品タンク車や，危険物に指定されていない塩酸や硫酸，樹脂などを運搬する

危険物仕様の大型タンク車。楕円タンクで、タンク上側面にはツノのように飛び出した側面枠が備えられている。東急車輌製造・10000 ℓエタノールアミンタンクローリー。

真円タンクが採用された危険物仕様の大型タンク車。真円タンクの場合も危険物仕様には側面枠が必要。東急車輌製造・10000 ℓ有機溶剤タンクローリー。

危険物仕様であると同時に毒劇物仕様でもある大型タンク車。「危」の標識に加えて「毒」も表示されている。東急車輌製造・9800 ℓメタクリル酸タンクローリー。

危険物の指定は受けていないが毒物劇物の扱いを受けている液体を運ぶ毒劇物仕様の大型タンク車。表示は「毒」のみ。東急車輌製造・9300 ℓ高濃度ホルマリンタンクローリー。

■各種大型タンク車

危険物でも毒物劇物でもない液体を運ぶ大型タンクローリー。危険物ではないため側面枠がない。東急車輌製造・6800 ℓ醤油タンクローリー。

化学製品タンク車,高温のアスファルトやピッチを運搬するアスファルトタンク車などがある。危険物の指定は受けていないが,毒劇物の指定を受けているものの場合には,毒物劇物等取締法の適用を受ける。食品を運搬するタンク車であれば,食品衛生法の適用を受ける。

液化ガスタンク車は,高圧・低温で液化させたガスであるLPG(液化石油ガス)やLNG(液化天然ガス),液化酸素などを運搬するもので,高圧ガス取締法の適用を受ける。液化ガスタンク車はタンク内が高圧になるが,危険物タンク車や,非劇物タンク車の場合にも,積載する液体が揮発性の高いものだったりすると,タンク内の圧力は高まる。こうした液体を運搬するタンク車の場合には,圧力タンクを使用することになる。

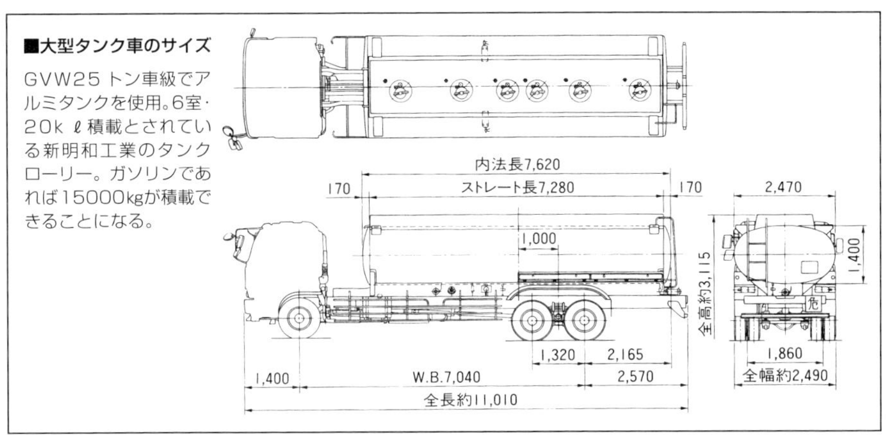

■大型タンク車のサイズ

GVW25トン車級でアルミタンクを使用。6室・20kℓ積載とされている新明和工業のタンクローリー。ガソリンであれば15000kgが積載できることになる。

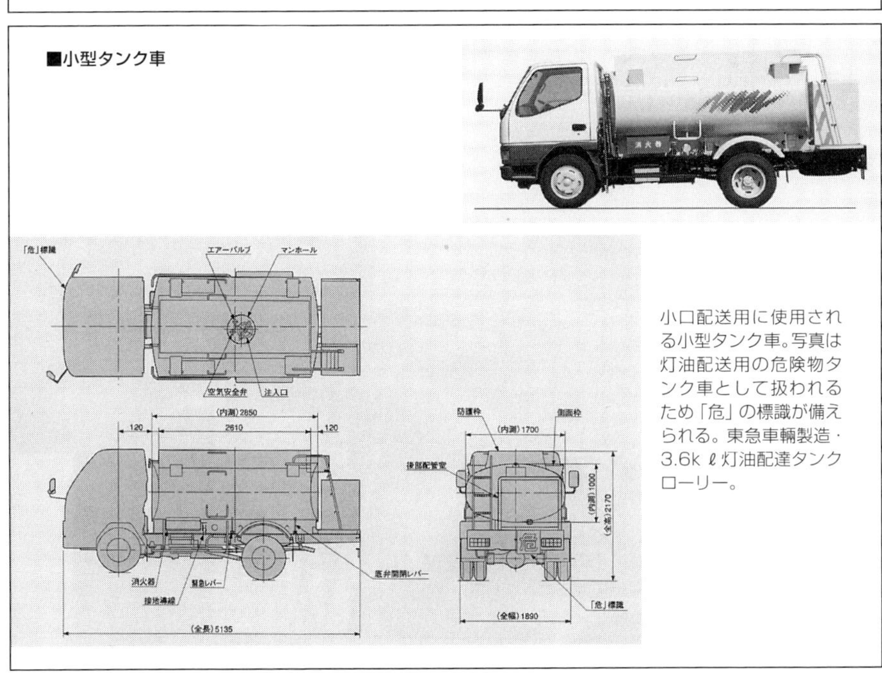

■小型タンク車

小口配送用に使用される小型タンク車。写真は灯油配送用の危険物タンク車として扱われるため「危」の標識が備えられる。東急車輌製造・3.6kℓ灯油配達タンクローリー。

タンクの形状は，真円タンク，楕円タンク，角型タンクに大別される。これはタンク断面の形状で現したもので，真円タンクは真円筒形，楕円タンクは楕円筒の形状をしている。角型タンクの場合，角型とはいっても直方体ではなく楕円と長方形もしくは台形の中間的な形状にされている。角型タンクは，楕円タンクの変形ともいえ，上部を広くするために採用されることが多い。

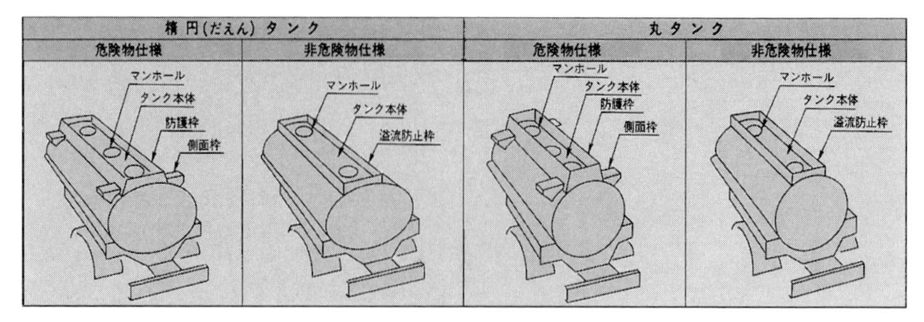

■タンク形状と仕様

危険物仕様の場合は、楕円タンクでも真円タンクでも防護枠と側面枠が必須となる。
非危険物仕様の場合でも、溢れた液の流出防止のために枠は設けられている。

危険物タンク車では，重心が下がり車両の安定性が高まるため楕円タンクが使われることが多い。液化ガスタンク車では，タンクの内圧が高いため，これに耐えられる真円タンクが使用され，鏡板は半楕円形で外側にふくらんだものが使われる。その他の用途のタンク車には，それぞれに積載する液体の特性に合わせたタンク形状が採用されるが，基本的には楕円タンクがもっとも多い。

タンクの素材には，鉄，アルミニウム，ステンレス，チタン，FRPなどさまざまなものが使用される。これらの素材も，積載する液体の特性に合わせたものが選ばれる。危険物タンク車では，軟鋼板や高張力鋼板，アルミニウム合金板，ステンレス鋼板などが使われることが多い。鉄とアルミニウムで比べた場合，アルミニウムには軽量化という大きなメリットがある。GVW22トン車クラスで，約500 kgの積載量増加が見込める。ただし，アルミタンクのほうが技術的にも難しく，素材的にも高価なため，タンクの価格は高くなってしまう。

液化ガスタンク車の外側のタンクでは，圧力に対する能力が求められるため，高張力鋼板が使われる。内側は低温脆性を考慮してアルミニウム合金やオーステナイト系ステンレス合金が使用される。ちなみに液化ガスタンクに積載される液化ガスには，液化天然ガス（－160℃）や液化酸素（－183℃）のように超低温のものもある。

化学薬品や溶剤などを積載するタンクで耐食性が求められる場合には，アルミニウムやステンレス，ニッケル，FRPが使われたりする。このうちFRPは耐食性に加えて，軽く断熱性も高いので，タンクへの採用が増えてきている。無機質などに対して特に耐食性の高いハステロイC-22（Ni-cr-mo系合金）を使用したタンクも登場してきていて，汚水などの産業廃棄物を安全に運搬することができる。

タンクの内側は，鉄やステンレスがそのままであったり，バフ磨きや酸洗いが施される程度のことが多いが，腐食を防止するためにライニング（内張り）やコーティン

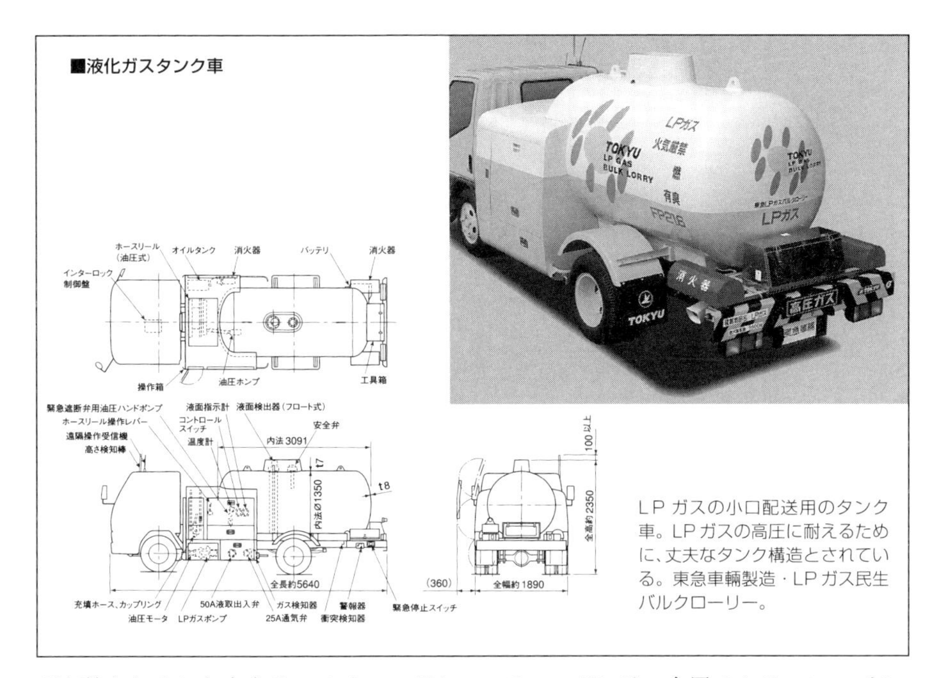

LPガスの小口配送用のタンク車。LPガスの高圧に耐えるために、丈夫なタンク構造とされている。東急車輛製造・LPガス民生バルクローリー。

グが施されることもある。ライニングやコーティングには，金属メタリコン，ゴム，テフロンや塩化ビニールなどの合成樹脂など，積載物に対応したものが使用される。石油類用のタンクには，亜鉛メタリコンのライニングが施されていることが多い。金属メタリコンとは，金属溶射と呼ばれる技術のことで，金属やセラミックなどを溶かして液体状態にしたうえで，微粒にして噴射し，対象物の表面に被膜を形成させる。完成した被膜を溶射被膜と呼ぶ。

液化ガスタンク車の場合，温度上昇によってガス化が起こると，内部の圧力が高まって危険な状態になる。揮発性の高い液体の場合にも，同様の問題が起こる。また，牛乳などの食品用のタンク車の場合には，温度が上昇してしまうと腐敗が起こる危険性がある。逆にアスファルトやピッチを運搬するタンク車の場合には，温度が低下すると粘度が上昇し，排出が困難になってしまう。こうした保冷や保温など，温度変化が問題になるものを積載する場合には，断熱タンクが使用される。

断熱タンクは二重構造で，その間にグラスウールやウレタンなどの断熱材が入れられている。食品などのタンク車で保冷能力を高めたい場合には，二重構造内を真空にすることで断熱能力を高めている。断熱性をさらに高めるために三重構造のタンクが使われることもある。タンクの素材そのものもFRPのように断熱性の高いものを使用して，断熱能力を高めることがある。

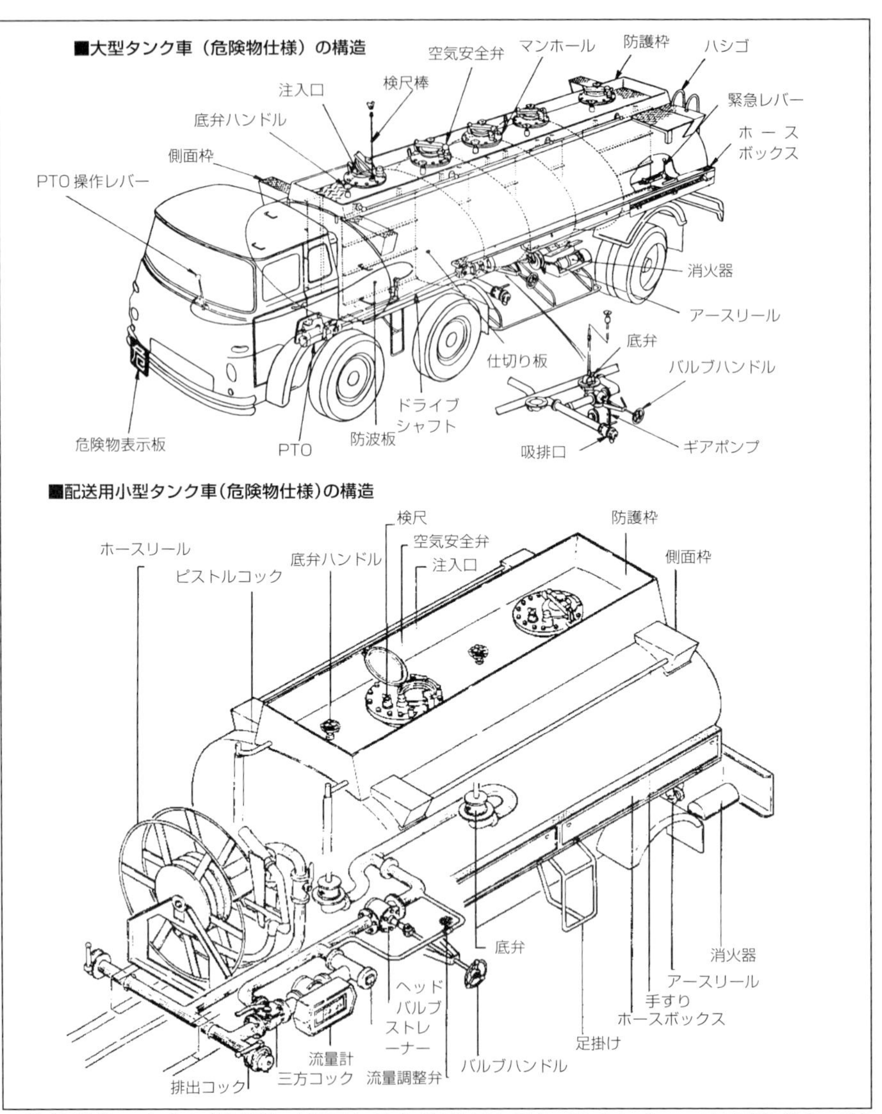

液状硫黄のように温度低下が起こると粘度が上昇し，場合によっては固体化して排出が困難になる液体を積載する場合には，保温タンクが使用される。加熱には蒸気や温水，電熱ヒーターが使用される。蒸気や温水の場合，二重タンクの内タンクの外側にパイプが通されたり，直接タンク内にパイプが通され，ここに蒸気や温水が導かれる。電熱ヒーターの場合は，内タンクの外側に電熱ヒーターが配される。

タンクの筒状の部分は胴板，前後の部分を鏡板と呼ぶ。タンク自体はモノコック構造といえるもので，内部に骨格となる要素はない。胴板は3～4枚に分割され，湾曲されたうえで溶接でつながれる。こうしてできた筒に，前後の鏡板が溶接される。

高圧ガスタンク車は，タンク内が1室とされているが，危険物タンク車の場合には，1室4 kℓ以下に定められているため，タンク内は仕切り板によって完全に独立したタンクに分割されている。仕切り板にはタンクと同じ素材が使用され，これもタンク内に溶接で固定される。さまざまな液体を混載するタンク車の場合には，4 kℓよりさらに小さな容積のタンクに分割されていることもある。

各タンク内には防波板が備えられ，走行中にタンク内で液体が過度に動くことを防いでいる。危険物タンク車では防波板が義務付けられているが，非危険物タンク車でもほとんどの場合，防波板が取り付けられている。タンク内に支柱が取り付けられ，防波板はここに固定されている。

タンクの容量は，運搬中の液体の体積変化を考慮して，内容積の5～10%の空気容積（ガスドーム）を差し引いた値を最大積載容量とする。もちろん車両総重量の規制も受けることになり，積載する液体の比重によってタンクの容積が決定される。もっともよく見かけるガソリン，軽油，灯油などの石油類に使用されるタンク車の場合，GVW22トン車シャシーで16～18 kℓ，GVW25トン車シャシーで18～20 kℓが積載できる。規制緩和後のタンクトレーラーでは，26 kℓが積載可能なものもある。中小型の配送用のものでは，最大積載量2トン車クラスで2 kℓ程度，3トン車クラスで3 kℓ程度，4トン車クラスで4 kℓ程度だが，最近では車両の軽量化が進み，これを大きく超える積載量を確保している場合もある。

製造されたタンクは，水圧試験が行われる。圧力タンク以外のタンクでは70kPa（0.7kgf／㎠）の圧力で，圧力タンクは最大常用圧力の1.5倍の圧力で，それぞれ10分間の試験を行い，漏れや変形がないことが確認される。

ベースとされる汎用シャシーは，積載する液体の比重によっても異なり，比重の大きな液体を積載するのであれば，最大積載量の制限によってタンク容量は小さくなり，全長も短くなる。逆に全高を低くし，重心を低くして安定性を高めれば，それだけ長いシャシーが必要になる。一例として，GVW25トン車クラスをベースにした石油類用で20 kℓ積載のものでは，車両の全長が11m程度に収められている。

タンクにはさらにさまざまな付属装置が取り付けられている。もっとも一般的なタンク車である危険物タンク車の場合，タンク上部には，タンク各室ごとにマンホールが設けられる。マンホールには注入口や検尺が取り付けられている。検尺はエンジンオイルのレベルゲージのようなもので，液面の高さによって容量を測定できる。さらに空気安全弁もマンホールに備えられている。安全弁は，タンク内の圧力が高まった

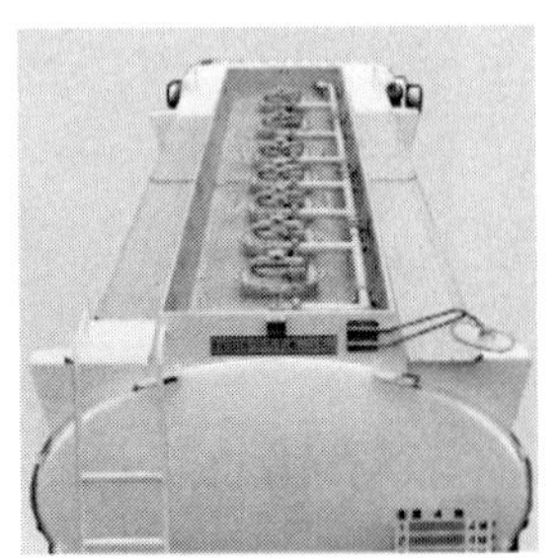

■タンク上部

防護枠の間にはタンクの室の数だけマンホールが並ぶ。写真のタンクでは、集中ベーパーリカバリーの配管が各室をつないでいる。東急車輛製造・大型タンクローリー。

■マンホール

マンホールには注入口、検尺、空気安全弁が備えられる。マンホールの手前に見えるのが底弁ハンドル。底弁はタンク上部から操作する。東急車輛製造・大型タンクローリー。

■検尺

タンク内の液量を測定する検尺。どの位置まで液体が付着したかで液量が分かる。新明和工業・大型タンクローリー。

際にその圧力を逃がすためのもので，それぞれのタンクの常用圧力の1.1倍（常用圧力20kPa以下の場合は20～24kPa）で開くようにされている。

マンホールの列の両側には防護枠（シェルター）が取り付けられ，作業中の安全を確保している。防護枠は，マンホールからの注入時に間違って溢れた液を流さないための溢流防止枠としての機能もある。

防護枠の外側には側面枠が取り付けられる。側面枠はタンクを後方から見た際に，ツノのように左右上方に突き出してみえる部分で，危険物タンク車では義務付けられている。側面枠を備えることによって，たとえタンク車が転倒した際にも，タンクが完全に逆さまになることが防がれている。

タンクには上に登るためのハシゴなども取り付けられる。タンクの下側には2本のサブフレームが取り付けられ，このサブフレームとトラックのシャシーフレームをUボルトやブラケットで接続し，タンクが固定される。

タンク各室の底部には，底弁が設けられている。底弁はタンク内の液体を排出する際と，動力吸入する際に使用される。底弁の操作は，タンク上部のマンホールで行え

■底弁

底弁ハンドルの操作によって開閉するバルブと、緊急時にスプリングの力でワンタッチで閉じさせることができる緊急弁が備えられている。東急車輛製造・大型タンクローリー。

るものと，車両後方もしくは側面に操作部があり地上から行えるものがある。一般的には，リンクやロッドでメカニカルに弁を作動させているが，最近では空気圧で弁を作動させているものもある。

これが通常使用する際の操作だが，いずれの場合も緊急時に備えて，地上から底弁の操作が行えるようにもされている。これが緊急レバーで，レバーを操作すると底弁内に組み込まれた緊急弁が瞬時に閉じる。緊急弁の機能を高めるために，低温融解合金のヒューズを設けて，火災の熱でヒューズが融け切れると自動的に緊急弁が閉じられるようにされているものもある。

タンク内の液体の吸排出にはポンプが使用されることが多い。ただし，ガソリンスタンドの地下貯蔵タンクに排出する際には，安全のためにポンプを使用せず，重力排出することが定められている。こうしたタンク車は，マンホールからの注入が行える環境にあることが多いため，ポンプを備えていないものもある。

危険物タンク車ではベーンポンプやギアポンプが使われることが多く，動力源にはトランスミッションPTOが使用される。そのほかの形式のポンプが液体の性状に合わせて使われることもある。特に食品用タンク車では，サニタリー仕様のポンプが使用される。サニタリー仕様のポンプとは，ポンプの潤滑油が圧送する液体に触れないようにされたもので，潤滑油による食品の汚染が防がれている。

■吸入排出配管

●中小型タンク車　２室を１系統にまとめ左右の排出口とホースを使ったノズルでの排出が可能な配管。極東開発工業・中小型タンクローリー。

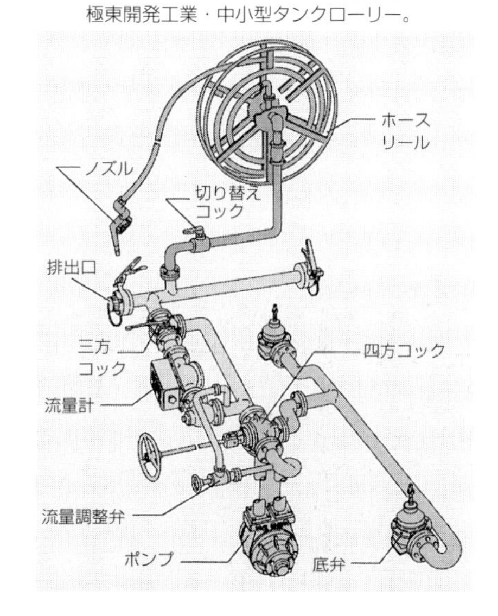

●大型タンク車

6室を1系統にまとめ左右と後方に排出できる配管。極東開発工業・大型タンクローリー。

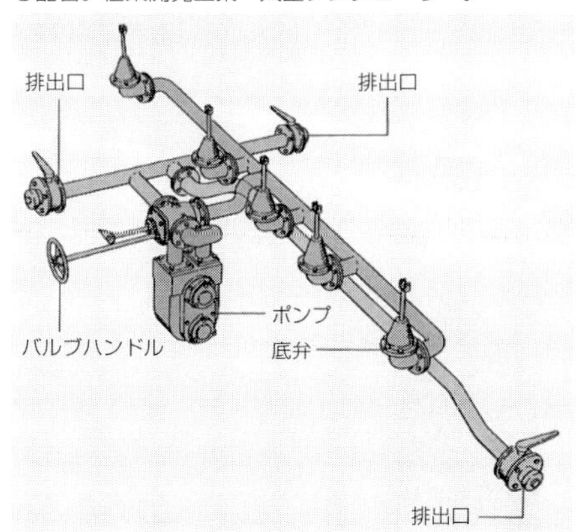

アスファルトのように粘性の高い液体を運搬するタンク車の場合は，コンプレッサーが備えられて空気圧送式（ブロワー圧送式）で排出されることもある。タンク内を加圧することによって，液体を排出口から押し出すことになる。このほかにも，バキューム式，混合圧送排出式などさまざまな方式がある。

底弁からの配管には鋼管など（積載する液体に対応したもの）が使用され，もっと

■配管系統

重力配管の場合、ポンプは備えられず、重力排出が行われる（ガソリンスタンド）。動力配管の場合はポンプで圧送できる。

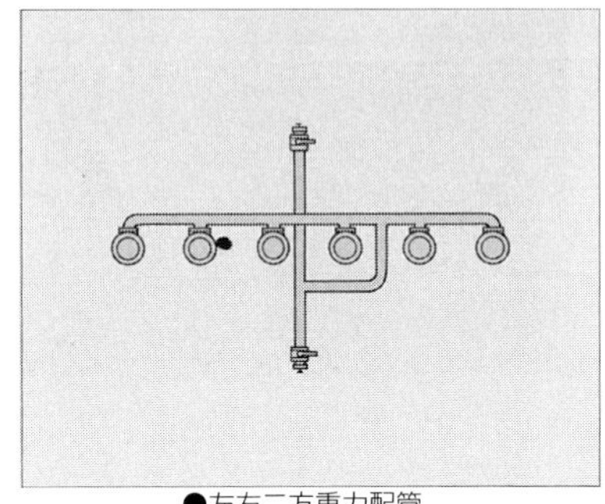

●左右二方重力配管

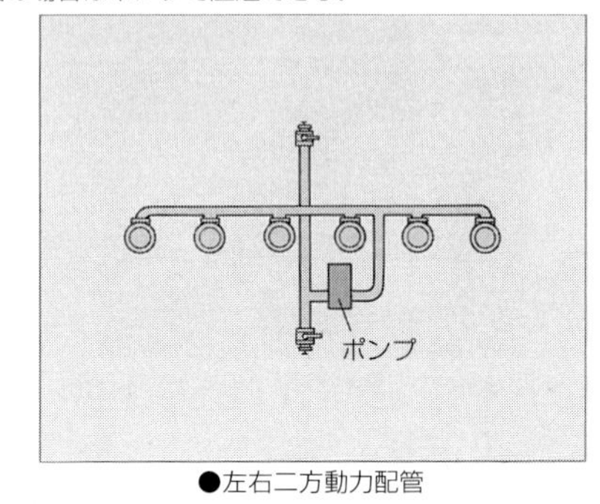

●左右二方動力配管

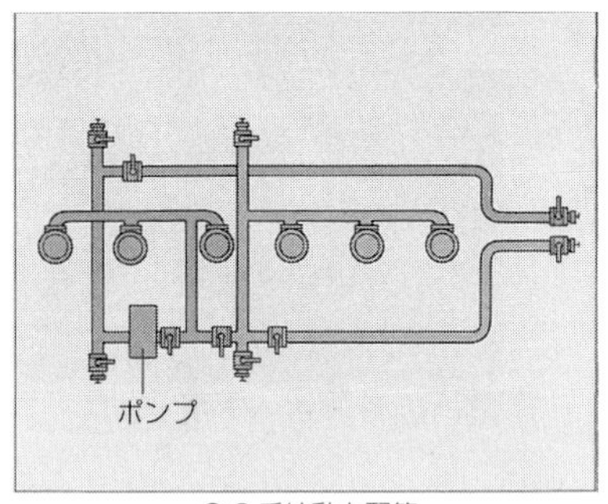

●２系統動力配管

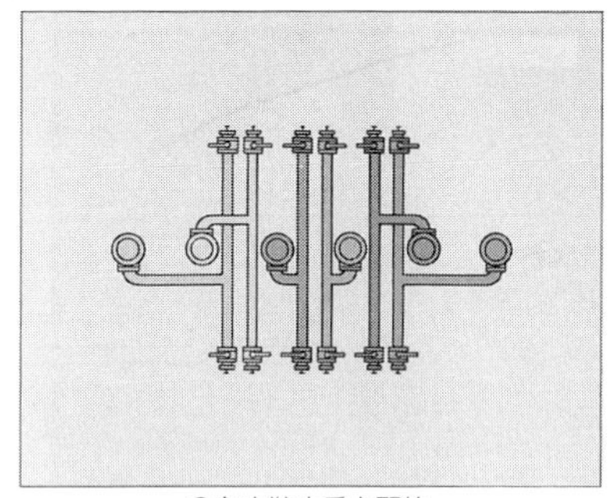

●各室独立重力配管

■排出コック

配管が１系統とされている場合、1カ所に1個の排出コックしかない。各室独立系統の場合には室数に応じた排出コックが並ぶ。

もシンプルなものでは車両の片側，一般的には車両両側に導けるようにされている。さらに車両後方にも導かれているものもある。配管の先端には吸排口とされ，吸排口コックが備えられ，開閉ができる。必要に応じて，ここにホースが接続され，吸排出される。

タンク内が複数の室に分けられている場合，それぞれの底弁からの配管が1本にまとめられる1系統のものや，前後などで独立された2系統のものが多い。2系統であれば，車両両側に2個ずつの吸排口が設けられる。なかには各室独立配管のものもあり，この場合，車両の両側に多数の吸排口が並ぶ。

大型タンク車では，タンク下側面に，ホースを格納するためのスペースが用意されていることが多い。中小型の配送用タンク車では，ホースリールに巻かれ，キャブとタンクの間や，車両後方に設置されている。配送用タンク車ではさらに，流量計も設けられていて，量を確認しながら排出できる。

吸排口では，ポンプ吸入，ポンプ排出，重力排出が行われることになるが，この切り替えを行うために配管の途中にはヘッドバルブや4方コックが設けられていることが多い。ヘッドバルブは4方向3位置切り替えのバルブで，ポンプ吸入，ポンプ排出，重力排出の切り替えが行われる。4方コックは4方向4位置切り替えのバルブで，さらに停止の位置が備えられている。

ガソリンスタンドに石油類を運搬するタンク車の場合，それぞれの室にはレギュラーガソリン，ハイオクガソリン，軽油，灯油が収められることになるが，間違ったものをガソリンスタンドの貯蔵タンクに注入すると極めて危険である。そのため，さまざまなコンタミ防止装置が開発されている。コンタミとはコンタミネーション（Contamination＝汚染，汚濁）の略で各社がさまざまな方式を開発している。一般的なシステムでは電子制御が行われていて，油槽所で注入した油種キーやカード，ガソリンスタンドの貯蔵タンクの給油口油種カードやホースのキーが合致しないと，排出が行われないようにされている。

また，ガソリンなどの石油類を扱うタンク車には，ベーパーリカバリーが備えられていることもある。これは，配送先のガソリンスタンドの貯蔵タンク内に溜まっていた石油類の蒸気（ベーパー）を大気中に放出させないためのもので，貯蔵タンクには注入口とは別にベーパー排出口が用意されている。貯蔵タンクへの注入時には，ベーパー用のホースでタンク車のベーパーリカバリーと貯蔵タンクのベーパー排出口を接続したうえで注入を行う。こうすることで貯蔵タンク内のベーパーは，注入された液体によって押し出され，タンク車に回収されることになる。

液化ガスタンク車の場合は，吸排出の方法がほかのタンク車と大きく異なる。タンクの底には吸排出用のコックがあり，これとは別に通気用のコックが備えられていて，

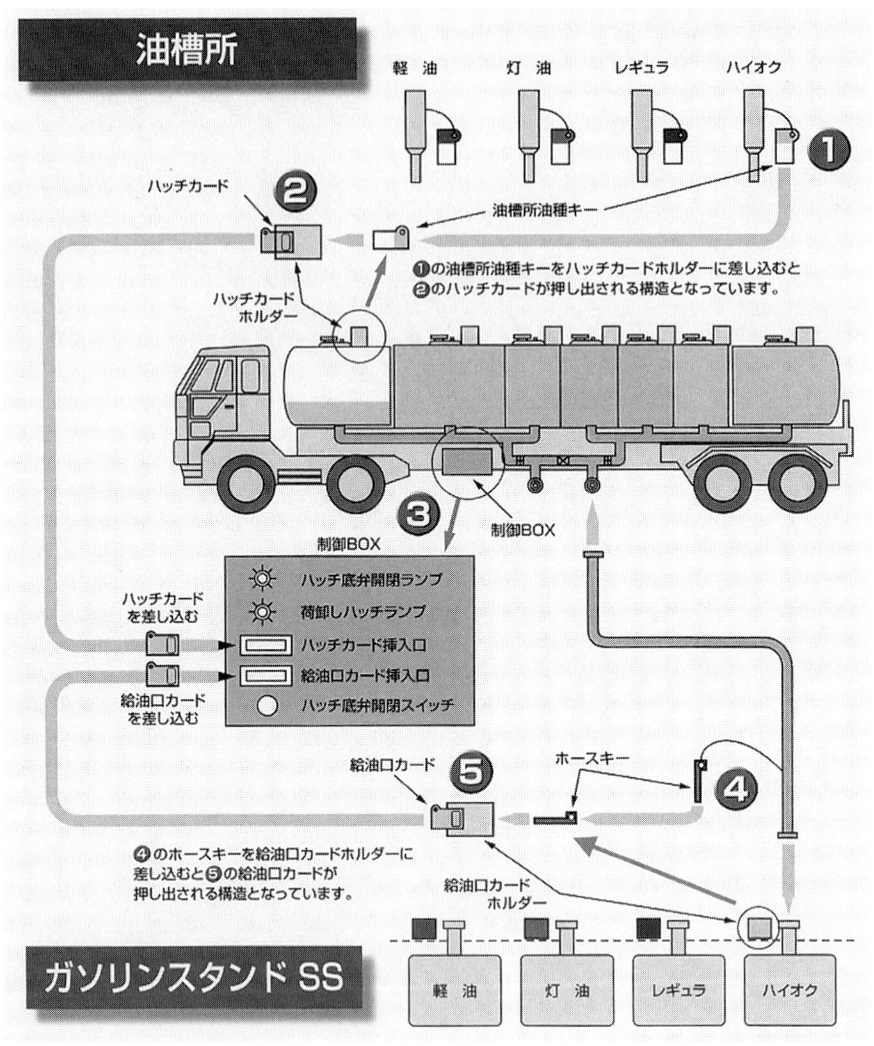

■コンタミ防止装置

ガソリンスタンドのタンクに間違った液体を注入することを防ぐために、各社がさまざまなコンタミ防止装置を開発している。東急車輛製造・東急電子式コンタミ防止装置システム。

タンク内の気室（気体の部分＝タンク上部）に導かれている。貯蔵所で積み込みを行う際には，まずタンク車の通気用コックが貯蔵タンクの通気用コックと接続され，吸排出用のコックも接続される。まずは吸排出用のコックは閉じたまま，通気コックを開けて両タンクの気室の圧力を均一にする。均一になったら通気コックを閉じ，続い

■ベーパーリカバリー
条令によってベーパーの大気開放が禁止されている地域では、貯蔵タンク内のベーパーをタンク車内に回収している。そのための配管が各室の上部に導かれている。東急車輛製造・大型タンクローリー。

て吸排出用コックを開ける。そのうえで，貯蔵タンクの気室をコンプレッサーで加圧し，貯蔵タンク内の液化ガスをタンク車のタンクに送り込む。加圧には不燃性のある窒素が使用される。配送先でタンク車から排出する際には，タンク車のポンプで送り込むことになるが，事前に気室の圧力を一定にすることが必要になる。

ガソリンやベンゾールのように液体の種類によっては，流動によって静電気を発生するものもある。そのままの状態で排出作業等を行うと，静電気によって発火が起こる危険性もあるため，タンクにはアースが用意されている。積み降ろし作業時には，この接地導線を使用して静電気のアースを行う。

タンク車の種類別では，石油類用のタンク車の需要がもっとも大きく，平成10年の生産台数でみると，全体（散水車・給水車も含む）の60%以上が石油類用のタンク車となる。大型642台，中型848台，小型323台という実績で，さまざまな大きさのものが使用されている。大型はおもに石油基地間やガソリンスタンドへの搬送に使用されているのに対して，積載量2～5㎘の中小型車は小口の配送に使用される。液化ガスタンク車も同様で，大型から小型までさまざまなサイズのタンク車が使われているが，これ以外の毒劇物用タンク車や食品用タンク車の場合には大型がほとんどだ。これらの液体では小口の配送はなく，原料のひとつとして使用されるためタンク車は工場から工場へなどの搬送で使われることが大半なので，輸送効率向上のために大型車が使われることが多い。

■給水車・散水車・放水車

給水車や散水車，放水車はタンク車の仲間として捉えることができる。基本的にはタンク構造を備えた車両で，おもに扱う液体は水であり，用途によってさまざまな排出方法を備えていることになる。

いずれの車両でも，一般的にはマンホールの吸入口から注水を行える環境で使われることが多い。しかし，貯水槽からの吸い上げなど，マンホールからの重力落下による方法以外にタンクへ注水が必要とされる場合には，自吸式の水ポンプを備えている。

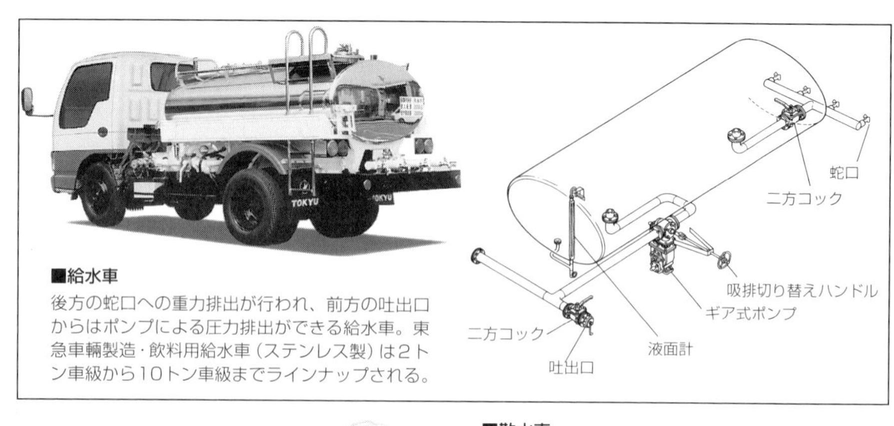

■給水車

後方の蛇口への重力排出が行われ、前方の吐出口からはポンプによる圧力排出ができる給水車。東急車輌製造・飲料用給水車（ステンレス製）は2トン車級から10トン車級までラインナップされる。

■散水車

散水車にはさまざまな仕様のものがラインナップされることが多い。東急車輌製造の散水車では、標準で３タイプが設定されている。いずれも後方への散水は重力落下で、圧力洗浄式は前方のノズルからポンプで加圧した水を撒くことができる。ポンプ付き重力式では、吐出口にホースを接続し、ホースにノズルを付けて放水が行える。

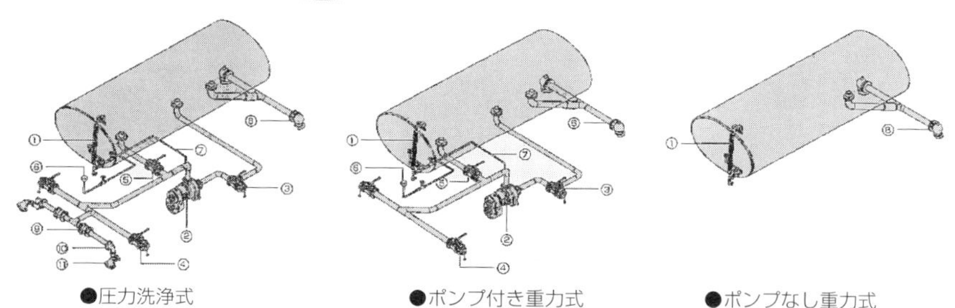

●圧力洗浄式　●ポンプ付き重力式　●ポンプなし重力式

①液面計②タービンポンプ③吸入口④吐出口⑤タンク積み込みコック⑥ポンプ呼び水注入口⑦ポンプ呼び水配管⑧重力散水弁⑨前方洗浄弁⑩回転継手⑪洗浄ノズル

排出に関しては，たとえば災害時に給水を行う給水車であれば，車両側面に多くの蛇口を装備することになる。この場合，重力落下だけでも排水することが可能だが，先方の水タンクに給水を行うのであれば，排水のための水ポンプが必要になる。ちなみに災害時などを想定すると，人間は1日3 ℓの飲料水が必要とされているが，最大積載量2トン車クラスでも1800～2000 ℓの給水が可能で，約700人分を運ぶことができる。最大積載量10トン車クラスならば約3500人分を給水できる。

散水車であれば，車両下部に備えられた散水ノズルから水撒きを行う。散水ノズルは重力落下で散水を行うものもあれば，水ポンプで加圧して散水を行うものもある。道路や路肩緑地への散水での使用はもちろんだが，最近では建設工事現場での散水車

■散水車のノズル

洗浄散水ノズルはポンプで加圧して散水を行う。重力散水ノズルはタンク内の水の自重によって散水を行う。新明和工業・環境整備用タンク車。

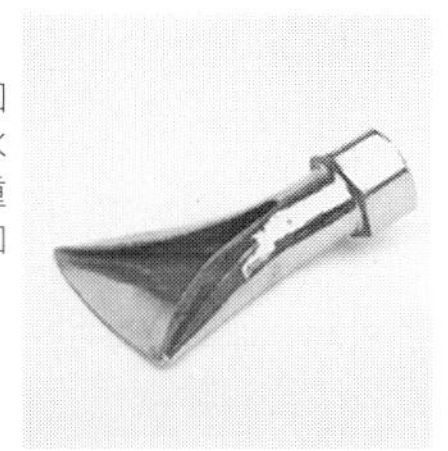

●洗浄散水ノズル

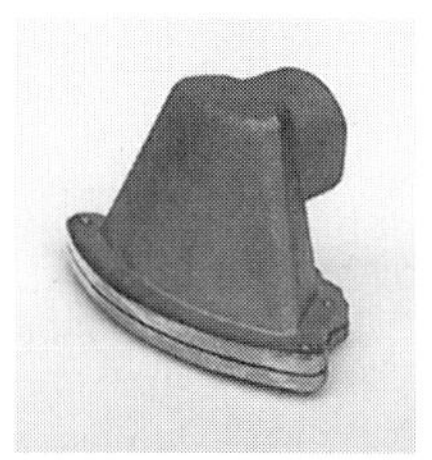

●洗浄散水ノズル
(貝型ノズル)

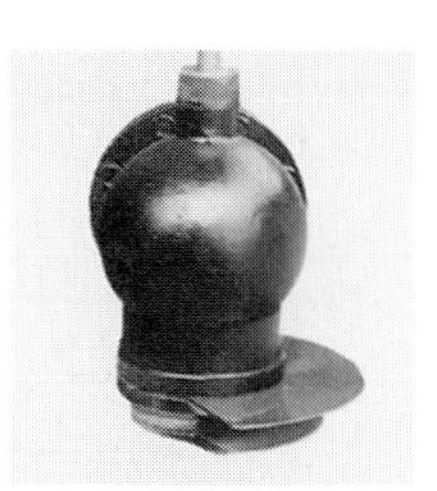

●重力散水ノズル

■放水車

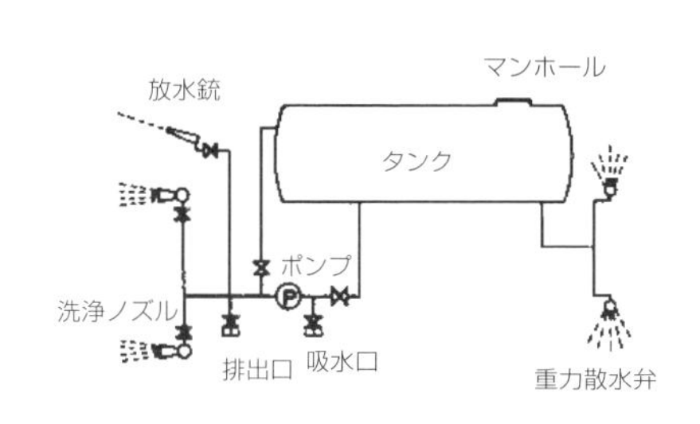

放水車は、ポンプで水を加圧して放水銃から勢いよく水を噴射させることができる。散水車としても使用できるように、後方重力散水弁や前方洗浄ノズルを備えていることも多い。極東開発工業・放水車。

の使用も増えている。地面を濡らすことで土埃の舞い上がりを防いだり，作業後の土砂の洗浄に利用されている。

水に勢いをつけて放出する放水車の場合には，水ポンプは不可欠のものとなる。水ポンプによって加圧された水を，放水銃から放出する。放水車では，散水車以上に広い範囲への放水が可能となり，車両が進入できない場所へも水を撒くことができる。

散水車の吸排水に使用される水ポンプは，タービン式ポンプが一般的に使用される。給水車の場合にはギアポンプやベーンポンプが使われることもある。ポンプの動力源は，トランスミッションPTOが一般的だが，専用のディーゼルエンジンなどを搭載し，その動力でポンプを駆動することもある。

■粉粒体運搬車（バルク車）

粉粒体を運搬するためのトラックが粉粒体運搬車で，バルク車やバルクキャリア，バラ積み車とも呼ばれる。このうち，バルク（bulk）という言葉の本来の意味は大きさや容積で，液体も含まれることになり，海運ではバラ荷のほかに液体を表現することもある。そのため海外では通じないこともあるが，日本国内でトラックに限った場合には，バルク車＝粉粒体運搬車と考えて問題ない。

これらの粉粒体の運搬は，以前は袋詰めにしたうえで，カーゴ車で運搬されていたが，梱包や開封に手間がかかり，荷役作業も面倒である。袋の破損といったトラブルもあるため，粉粒体のままで運搬できる粉粒体運搬車が開発された。ひと口に粉粒体といっても，セメント，フライアッシュ，消石灰，家畜飼料，小麦粉，グラニュー糖，カーボンブラック，塩化ビニールパウダー，合成樹脂ペレットなどさまざまなものがある。これらの粉粒体それぞれの性状に適した粉粒体運搬車が開発されている。

粉粒体運搬車は，排出の方式によってダンプ式，スクリューコンベア式，エアスライド式，エア圧送式などがある。これらの各方式は，粉粒体の性状によって適したものがあるうえ，荷降ろしの方法によっても選択される。荷降ろしの方法に関しては，後方排出と搬送が考えられる。荷降ろし場所の地下に貯蔵タンクがあったり，コンベアなどがタンクに備えられていて，荷降ろし場所の設備によって貯蔵タンクに入れることができるのであれば，粉粒体運搬車には後方排出の機能があれば充分ということ

■粉粒体運搬車の使用状況

貯蔵タンクに搬送設備があれば、粉粒体運搬車はその搬送設備を利用して貯蔵タンクに積荷を入れることができる。貯蔵タンクが地下にあれば、搬送設備がなくてもよいことになる。貯蔵タンクに搬送設備がない場合は、粉粒体運搬車に搬送能力が必要となる。

●貯蔵タンクに搬送設備あり

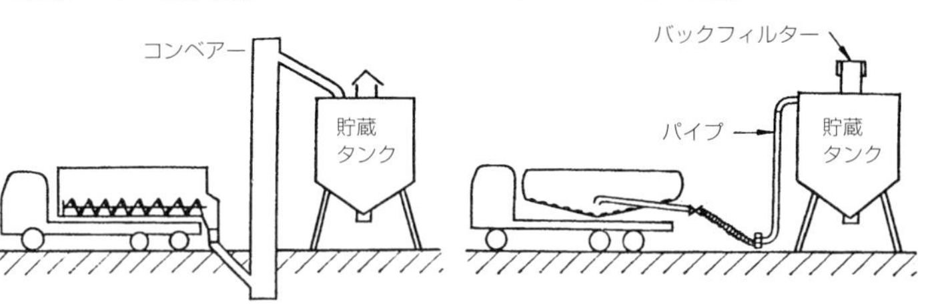

■ダンプ式粉粒体運搬車

多段式のホイストシリンダーでタンクをダンプアップさせることで、タンク後方の排出口から排出を行う。写真は東急車輌製造・丸型カーボン輸送車。

になる。いっぽう，荷降ろし場所にコンベアなどの搬送装置がなく，所定の位置にある貯蔵タンクに粉粒体運搬車の能力で収めなければならない場合には，粉粒体運搬車に搬送能力が求められることになる。

ダンプ式の粉粒体運搬車は，ダンプトラックのベッセルのかわりにタンクを備えたものといえる。排出時にはタンクをホイストシリンダーでダンプアップさせ，積載物をタンク後方に集め，排出口から重力落下させる。そのため1槽式のタンクに限られる。構造がもっとも簡単で，安価に製造することができる。タンク形状には，真円筒形や楕円筒形，角型などタンク車同様のバリエーションがあるうえ，一部には深アオリや天蓋付きのダンプトラックが飼料などの粉粒体運搬車として使われることもあるが，いずれにしても荷台の底面は平面もしくは，車両の左右中央や曲面に集まりやすいような傾斜面などにされダンプ排出しやすくされている。ダンプアップによる重力落下だけでは充分に排出できない粉粒体を扱う場合には，エア圧送式やエアスライド式が組み合わされる。

単にスクリュー式とも呼ばれるスクリューコンベア式は，らせん搬送装置によって排出する。タンク形状は，断面が扇形やホームベース形とされたもので，タンクの左右中央の底部に集まりやすくされている。この部分には，スクリューシャフトが配されている。底部の断面をW字形として，スクリューシャフトを2本備えることもある。このシャフトを油圧モーターで回転させると，らせんの回転によって粉粒体が移動し，車両後方の排出口に送ることができる。ここからは重力落下によって排出される。スムーズに排出できるように，タンク上部にはエアブリーザーが備えられていて，排出された容積に応じて空気が吸入される。

スクリュー式では，多室構造のタンクとすることも可能で，異なった積荷を混載することも可能となる。この場合，タンクの底にはシャッターなどと呼ばれるフタが設

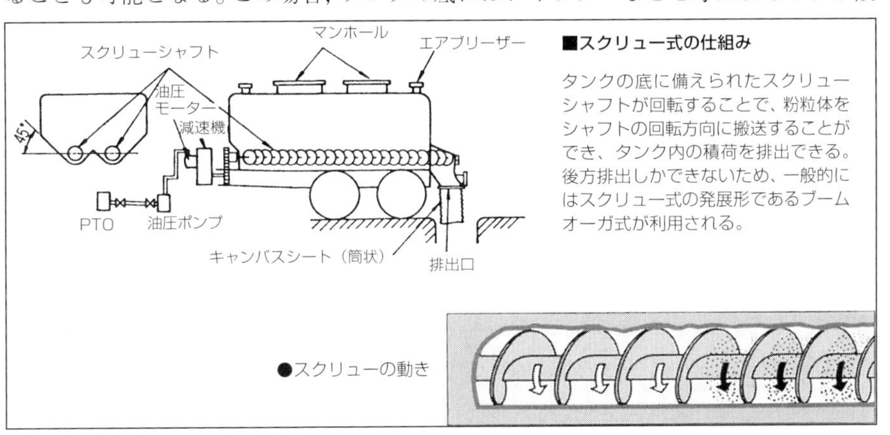

■スクリュー式の仕組み

タンクの底に備えられたスクリューシャフトが回転することで、粉粒体をシャフトの回転方向に搬送することができ、タンク内の積荷を排出できる。後方排出しかできないため、一般的にはスクリュー式の発展形であるブームオーガ式が利用される。

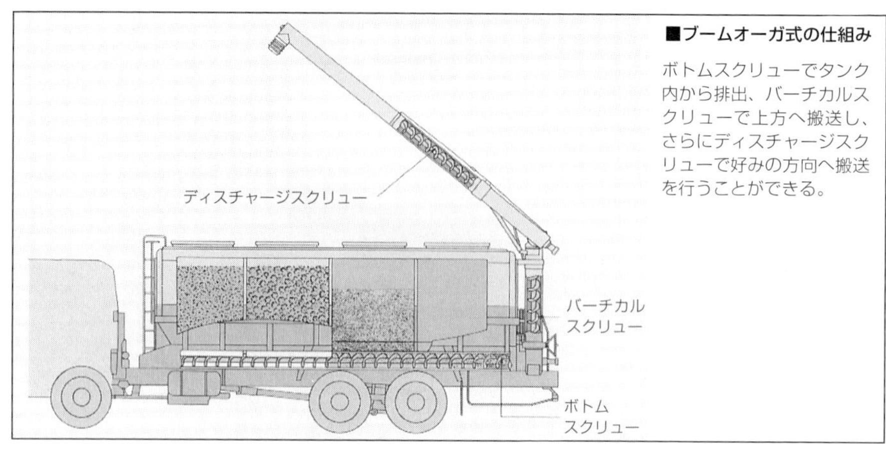

■ブームオーガ式の仕組み

ボトムスクリューでタンク内から排出、バーチカルスクリューで上方へ搬送し、さらにディスチャージスクリューで好みの方向へ搬送を行うことができる。

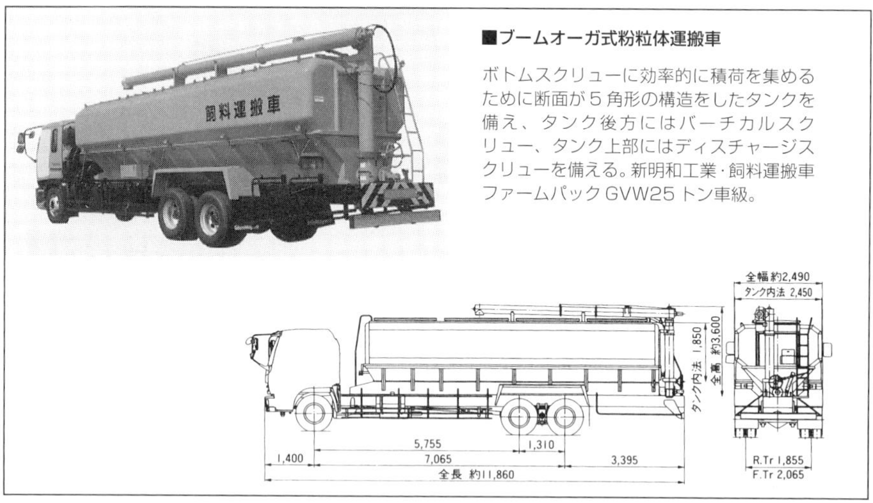

■ブームオーガ式粉粒体運搬車

ボトムスクリューに効率的に積荷を集めるために断面が５角形の構造をしたタンクを備え、タンク後方にはバーチカルスクリュー、タンク上部にはディスチャージスクリューを備える。新明和工業・飼料運搬車ファームパックGVW25トン車級。

けられ，その下にスクリューシャフトが配される。このシャッターを開くことで，任意の室だけの積荷を排出することが可能となる。

単なるスクリューシャフト式では，車両後部からしか粉粒体を排出することができないが，これに目的の場所に搬送できる能力を加えた方式があり，ブームオーガ式と呼ばれる。スクリューシャフト式の場合は，タンクの底にスクリューシャフトがあるだけだが，ブームオーガ式では，このボトムスクリューに加えて，バーチカルスクリューとディスチャージスクリューを備えている。それぞれバーチカルオーガとディスチャージオーガと呼ばれるパイプ状の搬送経路のなかに収められている。バーチカルオーガは，車両後部に垂直に立てられたもので，スクリューシャフト式の排出口の位置からタンク上部まで粉粒体を搬送する。ディスチャージオーガは，走行中はタンク上部に水平に固定されているが，目的地で排出する場合には，バーチカルオーガ側を中心として回転させることができ，さらに起伏シリンダーによって支えられていて，傾斜を付けることができる（起伏シリンダーに関してはトラッククレーンの章を参照）。旋回装置はウオームギアを採用したもので，旋回ハンドルを回すことによってディスチャージオーガを旋回させることができる。

3本のスクリューを回転させることによって，積荷がオーガ内を搬送され，ディスチャージオーガの先端から重力落下させることができる。これにより目的地の貯蔵タンクの投入口がある程度高い位置にあっても，積荷の排出が可能となる。

スクリュー式やブームオーガ式は，細かな粉粒体には適していないので，この方式は飼料用粉粒体運搬車に使われることが多く，ブームオーガ式ではサイロ上部へ飼料を排出している。最大積載量4トン車クラスでも7mを超える高さへの搬送が可能で，さらに大きな車両では8m程度の高さへの搬送が可能だ。一般的には見掛け比重0.5，粒子径5～6㎜程度の配合飼料（トウモロコシや小麦等の穀物）を扱っているが，見掛け比重は0.5だが50×30×50㎜程度の大きさがあるヘイキューブと呼ばれる乳牛用飼料を扱うことも可能だ。

エアスライド式では，基本形は円筒だが，側面から見ると頂点を下にした二等辺三

■エアスライド式（横置き傾斜胴タンク）の仕組み

キャンバスシート下から送り込まれた空気によって粉粒体がタンクのもっとも低い部分に集まってくる。この部分に備えられたフラクソ式排出口から空気圧によって積載物が送り出される。

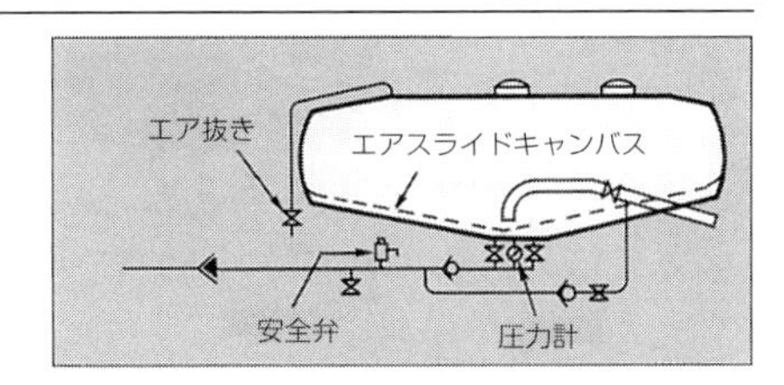

■エアスライド式粉粒体運搬車

横置き傾斜胴タンクを採用したエアスライド式粉粒体運搬車。独特のタンク形状が車外からも分かる。新明和工業・バルクZ・エアスライド式1室傾斜胴・GVW25トン車級。

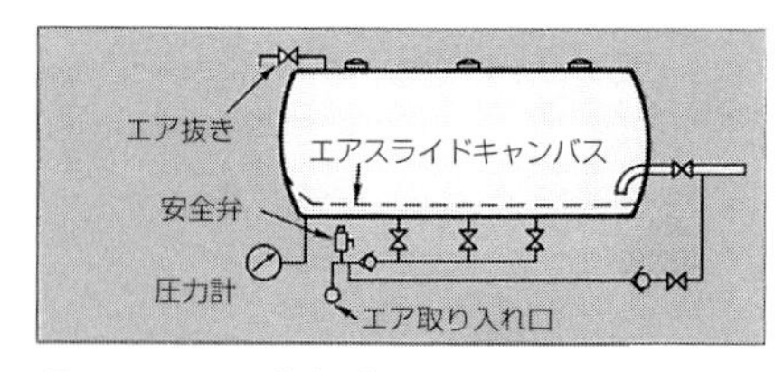

■エアスライド式（円筒形タンク）粉粒体運搬車

排出搬送の原理は横置き傾斜胴タンクのエアスライド式と同様だが、円筒形タンクの場合にはタンク後部に排出口がある。排出時には前輪を高い位置にして、タンクを傾斜させる。新明和工業・バルクZ・エアスライド式円筒型。

角形のように中央部が落とし込まれた独特の形状のタンクが使用されることが多い。この形状のタンクのことを，横置き傾斜胴タンクと呼ぶこともある。タンクの内側底面には，スライドキャンバスと呼ばれるキャンバスシートが張られ，その下から空気を吹き出せるようにされている。キャンバスの網目から吹き出した空気によって粉粒体が流動化され，タンクの傾斜に沿って中央部に集まってくる。この付近にフラクソ式排出口を備えたパイプを導いておくと，内部の空気圧によって積載物を排出することができる。

傾斜胴タンクではなく，円筒形タンクでエアスライド式が採用されることもある。このタイプでは排出時に，前輪を傾斜台に乗り上げるか，専用のスロープに車両を導いて，車両を後傾させる。フラクソ式排出口は，タンク後方に設置されている。

エアスライド式は，セメントやフライアッシュなど流動性が高い粉粒体の排出に適している。排出能力は，排出距離によって単位時間当たりの排出量が異なるが，大型車クラスとなると実用的な単位時間当たりの排出量の範囲内でも，バラセメントの場合で，高さ15m程度への搬送が一般的で，最大高さ25mm程度まで搬送できる。

エア圧送式はエアアジテーション式やエアレーションブロー式とも呼ばれ，小さなタンクでは1室の横置き傾斜胴タンク，大きなタンクの場合には，逆さにした二等辺三角形を重ねていったような断面形状で，複数の傾斜胴タンクを合わせたものといえる。エアスライド式の傾斜胴タンクに比べると，傾斜が大きくされている。2室や3室のものがあり，このタンクの形状をホッパー型タンクと呼ぶこともある。

タンクのもっとも低い場所は，1室であれば1カ所，2室であれば2カ所，3室であれば3カ所となり，このそれぞれの底に排出口が設けられている。積載物はタンクに傾斜があるため，重力落下によって排出口に集まってくる。この排出口をセラー式排出口と呼ぶ。全長が同じタンクでも室数を増やせば増やすほど，タンクの傾斜を大きくすることができ，排出口に集まりやすくなるが，それだけ積載容量は減る。排出口に接続されたパイプに空気圧を送り込むことで，高い位置へも搬送することが可能となる。

■エア圧送式（セラー式排出口）の仕組み

重力落下によってタンクの低い位置に集まってきた粉粒体を、高圧エアによって搬送する。タンクには重力落下しやすい傾斜面が必要になる。

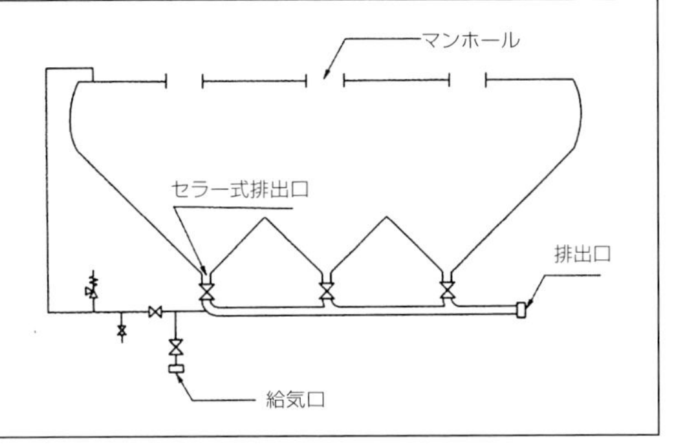

■エア圧送式（セラー式排出口）粉粒体運搬車

外観からもタンクの底が3室に分れていることが分かるセラー式排出口を備えたエアスライド式粉粒体運搬セミトレーラー。東急車輌製造・ノルディック式粉粒体輸送トレーラー。

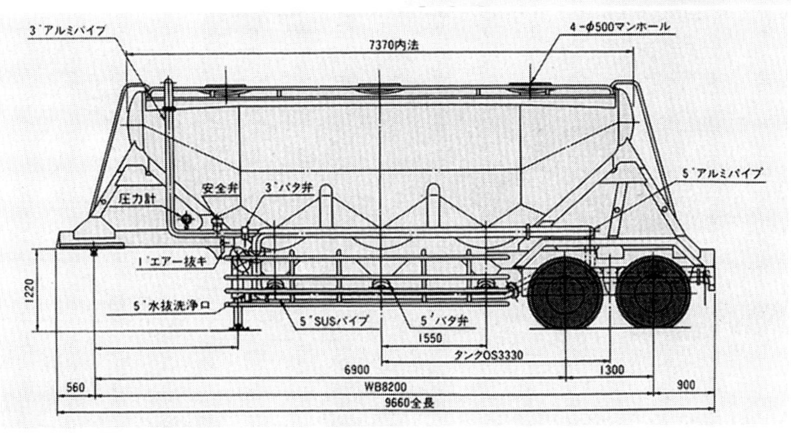

重力落下だけに頼らず,エアスライド式を併用して粉粒体を流動化しているエア圧送式も多い。こうしたタイプの場合，それぞれのタンクのもっとも低い位置付近にフラクソ式排出口が設けられる。エアアジテーションキャンバスと呼ばれるキャンバスシートは，タンクの底全体ではなく，もっとも低い位置付近にのみ配され，キャンバスの下から空気が吹き出される。ここで重力落下してきた粉粒体を流動化し，排出口

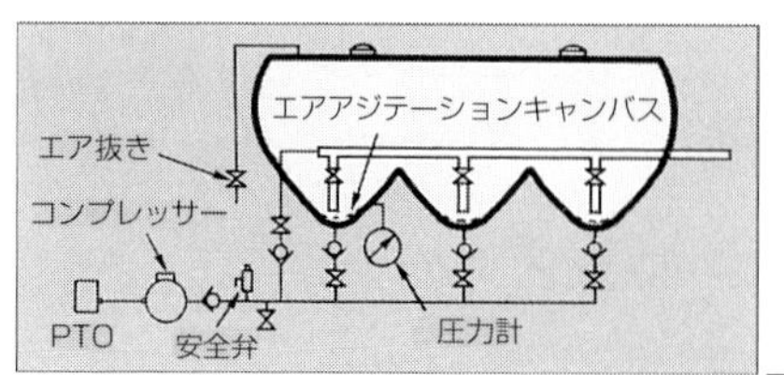

■エア圧送式（フラクソ式排出口）の仕組み

重力落下に加えて、空気圧によって粉粒体を流動化させたうえでフラクソ式排出口から高圧エアで粉粒体を排出搬送する。

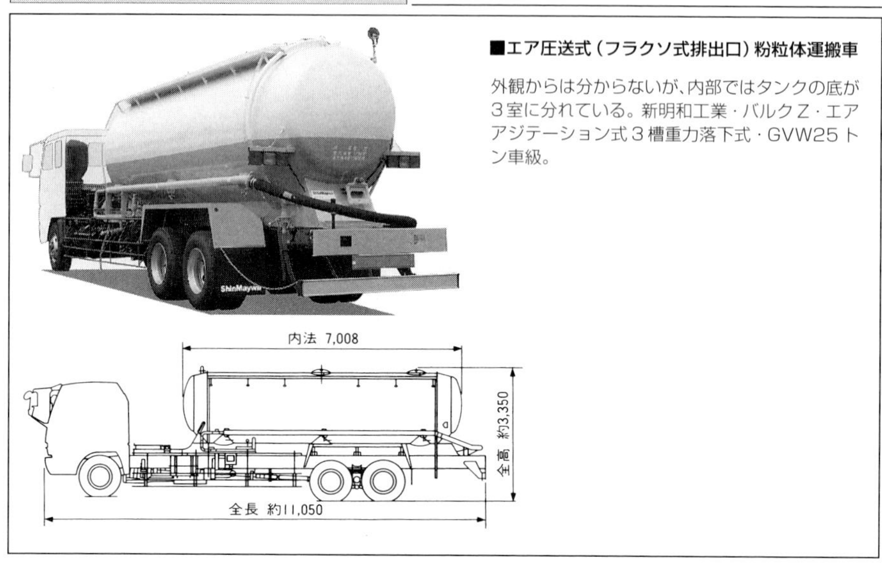

■エア圧送式（フラクソ式排出口）粉粒体運搬車

外観からは分からないが、内部ではタンクの底が３室に分れている。新明和工業・バルクＺ・エアアジテーション式３槽重力落下式・GVW25トン車級。

に接続したパイプに別途空気圧を送り込むことで搬送している。

エア圧送式は，セメント，石灰，飼料，穀物，化学薬品などの粉粒体，特に粗粒子の排出に適している。一般的に，見掛け比重1.0程度まで，粒子の大きさ0.5㎜以下の

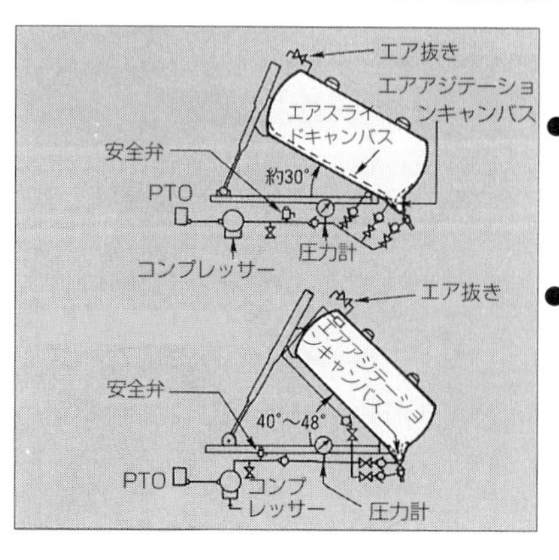

●セミダンプ併用・エアスライド式

●フルダンプ併用・エア圧送式

■ダンプ併用式の仕組み

ダンプ式を併用することによって、エアスライド式やエア圧送式の排出口に、より粉粒体が集まりやすくされている。

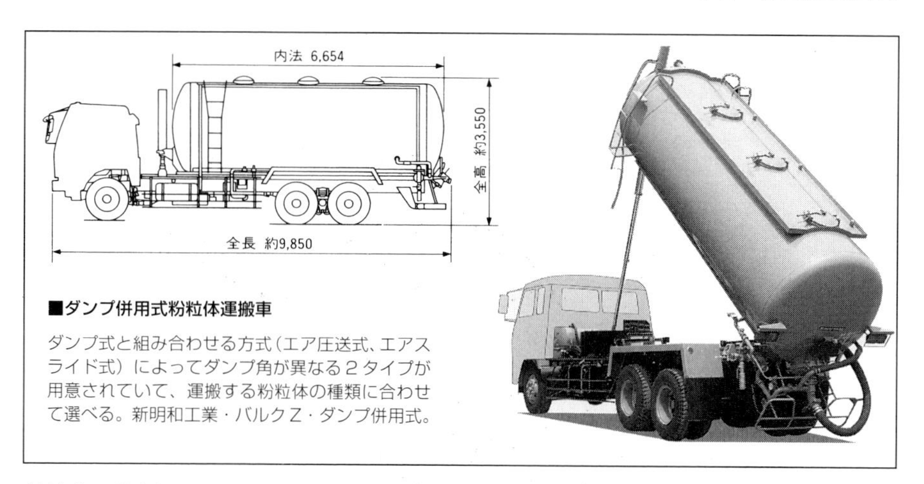

■ダンプ併用式粉粒体運搬車

ダンプ式と組み合わせる方式（エア圧送式、エアスライド式）によってダンプ角が異なる２タイプが用意されていて、運搬する粉粒体の種類に合わせて選べる。新明和工業・バルクZ・ダンプ併用式。

粉粒体に使用される。エアスライド式と同程度の排出能力を発揮させることが可能で，大型車クラスとなると実用的な単位時間当たりの排出量の範囲内でも，バラセメントの場合で高さ15m程度への搬送が一般的で，最大高さ25mm程度まで搬送できる。

空気圧を使用する方式の場合，一般的には車載のコンプレッサーで空気圧が作り出されているが，基地側のエア源を使用することが可能なタイプもある。車載のコンプレッサーに比べて圧力や風量を増加させることで，高所への排出や，離れた場所への排出が可能となる。見掛け比重や粒子の大きさも，さらに大きなものを扱える。

ダンプ式やスクリュー式の動力源にはトランスミッションPTOが採用されている。PTOの出力はギア式の油圧ポンプに導かれ，ここで油圧が発生させられる。ダンプ式であれば，この油圧でホイストシリンダーを作動させる。スクリュー式であれば，この油圧が減速機を組み合わせた油圧モーターに送られ，スクリューシャフトを回転させる。

エアスライド式やエア圧送式で使用される空気圧も，トランスミッションPTOで駆動されるコンプレッサーで作られる。PTOの出力は，増速機を介してコンプレッサーに伝えられている。コンプレッサーの形式はスクリュー式，ロータリー式，揺動式などさまざまなものが使用される。特に食品運搬の場合にはコンプレッサーの潤滑油が空気に混入して食品を汚染しないようにする必要があるため，オイルレス式コンプレッサー（オイルフリー式コンプレッサー）が採用されるが，最近では食品以外でも採用されることが多い。オイルレス式の場合，コンプレッサーの回転する部分を、潤滑油を必要としない構造とするために，ローターやスクリューが非接触，もしくは接触する部分をカーボンでシールする構造としている。

タンクの容量は積載する粉粒体の比重によっても異なるが，GVW25トン車ではタ

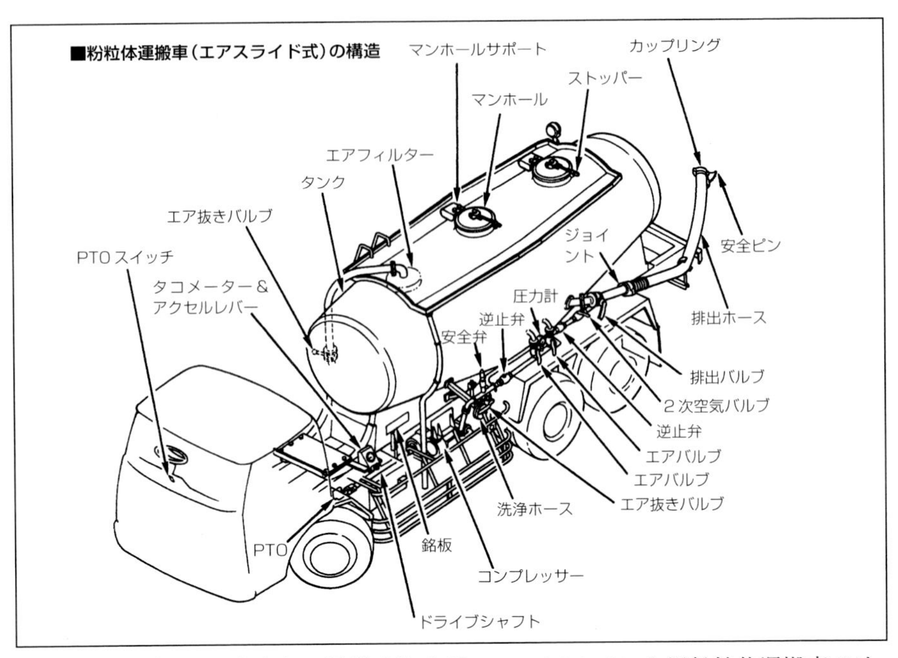

■粉粒体運搬車(エアスライド式)の構造

ンク容量25㎥クラスもあり，見掛け比重が1.0のバラセメント用粉粒体運搬車では，16㎥前後の容量が確保されている。タンクの素材には，鋼板やアルミニウム，ステンレスなどが使用される。特にアルミタンクは軽量化に大きなメリットがあり，たとえばGVW25トン車では，スチールタンクに比べ1トン近く積載重量を増やすことができる。

タンク車同様に，粉粒体運搬車でもタンクは鋼板を溶接することで製造される。一般的に骨組や支柱はないが，エアスライド式の場合は傾斜面であるスライドプレートやエアスライドキャンバスを支える部分として骨組や支柱が使用される。タンクの内側は，鋼鉄のように防錆塗装画ほど越されたり，素材がそのままのこともあるが，積載物に応じてライニングが施されることもある。たとえば，PCV（塩化ビニール樹脂粉末）運搬車の場合には，塩化ビニール樹脂板でライニングが施されている。

タンク上部にはマンホールなどの投入口が設けられている。飼料用の粉粒体運搬車などでは，マンホールとはいっても穴状ではなく，各槽の天井がほとんど開いてしまうように大きな開口面積にされているものもある。

なお，微粉炭などのように粉塵爆発の恐れがあるものをエア圧送する場合には，搬送気体に不活性ガス（窒素または，窒素と空気の混合ガス）を使用する。こうすることで，酸素濃度を粉塵爆発濃度限界以下に押さえ，爆発を防いでいる。同時に静電気による着火防止を図るために，静電気対策も施される。これはタンク車の場合と同様で，コードリール式のアース線を備え，タンクの静電気を逃がしている。

さまざまな粉粒体に対応した粉粒体運搬車が存在するが，もっとも需要が多いのは，バラセメント運搬車と飼料運搬車。平成10年の実績でみると，生産台数633台のうち，約50%がバラセメント運搬車，約42%が飼料運搬車となっている。バラセメント運搬車，飼料運搬車ともに，大型・中型・小型のラインナップがあるが，バラセメント運搬車では約99%が大型，飼料運搬車では中型が約16%あるが，80%以上が大型車だ。その他の用途の粉粒体運搬車は，100%が大型だ。工場から工場への運搬が大半であるため大型が中心になっているが，飼料運搬車では牧場の規模によって中型や小型の需要もあるといえる。

建設作業車系

■トラッククレーン

移動してクレーン作業ができるものにはさまざまな種類があるが，JIS用語を基本とすると以下のようになる。

移動できるクレーンには現場にレールを敷設してクレーンを移動可能にしているものもあるが，自走クレーンと呼んだ場合には車輪またはクローラ（キャタピラ）を備えて移動できるクレーンを指す。このうち，クローラで移動するものをクローラクレーン，タイヤで移動するものがトラッククレーンとホイールクレーンに分類される。

ホイールクレーンは一般的に運転席はひとつで，ここで走行とクレーン操作を行う。走行とクレーン操作は同じエンジンで行われることが多い。短距離移動性を重視したもので，回転半径を小さくするためにホイールベースが短くされている。いっぽうト

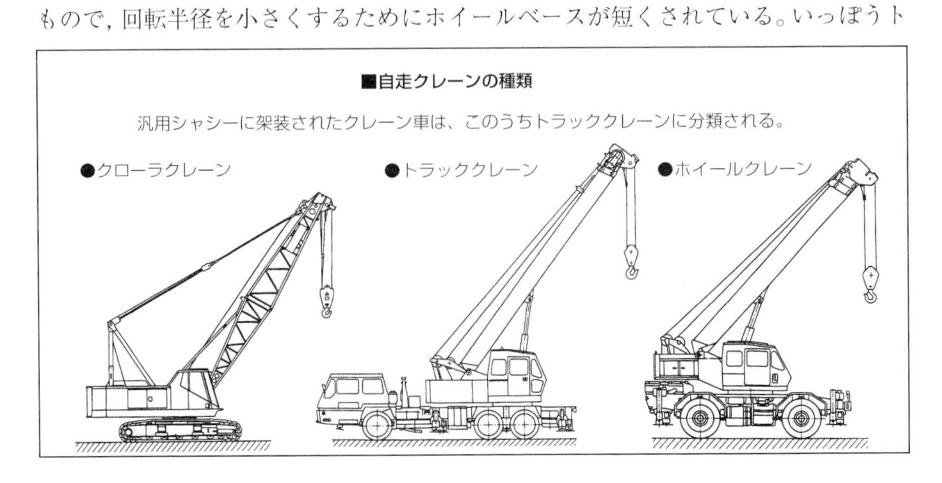

■トラッククレーン

タダノのトラッククレーンTS-75M／TS-75ML。トラッククレーンの定番機種で、4トン車シャシー架装で普通免許で運転することができる。

ラッククレーンは，下部走行体と上部旋回体（クレーン装置）の両方に運転席があるものが大半で，それぞれにエンジンを備えているものと，走行用のエンジンで共用するものとがある。ホイールクレーンに比べて，移動能力が高く長距離走行にも有利なものだ。

トラッククレーンのなかには，トラックメーカーやクレーンメーカーが製造する専用クレーンキャリアを使用するものと，トラックメーカーが製造する汎用のキャブ付き完成シャシーに架装するものがある。本書ではこのうち，キャブ付き完成シャシーにクレーンを架装したものを扱う（その他のものは機会を改めてまとめる）。なお，荷役省力化装置のところで触れた，キャブと荷台の間にクレーンを装備したクレーン付きトラックもトラッククレーンに含まれ，JIS用語では，積載形油圧クレーンと呼ばれる。

大型のトラッククレーンの場合には，専用のクレーンキャリアが使用されることが多いため，大型クラスの汎用シャシーが下部走行体として使用されることは少ない。最大積載量4トン車クラスが下部走行体に採用されることがほとんどだ。このクラスのシャシーに架装し，クレーンを含めた車両総重量を8トン以下に収め，普通免許でも運転できるトラッククレーンとしていることが多い。このクラスのシャシーを使用

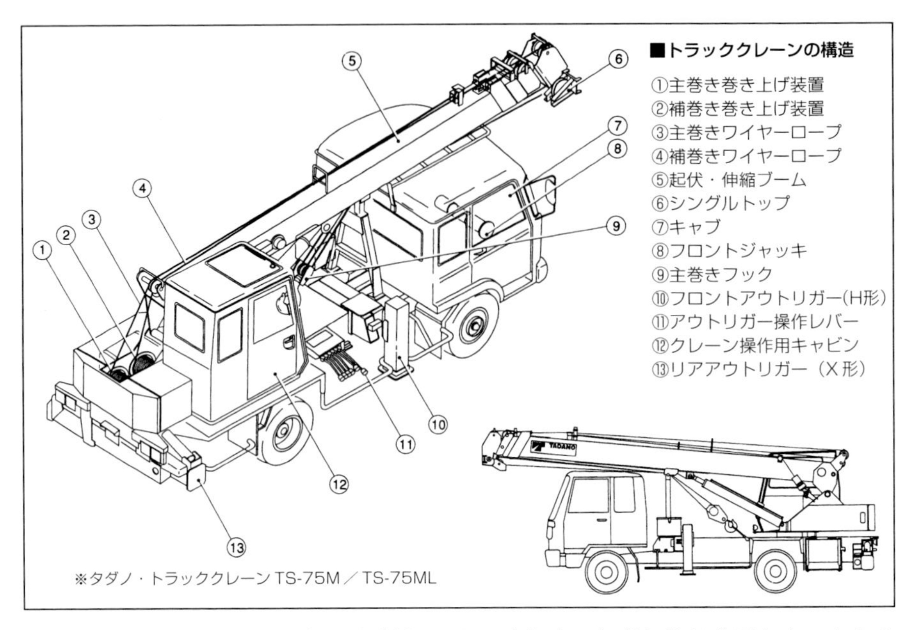

※タダノ・トラッククレーンTS-75M／TS-75ML

しながらも，架装によって車両総重量が8トンを超え，大型免許が必要なものもあるが，限られた例といえる。

トラッククレーンには油圧式と機械式の2種類がある。油圧式では伸縮式のブームがクレーンの基本となり，機械式ではラチス構造のジブが基本となる。ラチス構造のジブのほうが軽量化が可能で，長い（高い）ジブを実現できるが，現場に到着してから組み立てるといった作業が必要になるため，機動性が重視される汎用シャシー架装のトラッククレーンでは，到着後ただちに使用できる油圧式が採用される。

油圧式トラッククレーンでは，基本となるブーム伸縮装置はもちろん，巻き上げ装置，ブーム起伏装置，旋回装置，アウトリガー装置などクレーン動作機構の全部もしくは大部分を油圧式機構で行う。エンジンは1台で走行とクレーン動作を共用し，PTOでクレーン用の動力を取り出している場合と，独立したエンジンを備えている場合とがある。なお，機械式の場合は，クレーン用のエンジンを別途備えることが多い。

汎用シャシー架装の場合，シャシーフレームにサブフレームが固定され，ここに旋回サークルを介して旋回フレーム（ターンテーブル）が取り付けられる。旋回フレーム上には，巻き上げ装置，ブーム起伏装置，ブーム伸縮装置，旋回装置などとクレーンの操作を行うキャビンが備えられる。旋回フレームを含め，ここに取り付けられる各種装置をまとめて上部旋回体と呼ぶ。

旋回サークルには各種の形式があるが，玉軸受け式かころ軸受け式の旋回ベアリン

■旋回サークル

旋回サークルはボールベアリングやローラーベアリングによって支えられ、スムーズに回転することができる。

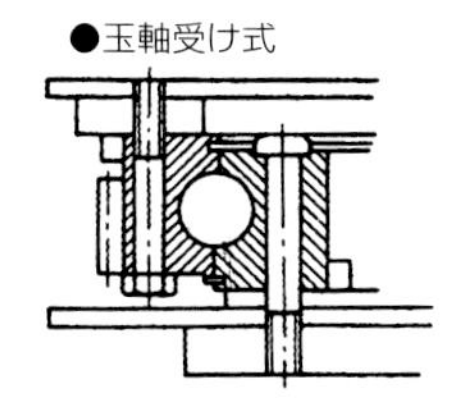

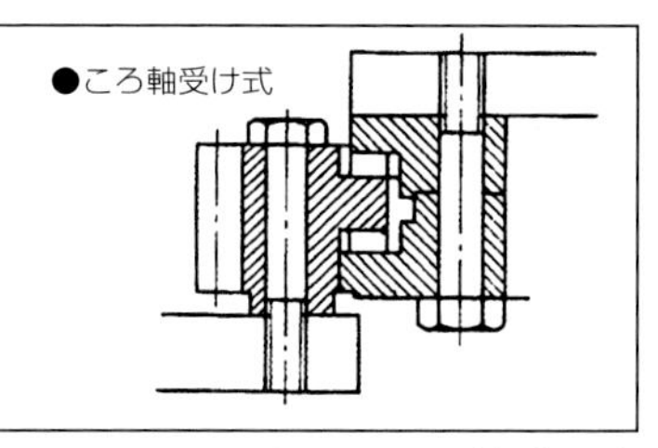

グが採用されることが多い。玉軸受け式はボールベアリングのことで，ころ軸受け式はボールベアリングのボールの代わりに円筒形のローラーを使用しているもの。ボールやローラーは内輪と外輪にはさまれ，スムーズに回転できるようにされている。内輪と外輪には，サブフレームと旋回フレームが固定されるが，内輪がサブフレームのこともあれば，旋回フレームのこともある。

旋回装置は，油圧モーターを使用したもので，プランジャー式が採用されることが多い。旋回モーターには，プラネタリーギア式や平歯式などの減速装置が併用されていることが多く，その出力部分のギアが，旋回サークル内側や外側に刻まれたギアに噛み合わされている。旋回モーターを回転させることによって旋回フレームをどちら方向にも360度回転させることができる。

旋回装置には，ブレーキが組み込まれることがほとんどだ。旋回を停止してクレーン作業を開始すると，その負荷によって油圧モーターからの油圧の漏れなどが起こり旋回フレームが旋回することを防ぐために備えられている。ブレーキはディスクブレーキ式で，油圧モーターに一体化されている。油圧モーターが停止している状態では，スプリングによってディスクが押し付けられ，モーターの回転軸が回らないように固定している。油圧モーターに油圧が導かれて回転を始めようとすると，その油圧の一部がブレーキ機構にも導かれ，油圧によってスプリングが押し戻され，ブレーキ

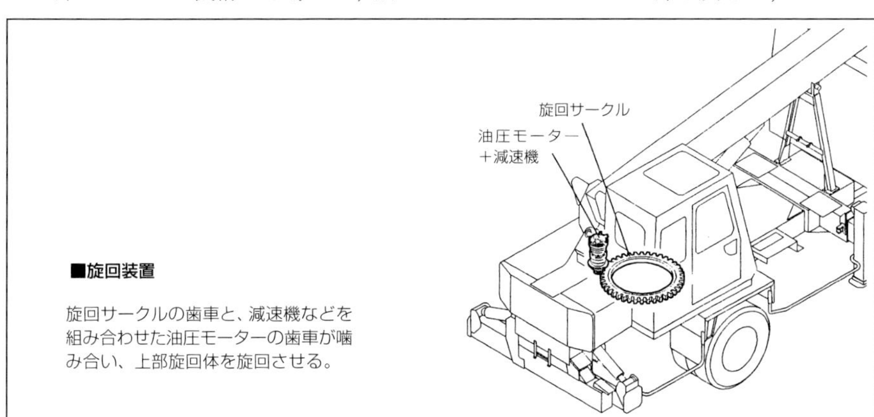

■旋回装置

旋回サークルの歯車と、減速機などを組み合わせた油圧モーターの歯車が噛み合い、上部旋回体を旋回させる。

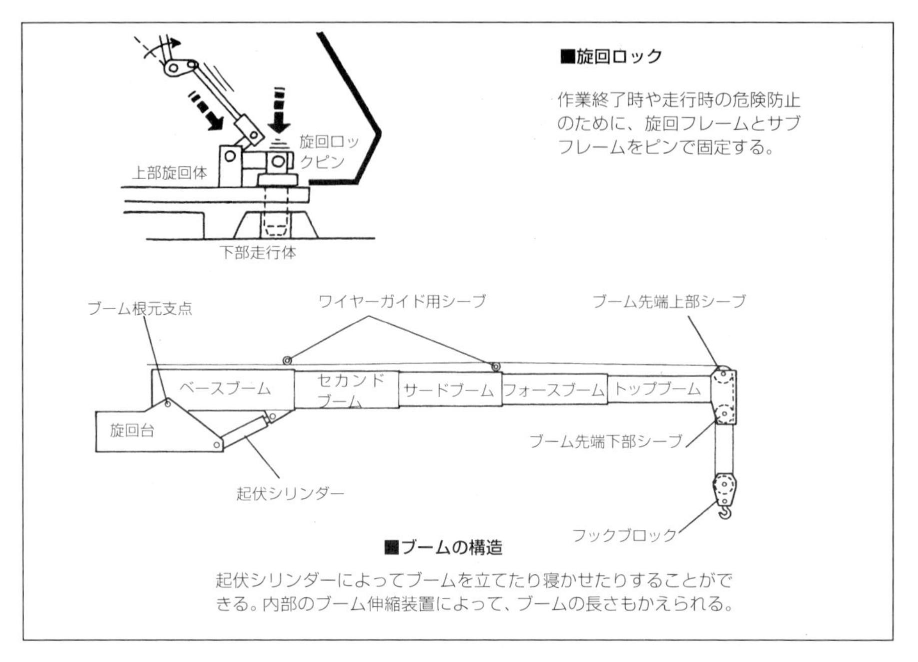

が解除される。油圧がなくなり回転を停止すると，スプリングによってブレーキも作動する。

また，走行中などに旋回フレームが回転しないように，旋回ロックが備えられることもある。旋回ロックは，ロックピンによって上部旋回体とサブフレームを固定する装置で，ロック操作はレバーで行われ，ロッドやリンクを介してロックピンに操作が伝えられる。

クレーンの中心的な存在といえるのがアームで，JIS用語ではジブと呼ばれるが，業界ではアームとジブを区別して使っていることも多く，ジブと呼んだ場合には，アームの先端に付加的に加えられる部分のことを呼ぶことが多い。

旋回フレーム上には，ブームの根元部分であるブームフット（ジブフット）がブーム根元ピンや根元支点ピンと呼ばれる軸によって取り付けられる。ここが起伏下部支点と呼ばれ，ブームが起伏する際の支点となる。ブームの途中の1点と，旋回フレーム上の1点（ブームのヒンジとは異なる位置）は起伏シリンダーで連結されている。起伏シリンダーの両端の接続点とブームの起伏の際の支点の3点で三角形が構成されることになり，1辺の長さが変化すれば，対角も変化する。そのため，起伏シリンダーが伸ばされると，ブームは起き上がる。

起伏シリンダーはリフトシリンダーとも呼ばれ，一般的に単段で複動式のものが使用される。クレーンに求められる能力が大きくなるほど，起伏シリンダーは太くなっていく。

ブームの基準線と水平面が作り出す角度をブーム角度と呼び，80度程度まで起伏できるものが多い。水平よりブームを下げる必要性はあまりないが，ブーム先端でワイヤーの掛けかえやフックの交換などの作業を行うために，マイナス数度までは下げられるようにされていることもある。

ブームが長いほど，高い位置，広い範囲で作業できることになるが，公道を走行する場合を考えれば，その長さには限りがある。そこでブームは多段式の伸縮ブームが採用される。油圧式の伸縮ブームはテレスコープ式で，ロッドアンテナのように基本ブームのなかに2段ブーム，3段ブームと順次細いブームが収められている。基本ブームをベースブーム，2段ブームをセカンドブーム，3段ブームをサードブームと呼ぶこともあり，先端のブームはトップブームと呼ばれることも多い。

汎用シャシー架装では，2～4段式のものが多く，最大積載量4トン車クラスでも20mを超えるものがある。トップブーム以外の各ブームの内側には，樹脂製のスライドプレートが備えられ，内部に収められるブームの位置決めを行っている。このスラ

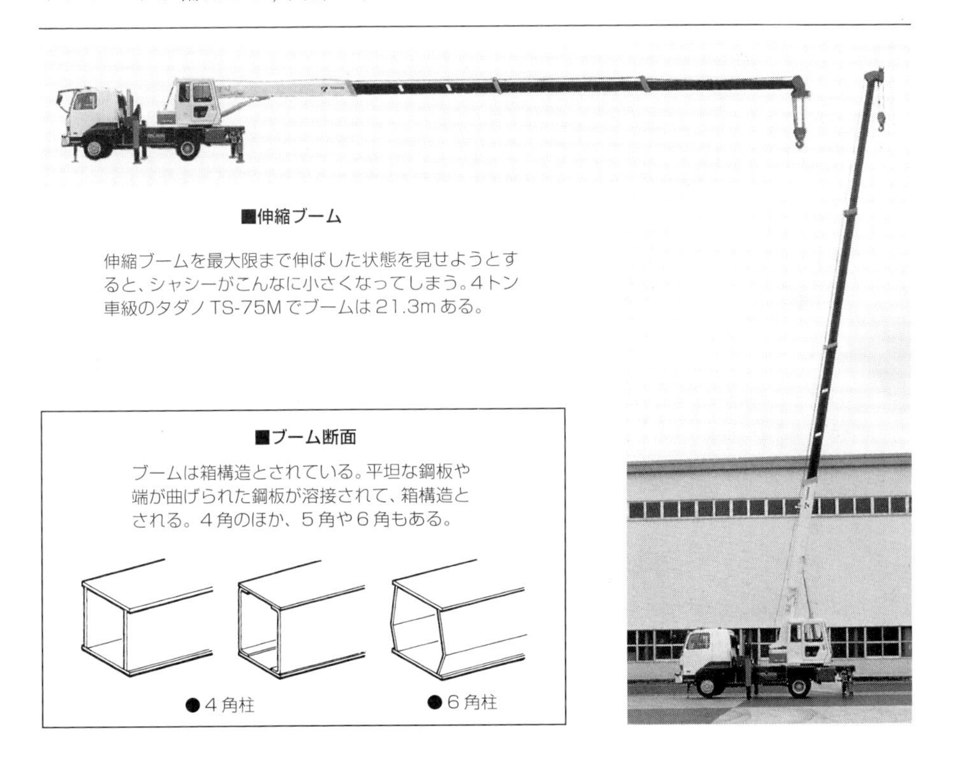

■伸縮ブーム

伸縮ブームを最大限まで伸ばした状態を見せようとすると、シャシーがこんなに小さくなってしまう。4トン車級のタダノTS-75Mでブームは21.3mある。

■ブーム断面

ブームは箱構造とされている。平坦な鋼板や端が曲げられた鋼板が溶接されて、箱構造とされる。4角のほか、5角や6角もある。

イドプレート近くには，グリース溜まりがあり，ここからスライドプレートにグリースが供給されることで，伸縮時の潤滑を行っている。

ブームは四角柱状のものが基本で，箱型ブームと呼ぶ。側面の高さが高いほど，負荷がかかった際に曲がりやすく，ブームがつぶれやすくなってしまうため，ホームベース状の断面構造の五角柱状のものや六角柱状，八角柱状のものもある。

ブームは鋼板を溶接することで箱型の形状にされる。大きな荷重に耐えるために高張力鋼板が使用されることも多い。鋼板の厚さは，最大積載量4トン車クラスでは10㎜を超えることはあまりなく，5～6㎜程度で，多段のブームの際には，先端のブームほど薄くなる。

ブームの伸縮はブーム伸縮装置で行われる。2段式ブームならば油圧シリンダー直押し式が使用され，3段式以上の場合は油圧シリンダーが複数使用されるか，ワイヤーロープ式が併用されることが多い。伸縮装置のシリンダーはエクステンションシリンダーとも呼ばれ，油圧シリンダー直押し式では，伸縮シリンダーのシリンダー側とピストンロッド側が基本ブームと2段ブームにそれぞれ固定される。ピストン下側に油圧が送り込まれてピストンロッドが押し出されれば，2段ブームは基本ブームから出て伸びていく。逆にピストン上部に油圧が送り込まれればピストンロッドが縮み，2段ブームが収納される。こうした伸縮の動きが必要になるため，伸縮シリンダーは複動式のものが使用される。多段式の場合には，それぞれの段に伸縮シリンダーを配することになる。

ワイヤーロープ式は，単独では伸縮が行えないもので，伸縮シリンダーによる2段ブームの動きを利用して3段ブーム以降の伸縮を行う。図のように2段ブームの上端に滑車が備えられ，この滑車を通して3段ブームの下端付近と基本ブームの上端付近がワイヤーロープでつながれている。このワイヤーロープが3段ブーム伸長ワイヤーロープと呼ばれる。伸縮シリンダーによって2段ブームが基本ブームから伸ばされると，2段ブーム先端の滑車と基本ブーム先端のワイヤー固定点との距離が広がることになるが，ワイヤーロープの長さは一定なので，その分だけ滑車から3段ブーム下端のワイヤー固定点までの距離が短くなる必要があり，3段ブームが引き出されることになる。

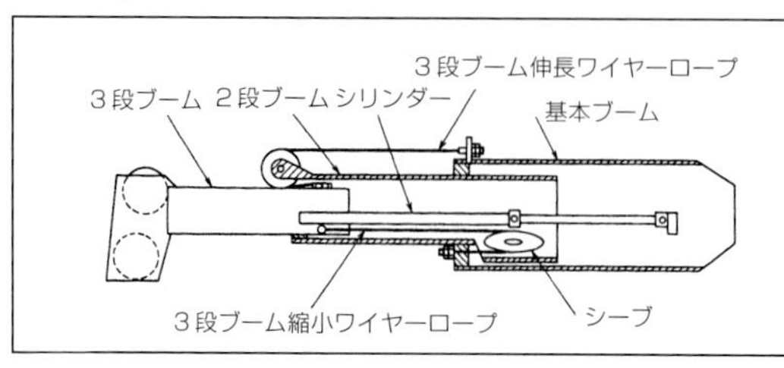

■ワイヤーロープ併用式伸縮シリンダー

伸縮シリンダーによって伸縮する2段ブームの動きが、ワイヤーロープによって3段ブームに伝えられ、3段ブームを伸縮させる。4段式ブームならば、さらに3段ブームの動きがワイヤーロープで4段ブームに伝えられる。

ワイヤーロープはもう1本あり，2段ブームの下端近くに滑車があり，3段ブーム下端付近と，基本ブーム上端付近が3段ブーム縮小ワイヤーロープで接続されている。伸縮シリンダーが縮んで，2段ブームが格納される際には，このワイヤーロープの作用で，3段ブームが格納される。4段式ブームの場合には，3段ブームの伸縮によって4段ブームが伸縮するようにワイヤーロープが配されている。こうしたワイヤーロープ式の併用によって，1本の複動式油圧シリンダーで，多段ブームを伸縮することができる。

油圧シリンダーが1本でワイヤーロープ式を併用している場合，伸縮シリンダーを作動させれば，すべての段のブームが同時に伸縮を行う。こうしたタイプを同時伸縮式と呼び，たとえば4段のものであればブーム形式は箱型4段油圧同時伸縮式となる。

いっぽう各段に伸縮シリンダーを備えた場合には，同時伸縮式と順次伸縮式がある。同時伸縮式では，各段の伸縮シリンダーすべてに油圧を送り，各段を少しずつ伸ばしていく。順次伸縮式では，油路を独立させるなどして，最初は2段ブームだけを伸ばし，完全に伸び切ったところで，3段ブームが伸び始める。3段以降のブームをなかに収めた状態で2段ブームが伸びるので，重心を低くするという点では順次伸縮式は不利だが，ブームの強度という点では有利となる。

巻き上げ装置はウインチと呼ばれることが多い。もっともシンプルなものは，1個

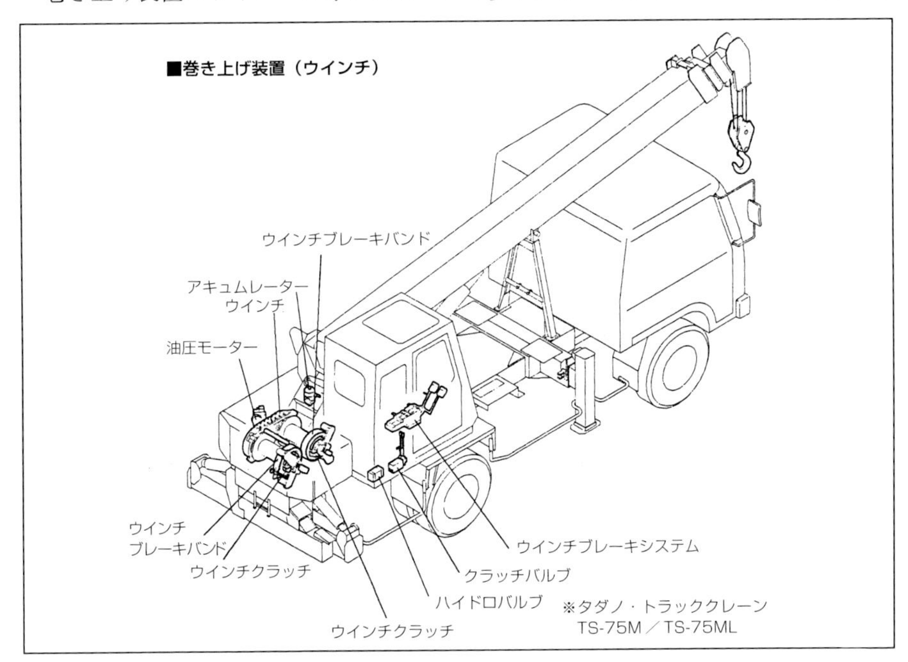

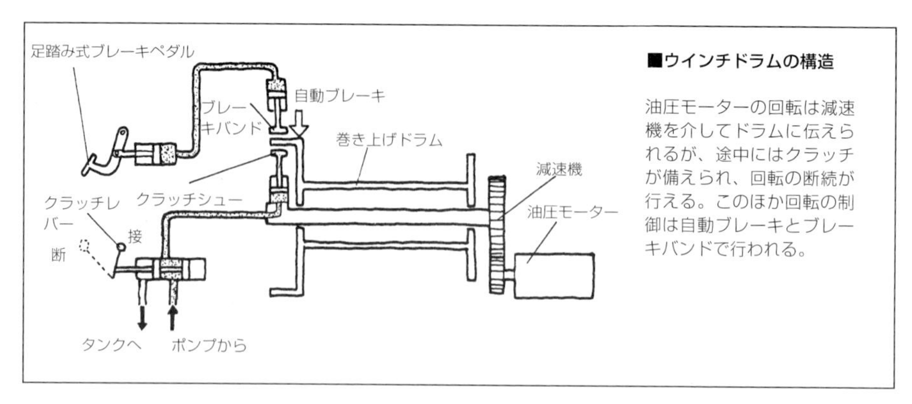

■ウインチドラムの構造

油圧モーターの回転は減速機を介してドラムに伝えられるが、途中にはクラッチが備えられ、回転の断続が行える。このほか回転の制御は自動ブレーキとブレーキバンドで行われる。

の巻き上げドラムが油圧モーターで駆動され，ワイヤーロープを巻き上げる。油圧モーターは，平歯式などの減速装置を介してドラムに回転を伝えるが，ドラムと回転軸の間にはクラッチが備えられ，動力の断続を行えるようにされている。

巻き上げ装置にはさらに，ブレーキと自動ブレーキも備えられている。自動ブレーキは，旋回装置のブレーキと同様の発想のもので，油圧モーターに油圧が導かれて回転が始まると自動的に解除され，油圧が停止するとブレーキが自動的に作動する。これによりドラムの位置が固定される。いっぽう，ブレーキはバンドブレーキと呼ばれることも多く，バンド式のブレーキが採用され，油圧式や機械式でドラムの回転を任意に止めることができる。操作は，操作席の足踏みペダルで行えるようにされている。

ワイヤーロープは，ピアノ線などを縒(よ)って作ったものが使用される。ドラムに巻かれたワイヤーロープは，ブームフット付近のシーブ（滑車），ブームヘッドのシーブを通り，フックブロックに固定される。油圧モーターを作動させてドラムを回転させワイヤーロープの巻き上げを行えば，フックブロックが上昇する。油圧モーターを停止すれば，自動ブレーキが作動して，その位置が保持される。巻き上げドラムを逆転させれば，フックが下降する。

クラッチを切ってドラムをフリーな状態にすれば，フックブロックや荷物の自重で自由降下する。これをフリーフォールと呼ぶ。クラッチを切ってフリーフォールしている状態では，自動ブレーキは作動しないので，足踏みペダル式のブレーキで，自由降下の減速や停止を行う。

これがもっともシンプルな巻き上げ装置の動作で，ドラムがワイヤーロープを巻き上げる速度でフックを上昇させることができるが，ドラムや油圧モーターには大きな負担がかかってしまう。この状態を単索や1本掛けと呼ぶが，一般的には巻き上げ装置の負担を減らすために滑車の原理を利用している。

2本掛けならばワイヤーロープの先端はフックブロックに固定されず，フックブ

■フックブロック

フックブロックは組み合わせ滑車の原理を利用したもの。図は７本掛けの例で、フックブロックの上昇速度は、巻き上げ装置がワイヤーロープを巻き上げる速度の７分の１になるが、７倍の荷重が引き上げられる。

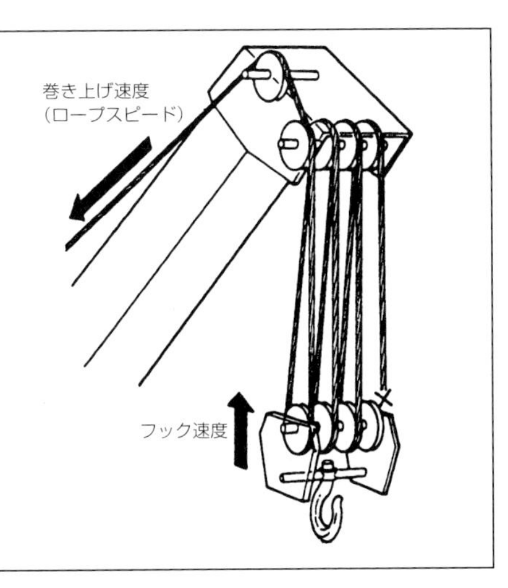

ロックに備えられたシーブで折り返し，ブームヘッドに固定される。こうすることでフックの上昇速度は，ブームの巻き上げ速度の半分になるが，ドラムにかかる荷重は半分になる。4本掛けの場合は，フックブロックに2個のシーブが並列され，ブームヘッドにもさらにシーブが備えられる。2本掛けでフックブロックのシーブで折り返したワイヤーロープは，ブームヘッドのシーブで再び折り返し，もう1個のフックブロックのシーブでさらに折り返し，ブームヘッドに固定される。これで荷重を4分の1にすることができる。さらに滑車を増やした6本掛けが行われることもある。何度かブームヘッドとフックブロックを往復して,最終的にワイヤーロープの先端がフックブロックに固定される3本掛けや7本掛けといった奇数掛けが行われることもある。

トラッククレーンの場合は，こうした巻き上げ装置が2組搭載されていることが多い。それぞれ主巻きドラムと補巻きドラムと呼ばれ，1個の油圧モーターで双方が駆動される1モーター2ドラム形式もあれば，それぞれのドラムに油圧モーターが備えられる2モーター2ドラム形式もある。

前述のように,巻き上げ装置では組み合わせ滑車を利用して重量物を吊り上げられるようにしているが,現場での後片付け作業のような場合には比較的軽量なものを吊り上げることが多く，スピーディに作業ができる1本掛けのほうが効率がよい。しかし，フックブロックにワイヤーロープを掛けかえるのは面倒なため，補巻きドラムは1本掛け専用として装備されている。

そのためブーム先端には,シングルトップと呼ばれる補巻き用のブロックが用意されている。この部分のシーブを介して，補巻きフックまで補巻きドラムに巻かれたワイヤーロープが導かれている。シングルトップは，非使用時にはブーム側に折り畳ん

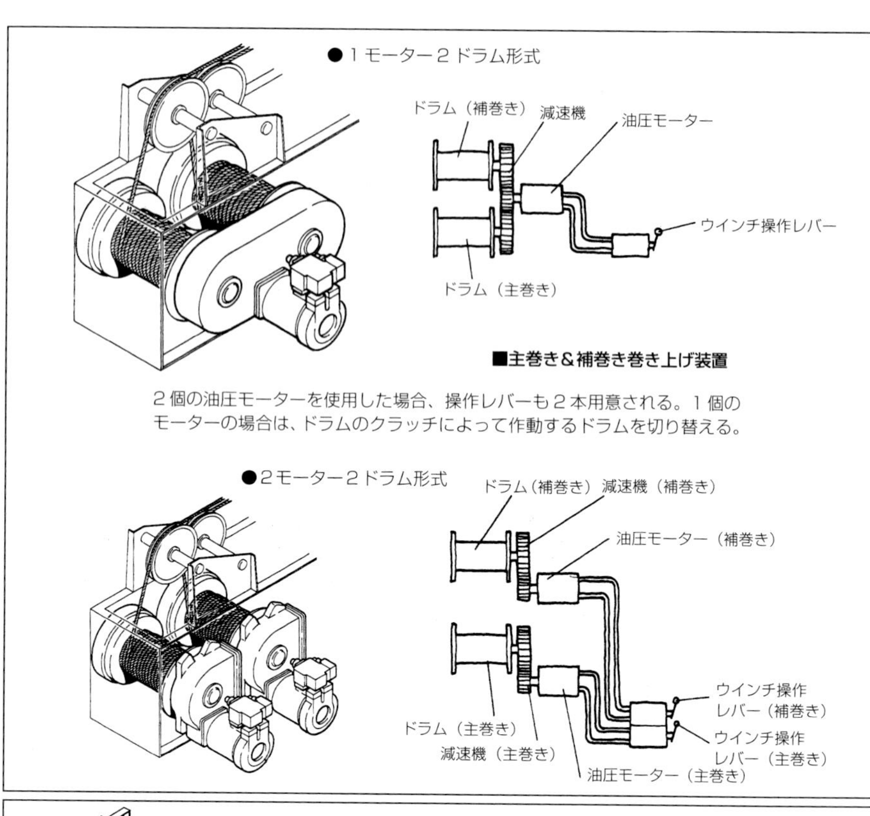

■主巻き＆補巻き巻き上げ装置

２個の油圧モーターを使用した場合、操作レバーも２本用意される。１個のモーターの場合は、ドラムのクラッチによって作動するドラムを切り替える。

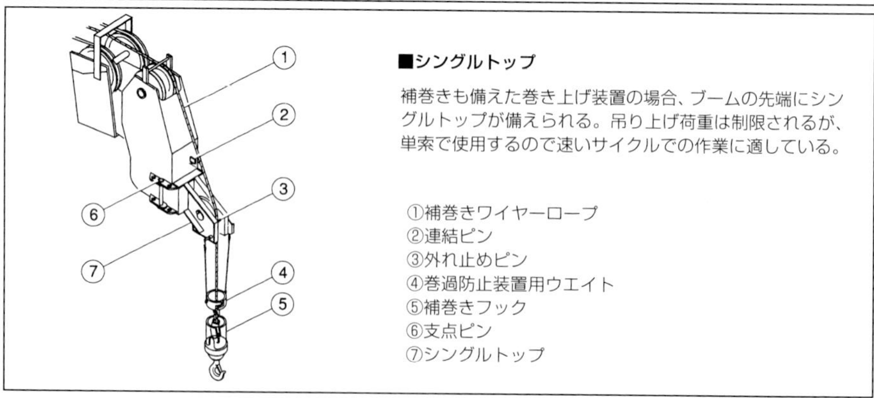

■シングルトップ

補巻きも備えた巻き上げ装置の場合、ブームの先端にシングルトップが備えられる。吊り上げ荷重は制限されるが、単索で使用するので速いサイクルでの作業に適している。

①補巻きワイヤーロープ
②連結ピン
③外れ止めピン
④巻過防止装置用ウエイト
⑤補巻きフック
⑥支点ピン
⑦シングルトップ

で格納することができる。補巻きフックは，通常のフックブロックのようにシーブを備えていないため軽量で，速いサイクルでの作業に適している。

巻き上げ装置には，巻過防止装置と呼ばれる安全装置の装備が義務付けられている。

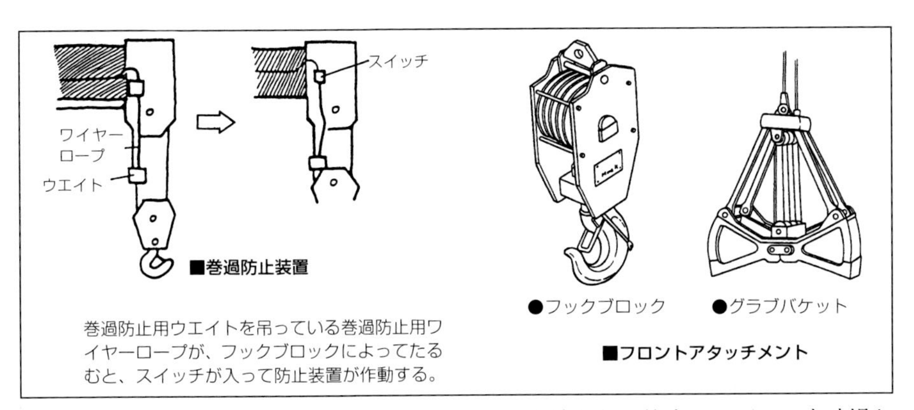

■巻過防止装置

巻過防止用ウエイトを吊っている巻過防止用ワイヤーロープが、フックブロックによってたるむと、スイッチが入って防止装置が作動する。

●フックブロック　●グラブバケット

■フロントアタッチメント

巻き上げ時に巻き過ぎてフックブロックがブーム先端などに衝突してブームを破損させたり，ワイヤーロープが切れることを防いでいる。ブームヘッドには，巻過防止スイッチが備えられ,ここから巻過防止用ワイヤーロープで巻過防止用ウエイトと呼ばれる重りが吊られている。巻過防止用ウエイトは中空構造で，そのなかをフックブロックに導かれたワイヤーロープが通されている。通常の状態では，ウエイトの自重によって巻過防止用ワイヤーロープが引っ張られ,巻過防止スイッチはオンになっているが,フックブロックが上昇してブームヘッドに近づくとフックブロックによってウエイトが支えられ,巻過防止用ワイヤーロープがたるんで巻過防止スイッチがオフになる。このスイッチがオフになると，巻過防止装置がオンになり，巻き上げ装置はもちろん,実質的に巻き上げと同じ現象が起こるブームの伸ばしや下げといった操作もできなくなる。

一般的なクレーンでは,荷物を引っ掛けて持ち上げるフックブロックが使用されるが，作業用アタッチメントを交換することで，その他の用途にも使用できる。アタッチメントの代表的なものには，バラ物の荷役に使用されるグラブバケットがある。グラブバケットの場合，バケットの移動と，開閉の2種類の動作を行う必要があるため，主巻きと補巻きの1組の巻き上げ装置が必要になる。しかも，1モーター2ドラム形式では操作レバーが1本しかないため，クラッチで切り替えながら操作する必要があるので現実的ではない（ただし，最近では開閉はワイヤレスリモコンなどで別途行えるものも登場してきている）。

汎用シャシーのままでは面積が狭く,車両のサスペンションによる可動範囲もあるため，クレーン作業で荷重がかかると，簡単に転倒してしまう。そのためトラッククレーンでは，アウトリガーを備えて作業中に車両を支えるのが一般的だ。アウトリガーは,サブフレームに取り付けられるか,シャシーフレームに直接取り付けられる。

アウトリガーは，キャブ直後と車両後方に備えられる。H形とX形の2種類がある

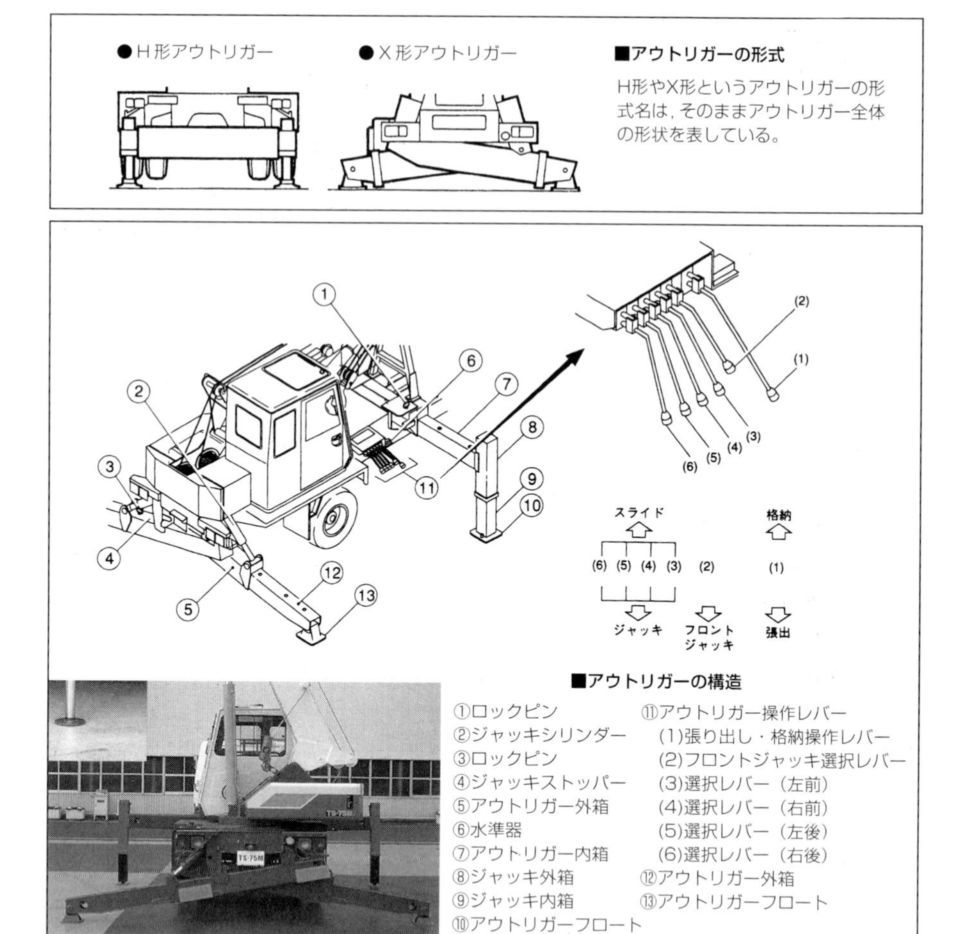

■アウトリガーの形式

H形やX形というアウトリガーの形式名は，そのままアウトリガー全体の形状を表している。

■アウトリガーの構造

①ロックピン
②ジャッキシリンダー
③ロックピン
④ジャッキストッパー
⑤アウトリガー外箱
⑥水準器
⑦アウトリガー内箱
⑧ジャッキ外箱
⑨ジャッキ内箱
⑩アウトリガーフロート
⑪アウトリガー操作レバー
(1)張り出し・格納操作レバー
(2)フロントジャッキ選択レバー
(3)選択レバー（左前）
(4)選択レバー（右前）
(5)選択レバー（左後）
(6)選択レバー（右後）
⑫アウトリガー外箱
⑬アウトリガーフロート

が，キャブ直後はH形，車両後方はH形とX形のいずれかが使用される。H形アウトリガーは，クレーンのブームのような角柱の箱構造で，アウトリガー外箱のなかにアウトリガー内箱が収められ，内箱が車両の左右両側に張り出せるようにされている。内箱の先端には上下に伸縮する部分があり，ジャッキ外箱のなかにジャッキ内箱が備えられている。外箱，内箱はそれぞれアウターボックス，インナーボックスと呼ばれることもある。

H形アウトリガーの張り出しは手動で行うものと油圧で行うものがある。油圧の場合には，スライドシリンダーやアウトリガー水平シリンダーと呼ばれる油圧シリンダーによって出し入れが行われる。アウトリガーのジャッキの出し入れは油圧式で，

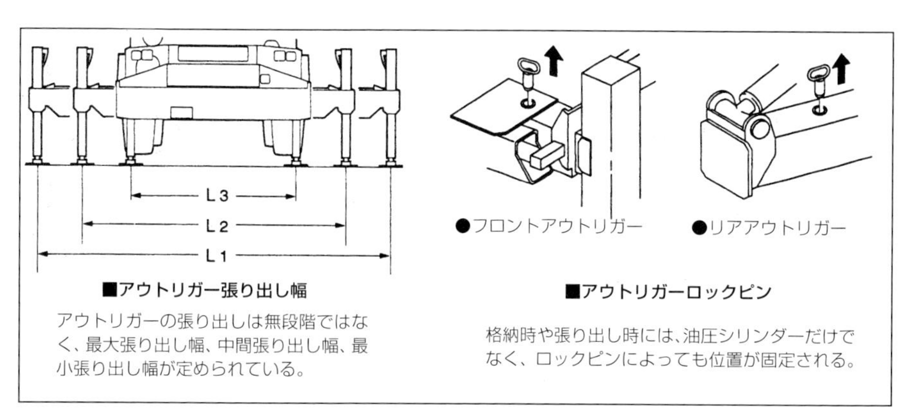

ジャッキシリンダーやアウトリガー垂直シリンダーと呼ばれる油圧シリンダーで行われる。いずれの場合も複動式の油圧シリンダーで，張り出しや格納作業が行われる。

X形アウトリガーは，車両幅程度のアウトリガー外箱が2本備えられ，車両中央付近の支点で支えられている。2本は前後方向に重ねられ，ほぼ水平状態で格納されている。アウトリガー外箱のなかにはそれぞれアウトリガー内箱が備えられ，油圧シリンダーで伸縮が行われる。アウトリガー外箱とシャシーフレームもしくはサブフレームは油圧シリンダーで接続され，このシリンダーが伸びることによってX字形になりジャッキアップが行われる。

アウトリガーは可能な限り長く張り出したほうが，支える面積が広くなり，吊り上げ能力が高くなるが，作業現場によってはアウトリガーを張り出させるスペースが充分にないこともある。そのため，アウトリガーには最大張り出しに加えて，中間張り出しや最小張り出しが設定されていることが多い。このように張り出しが少なくなった場合には，吊り上げ能力が低下するので，作業には注意が必要となる。外箱と内箱にはそれぞれロックピン用の穴があり，ここにロックピンを差し込むことでアウトリガーの格納位置や各張り出し位置にロックすることができる。

前後のアウトリガーで支えるのが一般的だが，シャシーにとっての重量物であるエンジンやトランスミッションは，キャブ直後のアウトリガーより前方にあり，クレーンを前方で吊り上げる際には，前部に過度に重量がかかることがある。そのため，車両前部を支えるために補助ジャッキが備えられることもある。フロントジャッキも油圧シリンダーを利用したもので，非使用時には左右どちらかに折り畳まれてピンなどでロックされている。

アウトリガーに加えてフロントジャッキで車両前部を支えることで，前後左右どの方向でも作業が可能な全周域同一吊り上げ性能が実現され，作業現場への進入方向が制限されなくなる。狭い場所でも，アウトリガーを張り出しやすい位置なども選びや

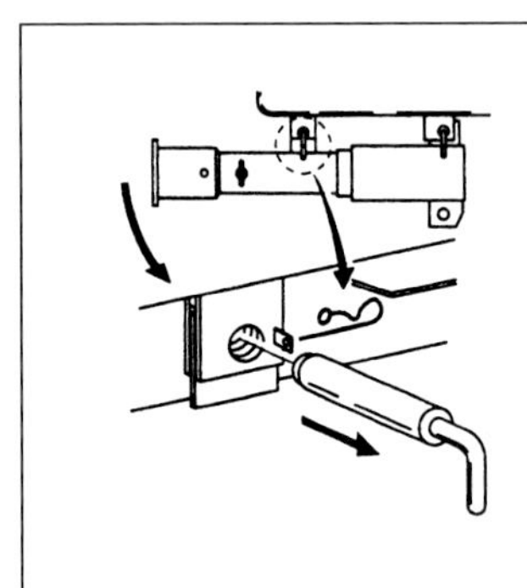

■フロントジャッキ

非使用時のフロントジャッキは、シャシーフレームに沿って倒されている。使用時には直立させたうえで、油圧によってジャッキを伸ばして使う。

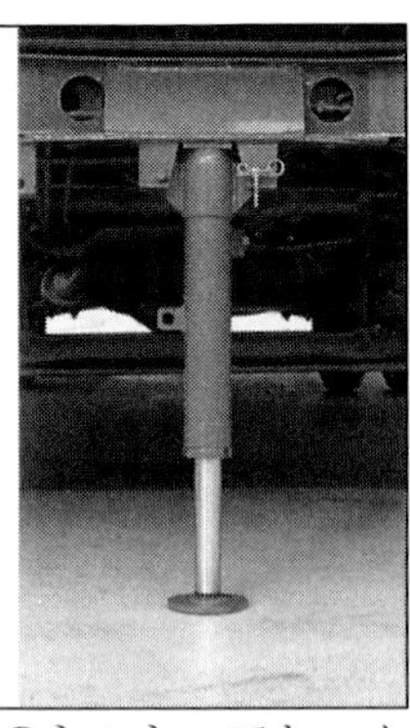

すくなる。なお，フロントジャッキを加える場合には，この部分のシャシーフレームが補強される。

汎用シャシー架装のクレーンでは，これらの巻き上げ装置，ブーム起伏装置，ブーム伸縮装置，旋回装置，アウトリガー装置はすべて油圧で作動されている。油圧ポンプの動力源にはトランスミッションPTOが使用される。この動力によって油圧ポンプを作動させる。

油圧ポンプにはギア式やプランジャー式が採用されることが多く，2連や3連など複数のポンプを備えていることも多い。1個のポンプで多数の装置を駆動すると，同

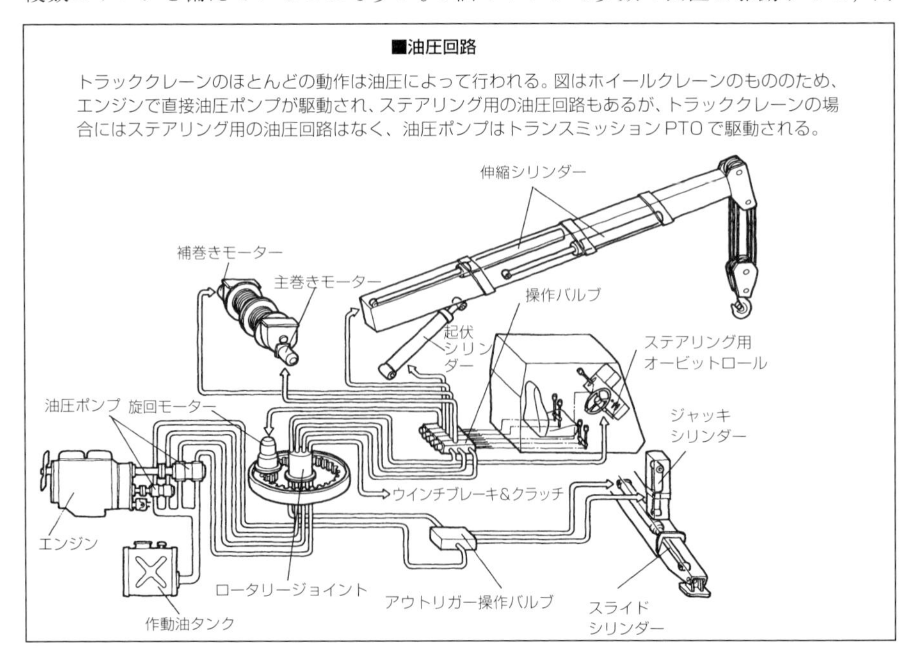

■油圧回路

トラッククレーンのほとんどの動作は油圧によって行われる。図はホイールクレーンのもののため、エンジンで直接油圧ポンプが駆動され、ステアリング用の油圧回路もあるが、トラッククレーンの場合にはステアリング用の油圧回路はなく、油圧ポンプはトランスミッションPTOで駆動される。

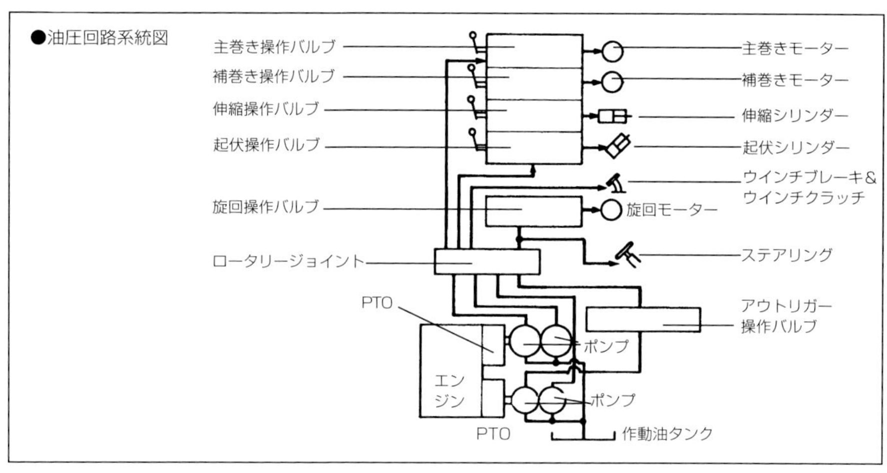

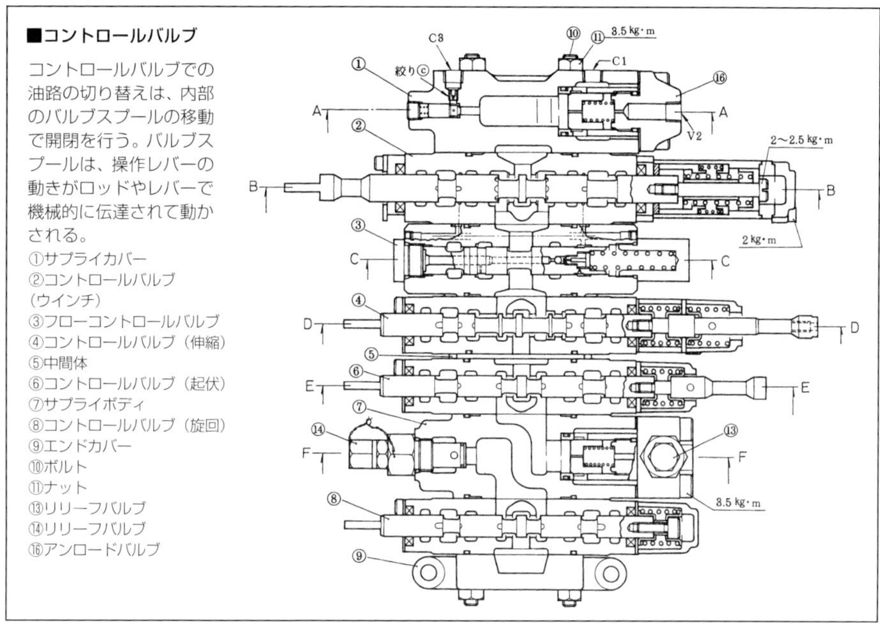

■コントロールバルブ

コントロールバルブでの油路の切り替えは、内部のバルブスプールの移動で開閉を行う。バルブスプールは、操作レバーの動きがロッドやレバーで機械的に伝達されて動かされる。

①サプライカバー
②コントロールバルブ（ウインチ）
③フローコントロールバルブ
④コントロールバルブ（伸縮）
⑤中間体
⑥コントロールバルブ（起伏）
⑦サプライボディ
⑧コントロールバルブ（旋回）
⑨エンドカバー
⑩ボルト
⑪ナット
⑬リリーフバルブ
⑭リリーフバルブ
⑯アンロードバルブ

時に複数の装置を駆動した際に，油圧低下といった問題が起こるため，複数のポンプを備えている。たとえば，ウインチ用，ブーム伸縮&起伏用，旋回&アウトリガー用といった具合に油圧を別回路にしている。完全に独立させず，それぞれの回路の油圧を補助的にほかの回路に回せるものもある。

油圧回路の途中には，コントロールバルブが備えられている。バルブボディ内には

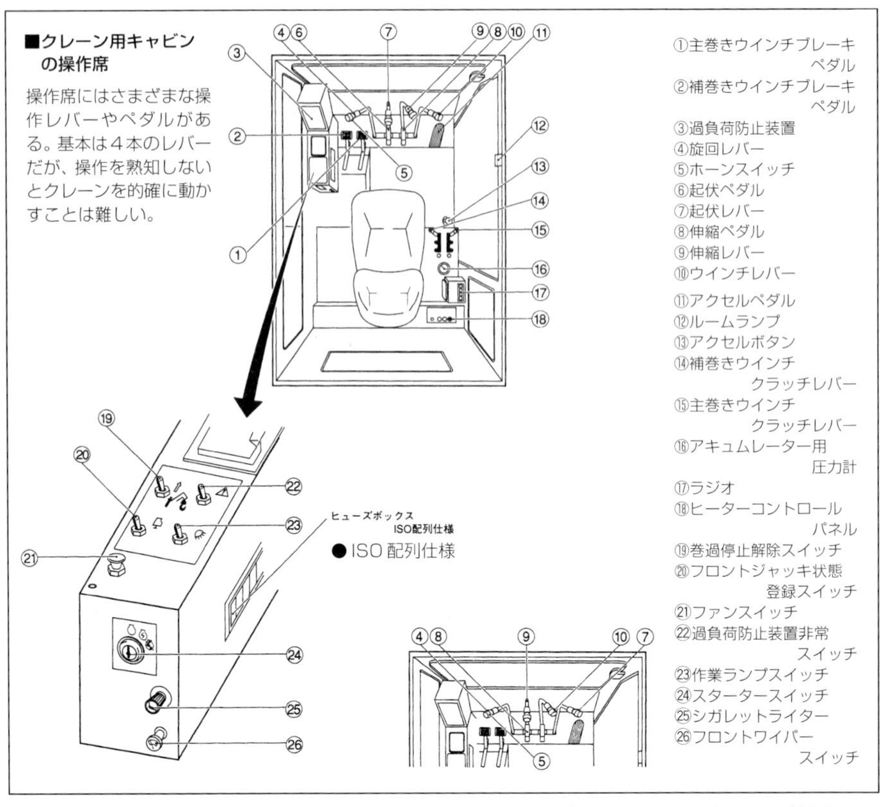

油路の開閉を行うための溝を備えたバルブスプールが収められ，スプールの位置がかわると，油路が切り替えられる。こうしたバルブが多数組み合わされて，コントロールバルブとされ，それぞれの油圧シリンダーや油圧モーター，油圧クラッチを作動させている。

コントロールバルブのバルブスプールの移動は，ロッドやリンクによってメカニカルにクレーン用キャビンの操作席の操作レバーなどと接続されている。一部には電磁バルブを使用して，電気的に接続していることもある。

操作席にある操作レバーは，ブーム起伏，ウインチ（巻き上げ／下げ），ブーム伸縮，旋回の4本が基本で，レバーから手を離すと自動的に中立位置に戻るようにされている。巻き上げ装置が2個あれば，ウインチレバーも2個になる。また，ブーム起伏レバーやブーム伸縮レバーには足踏みペダルも装備されていて，両手両足で同時に操作できるようになっている。このほか，操作席にはウインチのクラッチレバーや，ブレーキペダルなども備えられている。ウインチレバーは，操作位置によって高速と

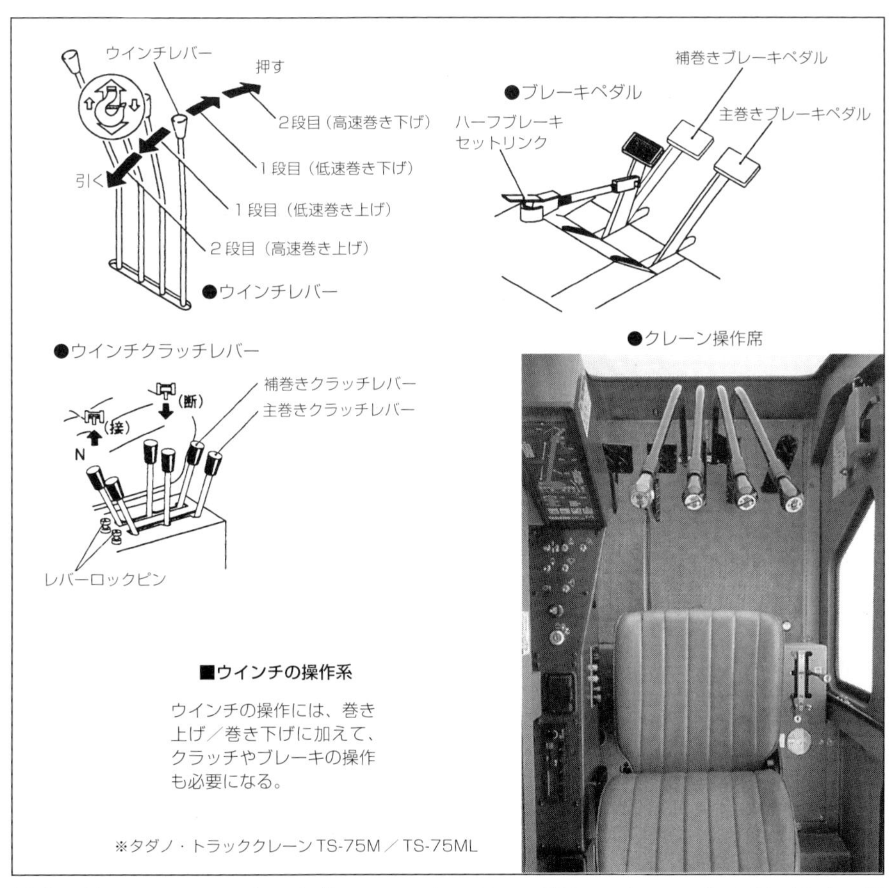

低速が使い分けられるものも多い。アウトリガーに関しては，アウトリガー近くに操作レバーが備えられている。

クレーンの吊り上げ能力は，クレーン容量（最大クレーン容量）で表現される。これは，吊り上げ荷重（最大定格総荷重）と，その荷重が吊り上げられる作業半径の積で示される。たとえば「3.9t×3.5m（4本掛け）」の場合，4本掛けフックを使用した状態で3.9トンの荷重（吊り具を含む）を3.5mの作業半径で吊れることになる。このクレーンの実際の作業半径はもっと広いことになるが，3.5mより遠い位置で吊り上げる場合には，3.9トンは吊り上げられないことになる。

なお，クレーンで荷を吊った状態で旋回を行うと，荷は遠心力によって外側に広がることになる。旋回が速いとその広がりも大きくなり，作業半径の限界で作業しているような場合には，危険な状態になることもある。

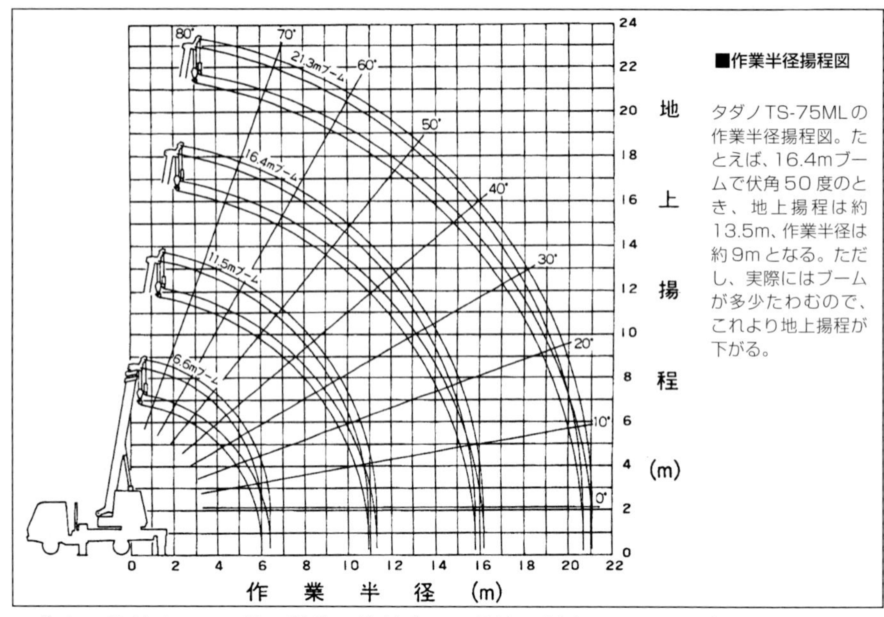

■作業半径揚程図

タダノTS-75MLの作業半径揚程図。たとえば、16.4mブームで伏角50度のとき、地上揚程は約13.5m、作業半径は約9mとなる。ただし、実際にはブームが多少たわむので、これより地上揚程が下がる。

能力の比較は，この積の数値で比較する。前述の例をクレーンAとし，クレーンBが「3.9t × 3.0m（4本掛け）」であれば，それぞれの積は13.65と11.70になり，クレーンAのほうが能力が高いことになる。こうしたクレーン容量は，ブームの長さによっても異なり，アウトリガーの張り出し幅にも影響を受ける。

また，そのクレーンによって吊り上げられる高さと作業半径の関係は，作業半径揚程図から読み取ることができる。ブームの起伏角度と長さから，縦軸で地上揚程，横軸で作業半径が分かる。

トラッククレーンのなかには，数10トンから数100トンの吊り上げ能力を備えたものもあるが，汎用シャシー架装のクレーンでは限界がある。それでも普通免許で運転できるクラス（車輌総重量8トン）で，7トンの吊り上げが可能なものもある。一例としては，6.6mブーム／7.0t × 2.5m（6本掛け），11.5mブーム／4.9t × 3.5m（4本掛け），16.4mブーム／3.9t × 3.5m（4本掛け），21.3mブーム／2.0t × 5.0m（4本掛け）といったものがある。

クレーンの安全装置としては，巻過防止装置のほかに過負荷防止装置も義務付けられている。過負荷防止装置はモーメントリミッターとも呼ばれ，ロープの引張力やブームひずみ，起伏シリンダーの内圧，起伏シリンダーの負荷などから負荷を検出して，限界の警報と自動停止が行われる。

最近では，さらにさまざまな安全装置が備えられている。各種センサーを利用し，

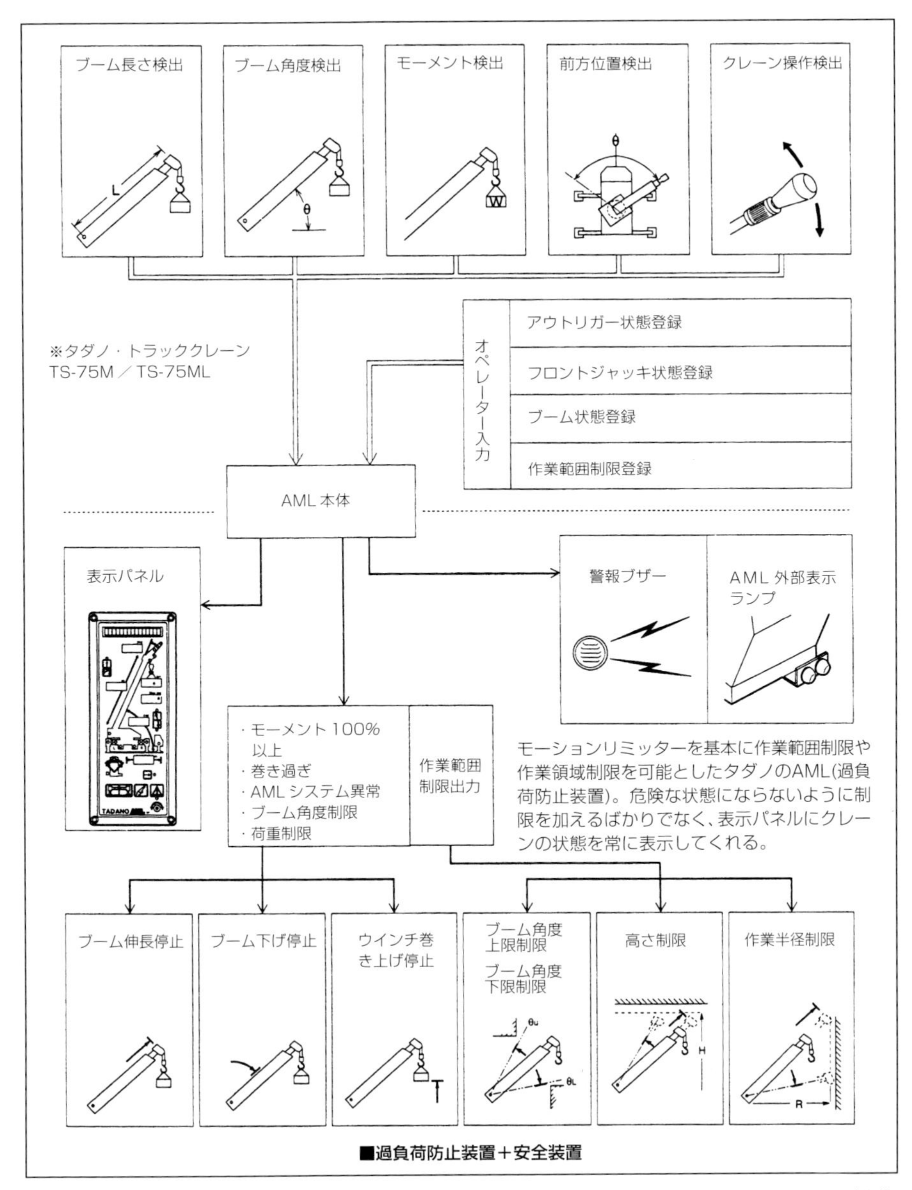

■過負荷防止装置＋安全装置

ブームの起伏角度や長さ，作業半径，定格総荷重，実荷重，最大地上揚程などが操作席のパネルに表示されるので，常に作業状況を確認しながらクレーン作業が行える。作業範囲や作業領域に制限を設けることも可能だったりする。作業範囲制限機能の場合，たとえば，電線を越えてクレーン作業を行わなければならないような場合，ブームの高さや上限・下限角度，作業半径などを設定しておけば，ブームはその範囲内でしか動かせなくなる。これにより，障害物である電線をブームで誤って切ってしまう事故を防ぐことができる。作業領域制限装置は，左右のアウトリガー張り出し幅が異なる場合，左右で吊り上げ能力が異なるので，これを自動的に制限し，安全性を確保している。

吊り上げ荷重0.5トン以上のトラッククレーンに関しては，労働省令の移動式クレーン構造規格が適用され，さらにクレーンを操縦する人にも資格が求められる。吊り上げ荷重0.5トン以上1トン未満の場合，移動式クレーン運転のための特別教育と玉掛けの特別教育が必要。1トン以上5トン未満の場合は，移動式クレーン運転士免許または小型移動式クレーン運転技能講習と玉掛け技能講習が必要。5トン以上の場合は，移動式クレーン運転士免許と玉掛け技能講習が必要となる。このうち移動式クレーン運転のための特別教育と玉掛けの特別教育は，定められた規定に沿って事業主が行うことができ，小型移動式クレーン運転技能講習と玉掛け技能講習は各都道府県労働基準局またはその指定機関が行っている。

なお，クレーン操作用のキャビンは，トラック運転用のキャブ同様に快適性，作業性の向上が図られている。作業しやすいように調整できるスライド式リクライニングシートや長さが自由に調整できる伸縮式作業レバーなどを装備。また，360度の視界が確保できるように，大型ガラス窓を採用して，死角が可能な限り減らされている。ラジオやファン，ヒーターなども備えられ，エアコンを装備したキャビンも登場してきている。

生産台数で見るとトラッククレーンの大半は専用キャリアを使った道交法の基準外の大きさのものとなる。平成10年の実績で見ると，全体の約86%が基準外となっている。そのほか，大型65台，中型52台，小型9台となっている。クレーンの能力で比較すれば，汎用シャシー架装のクレーンより，クレーン付きトラックのクレーンのほうが劣ってはいるが，荷物も同時に運べるというクレーン付きトラックの利便性が重視され，小さなトラッククレーンの活躍の場が奪われているといえる。

■クレーン付きトラック

カーゴクレーンやキャブバッククレーンなどと呼ばれるキャブ後方に装備されたクレーンは，JIS用語では積載形油圧クレーンと呼ばれる。こうしたクレーンを備えたトラックをクレーン付きトラックと呼ぶ。

クレーン付きトラックの積載形油圧クレーンも，トラッククレーン同様に労働省令の移動式クレーン構造規格の適用を受けるが，吊り上げ荷重3トン未満のものは手続

■クレーン付きトラック

タダノのトラック架装用クレーンZシリーズ。大型車用から軽トラック用までさまざまなものがラインナップされている。荷役を効率的に行うことができる。

きが簡単なため，積載形油圧クレーンの吊り上げ荷重は，中大型トラック架装用のものはほとんどが2.9トン前後で，3トン未満に収められている。

小型トラック用でも2.9トン前後から1トン未満のものまである。こうした小型のものの吊り上げ荷重の設定は，運転資格によって決まっているともいえる。前述のように0.5トン以上は運転資格が必要だが，1トン未満であれば比較的簡単な特別教育によって資格を得ることができるため，吊り上げ荷重995 kgといった積載形油圧クレーンがラインナップされる。

また，0.5トン未満であれば移動式クレーン構造規格の適用を受けないため，運転資格が不要だ。そのため小型トラック用には吊り上げ荷重490 kgといった積載形油圧クレーンもラインナップされる。

もちろん，中大型を中心に小型も含めて吊り上げ荷重2.9トンのものが多いが，架装されるトラックの大きさなどによってクレーンにもさまざまなサイズがあり，吊り上げ荷重は横並びでも，クレーン容量には違いがある。大型トラック用のものでは作業半径が4mを超えるものがあるが，小型トラック用では作業半径が1.5m程度になってしまう。

クレーン付きトラックと汎用シャシー架装のトラッククレーンを比べると，クレーン付きトラックにはクレーン用の操縦席がない。また、アウトリガーはキャブ後方のH形のものだけで，前方の2本の脚で支えることがほとんどだ。

積載容量を可能な限り減らさないように，クレーンのためのスペースも最小限とされている。小さなサブフレーム上に，アウトリガーの張り出しを収めている部分が載せられ，その上にクレーンが備えられている。アウトリガーからクレーン，操作部ま

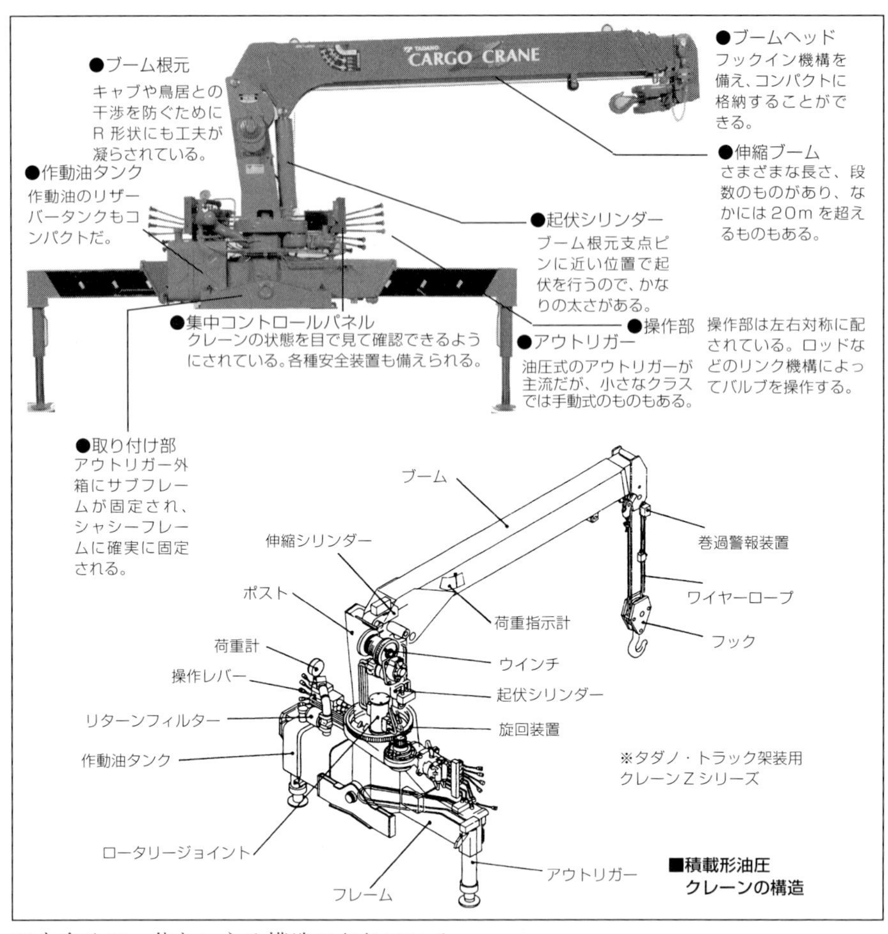

■積載形油圧クレーンの構造

でも含めて一体といえる構造にされている。

クレーンの架装によって減る荷台の長さは，クレーンの重量や車両の大きさによっても異なるが，小さなクラスなら60㎝程度に収められている。一般的には70～80㎝で，大型クラスでも1mを超えることはほとんどない。

旋回フレームと呼べる部分はほとんどなく，旋回サークルとほぼ同サイズの円形のフレームがあり，ここに旋回ポストが立てられている。通常のクレーンでは，旋回フレーム上付近にブームの起伏の支点が備えられるが，クレーン付きトラックでは荷台の鳥居やキャブがあるため，これより高い位置に起伏の支点を備えなければブームが鳥居やキャブに干渉してしまう。そのため，ブームフットの位置を高くしている。

ブームの起伏シリンダーは，円形のフレームとブームのほとんど根元付近を接続し

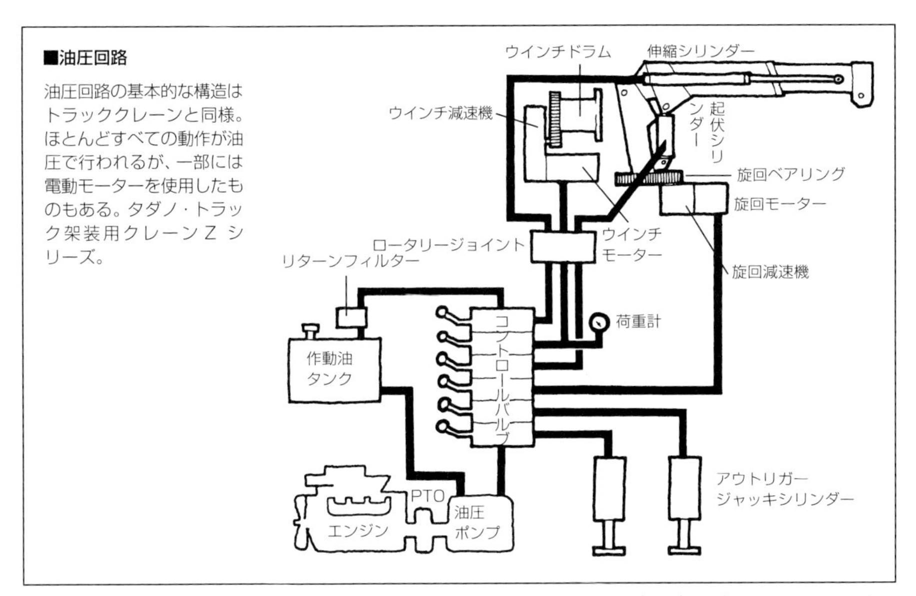

■油圧回路

油圧回路の基本的な構造はトラッククレーンと同様。ほとんどすべての動作が油圧で行われるが、一部には電動モーターを使用したものもある。タダノ・トラック架装用クレーンＺシリーズ。

ている。起伏シリンダーの接続点をブームの支点より離せば離すほど，テコの原理で起伏シリンダーにかかる負担は小さくなるが，それでは旋回した際に鳥居に干渉しやすくなり，クレーンのためのスペースも大きくなってしまう。そのため，ほとんど旋回ポストに沿うようなかたちで起伏シリンダーが配されている。ブームの根元にもカーブをつけるなどの工夫を凝らして，鳥居との干渉を防ぐようにしている。

そのほか巻き上げ装置，ブーム起伏装置，ブーム伸縮装置，旋回装置，アウトリガー装置の構造は，汎用シャシー架装のクレーンと基本的にはかわらない。動力源にも一般的にはトランスミッションPTOが使用されるが，PTOが用意されていない一部の小型車用のなかには電動モーター駆動のものもある。この場合，車両のバッテリーの電力が使用され，電動モーターで油圧ポンプを駆動し，その油圧で旋回やブームの伸縮，起伏を行う。巻き上げ装置に関しては，油圧ではなく電動モーターが使われることもある。そのほかの各種装置の油圧回路は，ほとんどトラッククレーンと同様だ。

ブームは，格納時に車輛全長内に収めなければならないため，6段といった段数の多いものもある。これにより，格納時にはブームの長さが3.65mでありながら伸ばせば14mを超えるものや，格納時3.85mでありながら15mを超えるものもある。こうしたブームの段数や格納時の長さは，さまざまな全長のトラックがあり，ユーザーが求める使用時のブームの長さも異なるため，各種の長さ，段数のものがラインナップされている。

油圧で伸縮が行われるブームがほとんどだが，小型車用で吊り上げ荷重0.5トン未

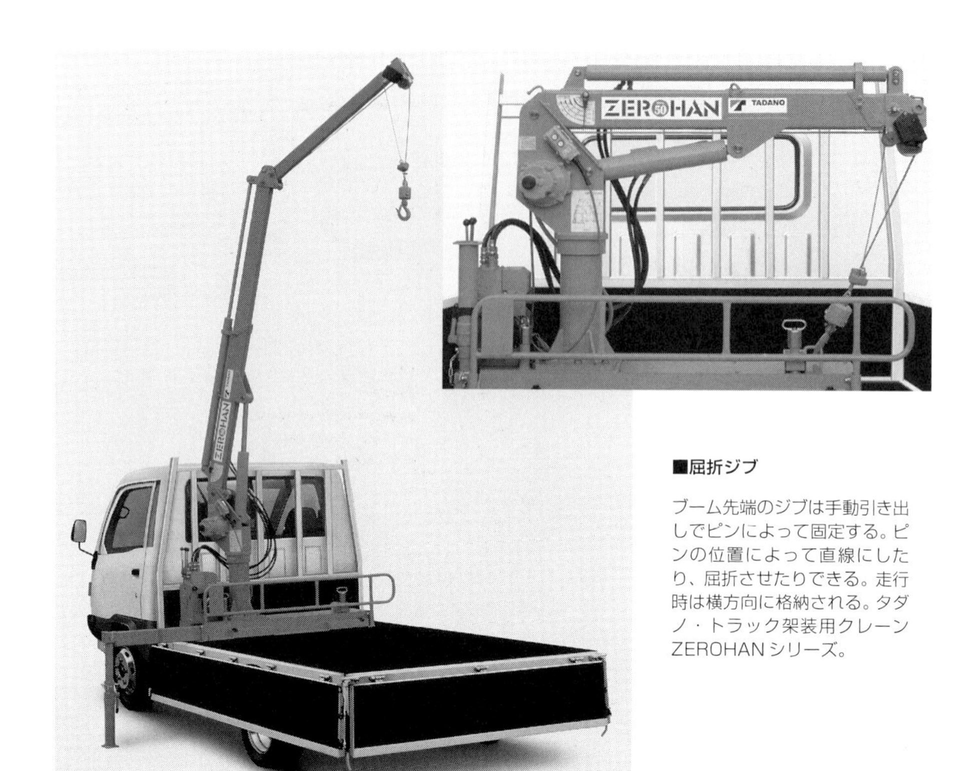

■屈折ジブ

ブーム先端のジブは手動引き出しでピンによって固定する。ピンの位置によって直線にしたり、屈折させたりできる。走行時は横方向に格納される。タダノ・トラック架装用クレーンZEROHANシリーズ。

満の小さなクレーンのなかには，トップブームが手動引き出しのものもある。手で引っ張って引き出したうえで，根元の部分をピンで固定して使用する。

また，こうした小型車用のもののなかには，屈折ジブを加えているものもある。ジブとは伸縮ブームの先端に付加的に加えられたバー（アーム）で，屈折ジブの場合は，根元の部分で折り曲げることができる。折り曲げられるとはいっても屈折シリンダーで自在に曲げられるものではなく，伸縮ブームに対して直線的な状態と，少し折り曲げた状態の2段階を，ピンを差すことで切り替えられている。こうした小型車用の伸縮ブームの場合，すべて伸ばした状態でも，あまり長くはない。そのため，ブームを高く上げると，吊り下げた荷がブームに触れて，いわゆる，ふところがないという状態になってしまう。このふところをかせぐために屈折ジブが加えられている。先端付近で折り曲げることで，吊り下げた荷がブームに触れにくくなる。

一般的なクレーンの場合には，進行方向に沿った形で格納されるが，こうしたタイプの場合には，短く折り曲げることで，小型車の車両幅に収まるように，横方向に格納されることもある。

■荷台内架装クレーン

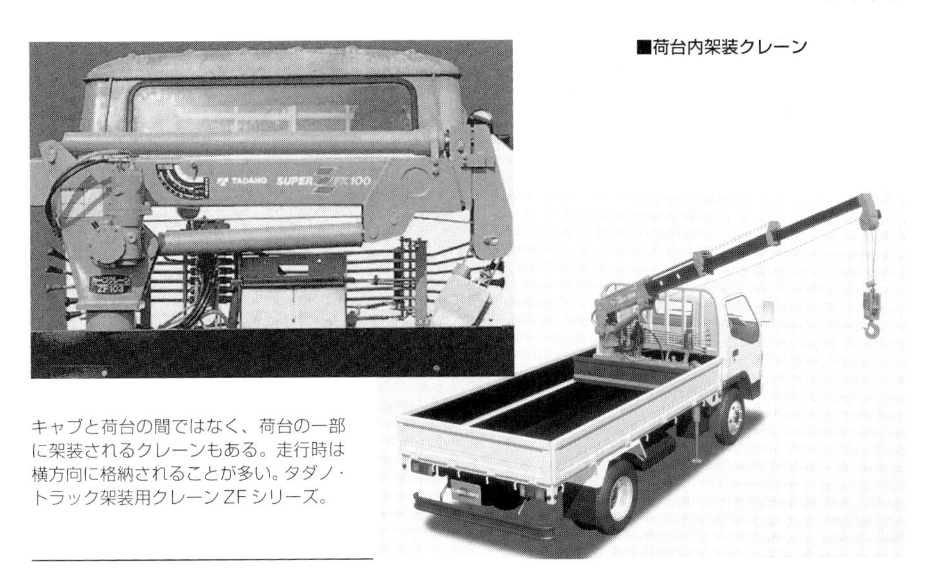

キャブと荷台の間ではなく、荷台の一部に架装されるクレーンもある。走行時は横方向に格納されることが多い。タダノ・トラック架装用クレーンZFシリーズ。

このほか，荷台とキャブの間ではなく，荷台の最前方にクレーンが架装されることもある。こうしたタイプを荷台内架装と呼ぶが，この場合も横方向に格納される。

進行方向に沿って格納される一般的なクレーンの場合，前向きと後ろ向きで固定することが可能だが，どちらかに決めたうえで車検・登録を行う必要がある。なお，前方格納の場合，基本となる車両の最前部より1mまでしか突き出しが認められない。各クレーンは，格納時にこの範囲内に収まるように設計されている。

積荷のことを考えれば，前方格納のほうが効率がよいといえるが，ハンドルが重くなったり，狭い路地などの走行時に前方の張り出しが邪魔になるといったデメリットもある。また，クレーンの重心位置で積載量が増減する。そのため，前向き格納は約2割程度で，多くは後ろ向き格納で登録される。なお，特殊な例としてはフェリーに乗る可能性がある車両では，後方格納で登録されることが多い。これは，フェリーの料金が車両の全長で決定されるためだ。

巻き上げ装置は，1個の巻き上げドラムが油圧モーターで駆動される。複数のドラムを備えることは少ない。フックブロックは，吊り上げ荷重は小さいがサイクルの速い作業に適している1本掛けから，重量物に対応した4本掛けや6本掛けなどさまざまなものがある。

一般的にはブームを伸ばすと，ブームの部分のワイヤーロープが長くなるため，ブーム先端からフックまでのワイヤーロープが短くなる。操作を誤ると，フックブロックがブームヘッドに当たって，ワイヤー切断を起こすこともある。これは巻過防止装置で防がれているが，フックに吊られている荷物がブームに当たることもある。

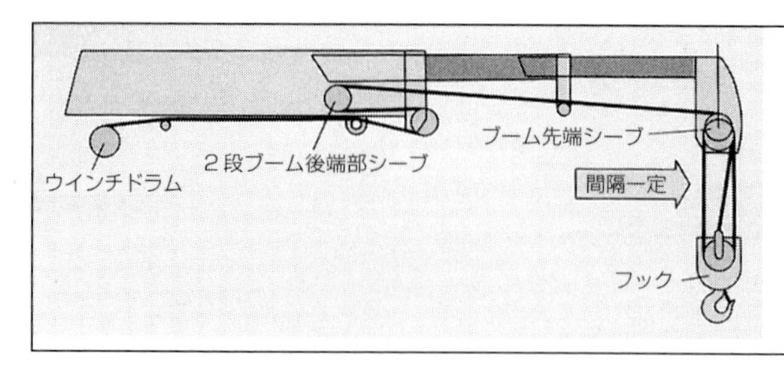

■フック平行移動機構

ブームを伸ばしていっても、途中でワイヤーロープを支えている2個の滑車の距離がかわり、ウインチには関係なくワイヤーが余分に引き出されることになるので、フックとブームヘッドの距離が変化しない。新明和工業CBクレーンのオートフック。

こうしたトラブルを解消するためにフック平行移動機構も開発されている(ブームに対してフックが平行に移動)。メカニカルに実現されているもので，ワイヤーロープ式のブーム伸縮装置の機構を応用している。さらに油圧機構で平行移動を実現したシステムも登場してきている。

最近では，走行中にフックブロックなどがブラつくことを防止するために，フックイン機能を備えていることもある。巻過防止装置によって，フックブロックがブーム

■フックイン機構

巻過防止装置で停止した位置よりもさらにワイヤーロープを巻き上げると、フックがブームに沿って倒れ込み格納される。タダノ・トラック架装用クレーンZシリーズ。

■手動式アウトリガー

手動で張り出しを行い、ピンによってジャッキの長さを固定したうえで、手動で固定するアウトリガー。

ヘッドに近づくと巻き上げが停止されるが,この位置からさらに低い油圧で巻き上げが続けられる。するとフックブロックがブームヘッドに当たるが，その当たった位置と，ワイヤーロープの位置がずらされているため，さらに巻き続けると，フックブロックはブームヘッドに当たった位置を支点にして倒れ,ブームに沿って格納される。

アウトリガーは,大型車用ではトラッククレーン同様に箱型のジャッキが備えられることもあるが,円筒のシリンダータイプのものが多い。ジャッキには油圧が使用されるが，張り出しに関しては手動のこともある。吊り上げ荷重0.5トン未満の小型車用ではジャッキも手動で，ピンで脚の長さを固定するタイプもある。

小型車用では，横に張り出してから下に伸びるアウトリガーではなく，シャシーフレームから斜め外側に油圧シリンダーが伸びる斜め張り出しアウトリガーもある。張り出し部分がないため大きく張り出させることはできないので,当然それに応じた能力のクレーンが架装される。

また，アウトリガーは，前2脚のものが基本だが，さらに安全性を高めるために車両後方にリアアウトリガーを加えることもある。H形やX形ではトラックとしての使用の障害になってしまうため，回転格納式のアウトリガーが使用される。片側ずつ独立したもので,非使用時には油圧シリンダーをシャシーフレームに沿った状態に折り畳むことができる。

操作部に関しては，操作用のキャビンがないため，旋回ポストの側面に操作レバーが縦一列にまとめて配されている。操作レバーは左右両側にまったく同じものが備えられていて，現場の状況に合わせてどちら側からでも操作できるようになっている。操作部付近には，表示パネルなども配されている。

各種安全装置もトラッククレーン同様に装備されている。トラッククレーンに比べれば安定が悪く，さらに積荷が荷台にある状態では，その重量で車体が安定しているが，その荷を吊り上げてブームを旋回させると，急に安定が悪くなる。そのため，トラッククレーン以上に安全に対する配慮が行われている。

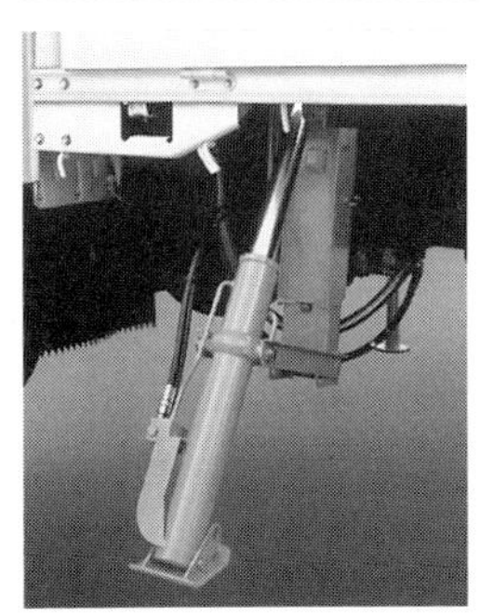

■斜め張り出し式アウトリガー

クレーンの能力が低い場合に採用されることもある斜め張り出し式アウトリガー。油圧シリンダーが斜め外側に張り出すので、ある程度の面積を確保できる。

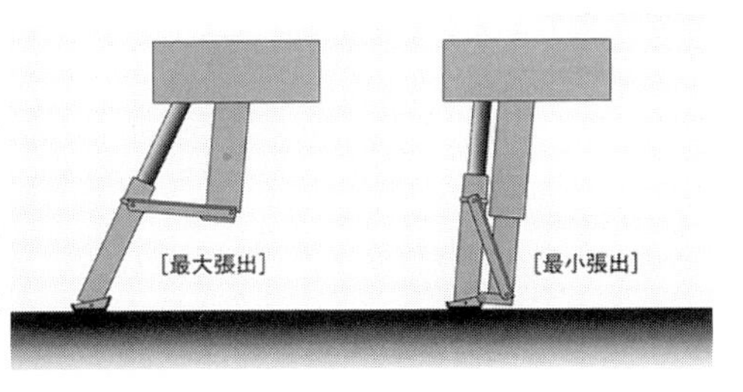

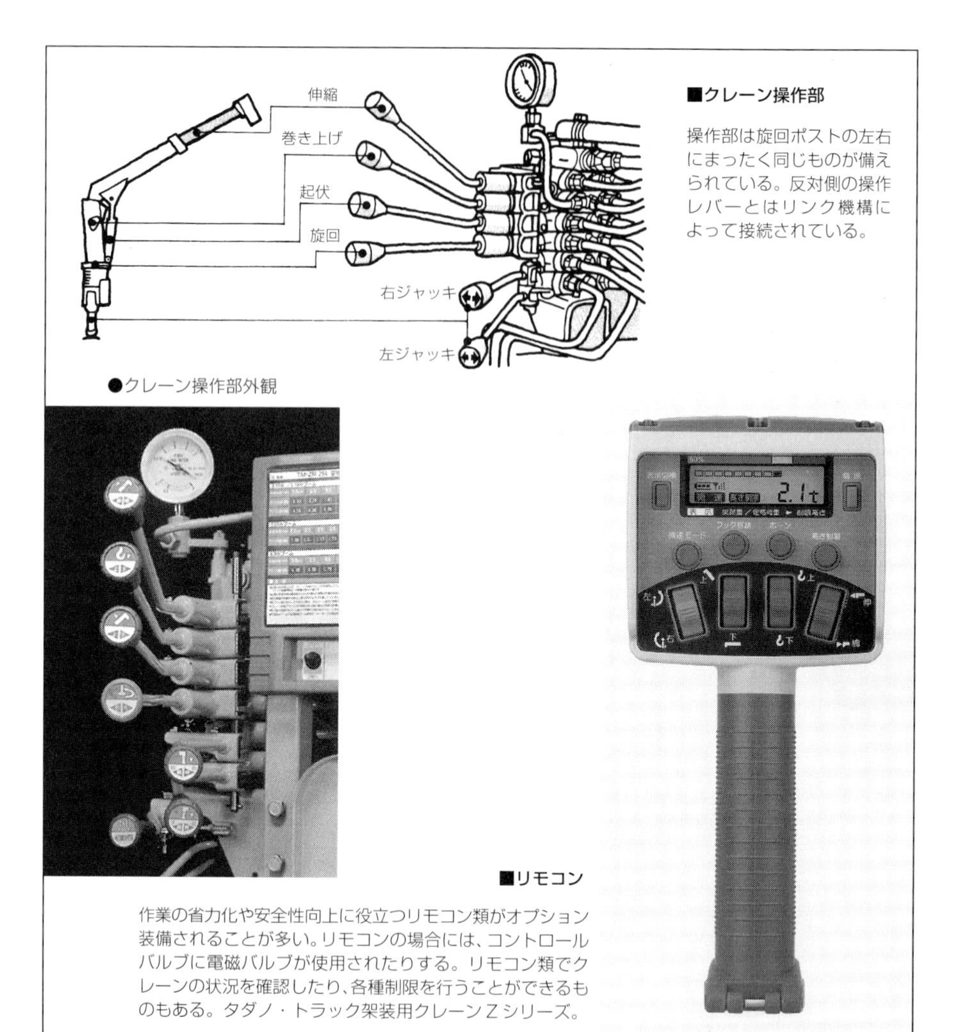

■クレーン操作部

操作部は旋回ポストの左右にまったく同じものが備えられている。反対側の操作レバーとはリンク機構によって接続されている。

●クレーン操作部外観

■リモコン

作業の省力化や安全性向上に役立つリモコン類がオプション装備されることが多い。リモコンの場合には、コントロールバルブに電磁バルブが使用されたりする。リモコン類でクレーンの状況を確認したり、各種制限を行うことができるものもある。タダノ・トラック架装用クレーンZシリーズ。

最近ではワイヤードのリモコンや，ワイヤレスのラジコンがオプションとして用意されていることも多い。クレーン作業では，荷に玉掛けを行い，それから吊り上げを行うことになるが，これをひとりで行う場合，クレーンの先端に行ったり，操作部に戻ったりといった作業を繰り返さなければならないが，リモコン類であれば移動の手間を省くことができる。また，効率を高めるためには，同乗者のひとりは玉掛け作業，ひとりはクレーン作業をする必要があったが，リモコン類があればひとりでも効率的に作業することができる。これらのメリットによって，リモコン類は人気が高い。

■クレーン付きセルフローダー

クレーンのアウトリガーをロングジャッキとすることでセルフローダーを実現している。1 台で吊る、積む、運ぶの 3 役をこなすことができる。タダノ・セルフクレーン。

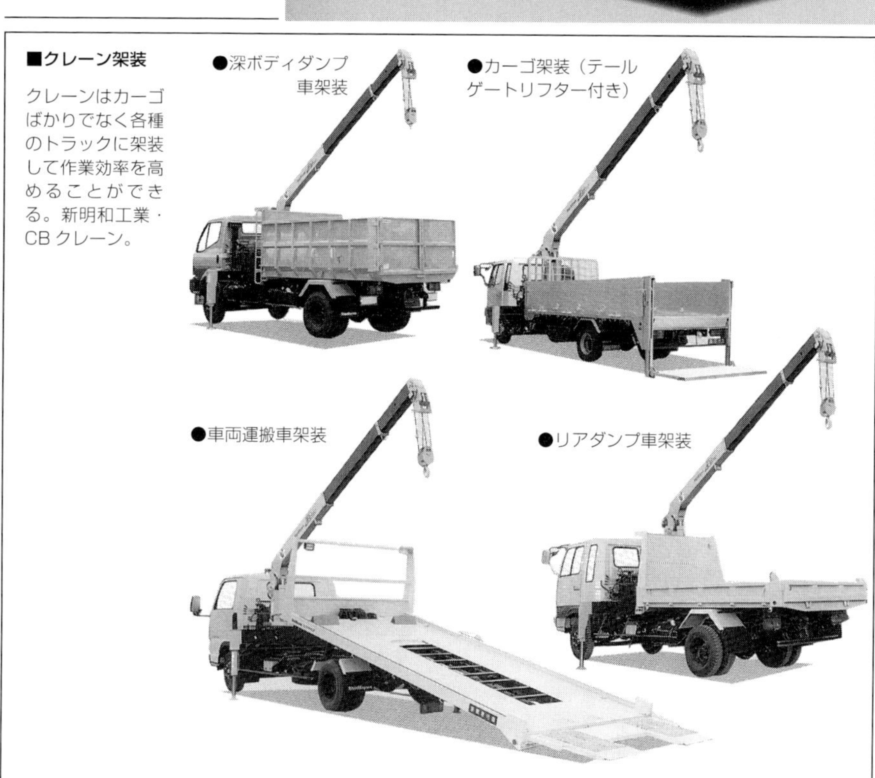

■クレーン架装

クレーンはカーゴばかりでなく各種のトラックに架装して作業効率を高めることができる。新明和工業・CB クレーン。

また，リモコン類は安全装置の一種といえる。吊った荷の状況をしっかり確認しながら作業することができ，もしもの際にもクレーンから離れた位置で作業しているので，安全である。ラジコンには微弱電波のほか，特定小電力を使用したものもある。

リモコン類では，動作状況の確認や各種設定が行えるものもある。

クレーン付きトラックの一部には，荷台を傾斜させられるセルフローダー機能を備えたものもある。セルフローダーとすることで，荷台は建機運搬に使えるようになる。セルフローダー機能は，アウトリガーの垂直シリンダーのストロークを長くすることなどで実現できるので，クレーン付きトラックから比較的小幅な仕様変更で済む。こうすることで，現場までは建機運搬に使用し，現場ではクレーンとして使用できる利用価値の高い車両となる。

こうした仕様のアウトリガーをロングジャッキと呼ぶこともある。ロングジャッキの場合，ジャッキアップ時に操作部が非常に高い位置になってしまうので，リモコンで操作されることが多い。

クレーン付きトラック用のクレーンが，ダンプトラックに架装されることもある。積載量は減ってしまうことになるが，これも現場での利用価値の高い車両となる。

クレーン付きトラック用のクレーンの生産台数を平成10年の実績で見てみると，1万3000台を超えている。そのうち，小型車用が約38％，中型車用が約50％，大型車用が約11％となっている。大型トラックの場合，大量輸送が主に使われる用途で，荷役環境も整っていることが多いため，クレーン付きの需要は少ないといえる。そのため機動性が重視される中小型への架装が中心となる。業種別では，造園，土木建築，石材，機械リース，運輸といったところでトラック付きクレーンが活用されている。

■ローダー付きトラック

ローダー付きトラックはクレーン付きトラックに類するものといえる。興味のない人にとってはクレーンとローダーの区別がつけられないかもしれない。法的にも日本ではクレーン付きトラックと同様の扱いを受けている。日本では9割以上がクレーンでローダーは少ないが，海外ではクレーンよりもローダーが主流ともいえる。

■ローダー付きトラック

タダノのローダー付きトラック・タフローダTF-764T。屈折ブームの先端に油圧が導かれ、各種作業を行うことができる。トップシート仕様で旋回ポスト上に運転席がある。

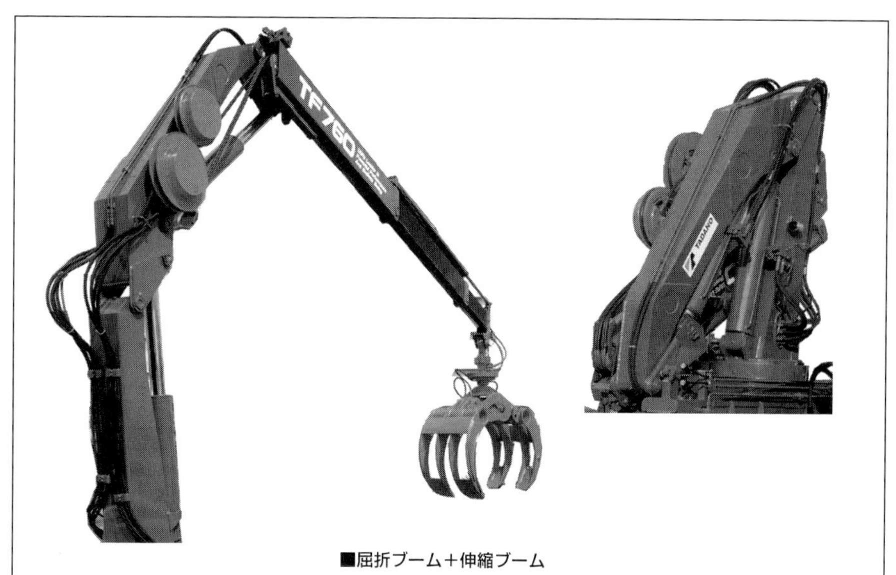

■屈折ブーム＋伸縮ブーム

屈折シリンダーと起伏シリンダーでさまざまな形状に折り曲げることができる。先端の伸縮ブームは3段式で、各段に伸縮シリンダーが備えられ、それを縮めると、コンパクトに格納される。タダノ・タフローダTF-764。

ローダーはクレーンとほぼ同様の構造を備えているが，伸縮ブームではなく屈折ブームが基本となる。屈折ブームを折り曲げる仕組みは，クレーンのブーム起伏装置と同じだ。2本のブームのそれぞれの中点に屈折シリンダーが接続され，油圧シリンダーの伸縮によって，2本のブームが作り出す角度が変化する。架装物の場合，格納時の長さが制限を受けるため，屈折ブームだけでは充分な長さが確保できないことが多いので，さらに伸縮ブームも併用されていることが多い。格納時には伸縮ブームを格納し，屈折ブームを折り畳み，キャブ後方にコンパクトに収められる。

クレーンであれば巻き上げ装置が必要になるが，ローダーでは巻き上げ装置はなく，かわりにブーム先端まで油圧が導かれている。この油圧によって，先端に取り付けた各種アタッチメントを作動させる。

アタッチメントには多種多様なものがあり，グラップル類であればものをつかむことができ，バケット類であればものをすくうことができる。こうした，つかんだりすくったりの作業をするために，車両より低い位置までブーム先端を下ろせるようになっている。深さ数mといった位置まで下げられるものも多い。

アタッチメントを交換すれば，各種の作業に対応することが可能ではあるが，ほとんどの場合，ユーザーの業種の作業内容に応じたアタッチメントが装着されたままで交換されることは少ない。専用作業用としてローダーが使用されることが多く，林業

■ローダーの構造

166ページの図と比べてみれば積載形のクレーンとローダーの基本構造がよく似ているのが分かるはず。ブームが屈折式で，巻き取り装置を備えていないかわりに、ブーム先端まで油圧が導かれている。

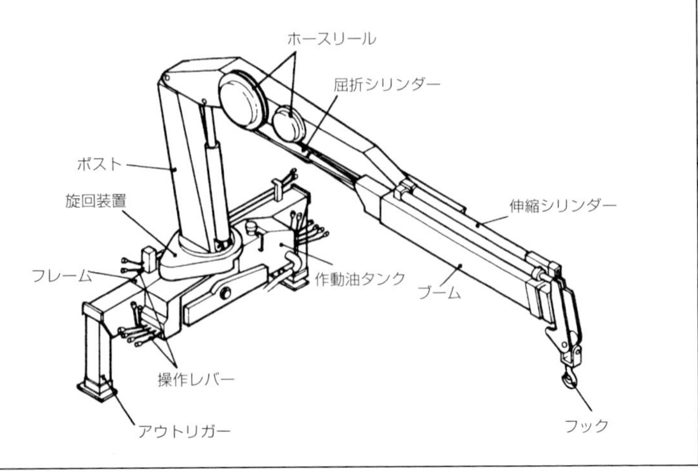

の材木運搬やスクラップの運搬などで使用される。

クレーン付きトラックでは，運転席が用意されていないが，ローダーでは運転席を旋回ポスト上に設けていることも多い。これは専用作業を効率よく行うためのものといえる。高い位置から見たほうが，作業状況を見やすく効率が向上し，安全でもある。さらに，クレーンであれば，玉掛けとクレーン作業を交互に行う必要があるため，運転席を設けてしまうと，移動のためにかえって作業が面倒になってしまうが，ローダーであれば玉掛け作業は必要なく，グラップル類やバケット類で対象物をつかんだ

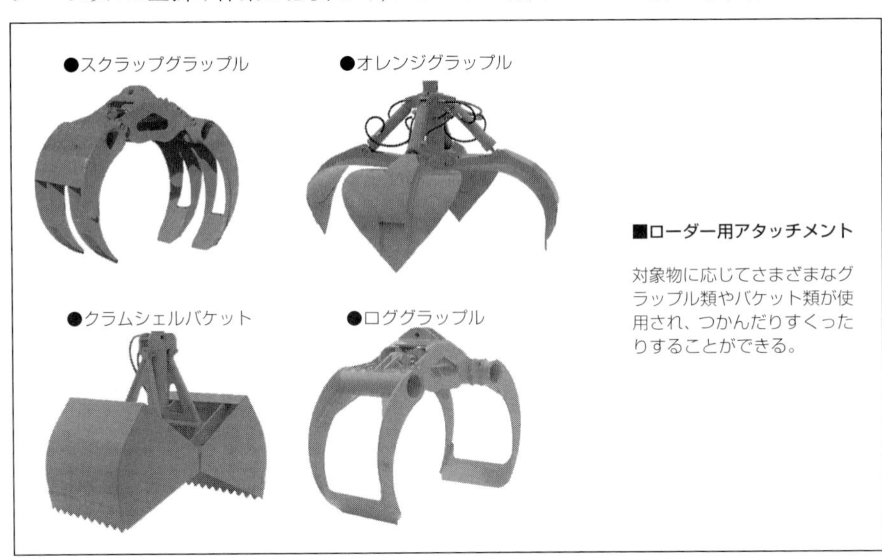

■ローダー用アタッチメント

対象物に応じてさまざまなグラップル類やバケット類が使用され、つかんだりすくったりすることができる。

■ローダーの運転席

旋回ポスト上にローダーの運転席が設けられることもある。高い位置から作業を見ることができるので、視認性が高い。タダノ・タフローダ・トップシート仕様。

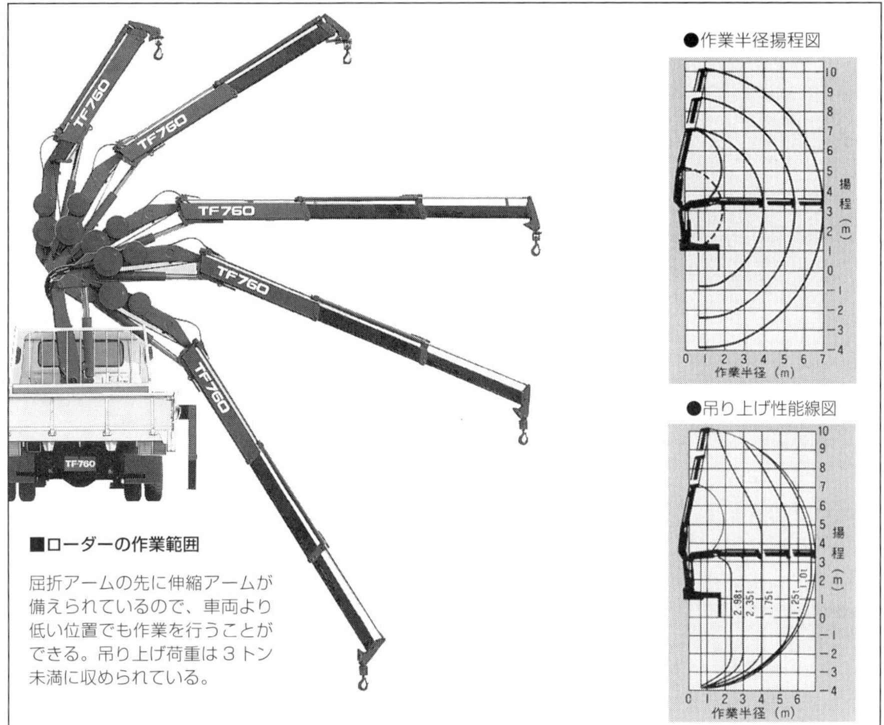

■ローダーの作業範囲

屈折アームの先に伸縮アームが備えられているので、車両より低い位置でも作業を行うことができる。吊り上げ荷重は３トン未満に収められている。

りすくったりするという作業形態であるため，運転席から移動せずに作業を続けることができる。

ローダーの場合でも，先端のアタッチメントをフックにすれば，クレーンとしても使用できる。巻き上げ装置は備えていないが，屈折ブームの機能によって，ブームの先端を地面まで下ろすことができるので，フックに取り付けられたものを，折り曲げシリンダーや起伏シリンダー，伸縮シリンダー及び旋回装置によって，目的の位置に運ぶことができる。

ローダーはクレーンとしても使えることになるので，クレーン同様の運転資格が必要となる。吊り上げ荷重も，クレーン付きトラックと同様の理由で，3トン以下に収められているものがほとんどだ。

■軌道兼用トラッククレーン

鉄道の線路や架線に関する作業でも，クレーンが必要とされることがある。鉄道車両をベースにクレーンを架装することも考えられるが，線路という限られたルートし

■軌道兼用トラッククレーン

タダノの軌陸両用トラッククレーンTS-75M。トラックとしての走行に加えて、鉄道のレールを走行することもできる。軌道走行用の鉄輪が見える。図版では軌道進入のための転車台が車両中央のシャシーフレーム下に見える。

※東洋車輌（株）

■転車台

踏切に進入して停車したら、転車台で車両を浮かし、軌道の進行方向に回転する。この状態で鉄輪を下ろし、転車台を上げれば、軌道走行が可能となる。タダノ・軌陸両用トラッククレーンTS-75M。

❶踏切から軌道内に入れます。

❷転車台で車両を浮かします。

❸進行方向に回転させます。

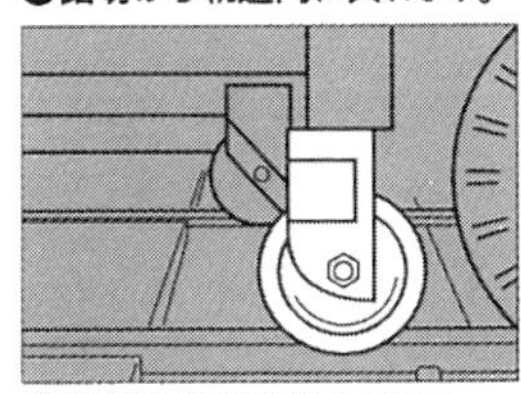

❹前後の鉄輪を降ろします。

❺転車台を上げて載線作業終了。

か走行できないのでは機動性に乏しく，線路から外れた場所では使用できない。そのため，トラッククレーンに軌道（レール）走行の機能を備えたものが開発され，軌道兼用トラッククレーンや軌陸両用トラッククレーンと呼ばれる。軌道兼用トラッククレーンでは，通常のトラッククレーンの装置類に加えて，転車台，軌道走行用鉄車輪が加えられている。

トラッククレーンが軌道に進入できる場所は限られていることが多く，一般的には踏切部分から進入する。この際，状況によっては直角に曲がって軌道に進入することは難しい。そこで転車台が利用される。転車台は，車両の中央で重心に近い位置に配された太い油圧ジャッキで，これ1本で車両全体を持ち上げることができる。転車台にはさらに360度回転できる旋回機構も組み込まれているので，クルマを軌道の進行方向に手動で回転させることができる。

鉄車輪は，前後に2組用意されている。転車台によって，鉄車輪と軌道の位置が合ったら，油圧シリンダーによって鉄車輪を下ろし軌道に接触させ，転車台を格納する。鉄車輪は前後ともに非駆動輪だが，この状態で車両の駆動輪である後輪（ダブルタイ

■鉄輪

油圧シリンダーで出し入れが行われるが、下方向には自由に動ける範囲が設けられ、脱輪を防いでいる。タダノ・軌陸両用トラッククレーンTS-75M。

■脱輪復旧装置

クレーン作業中にもし脱輪してしまっても、アウトリガーで車両を持ち上げた状態で、車両を左右にズラすことで復旧させることが可能だ。タダノ・軌陸両用トラッククレーンTS-75M。

ヤの内側）も軌道に乗るので，軌道上を走行することが可能となる。

軌道走行中には，踏切通過時などにタイヤの接地面が高くなってしまうこともある。そのままでは脱輪してしまうので，後鉄車輪のフレームは，上下に自由移動できる範囲が備えられている。タイヤの接地面が高くなると，その分だけ鉄輪が下がり，レールとの接触を保持して脱輪を防止している。減速・停止のための制動装置は，鉄車輪にも備えられていて，軌道上では車両の後輪（2輪）と鉄車輪（4輪）で制動を行うことができる。

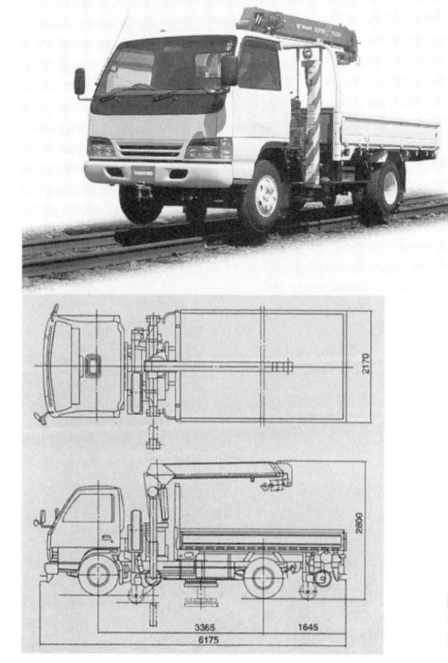

■軌道兼用クレーン付きトラック

タダノの軌陸両用カーゴクレーンZF-290シリーズ。クレーン作業が行えるのはもちろん現場まで資材を運搬することも可能だ。

※東洋車輌（株）

アウトリガーに関しては，通常のトラッククレーンよりストロークの長いものが採用される。車両のタイヤが軌道上にある場合，アウトリガーの先端はさらに低い位置で車両を支えなければならないためだ。また，クレーン作業中には，車両に荷重がかかり脱線(脱輪)を起こすこともあるが，こうした際に軌道上に戻すための脱輪復旧装置を備えていることもある。アウトリガーの能力を利用したもので，ジャッキで車両を浮かせた状態で，アウトリガーの張り出し機構を左右に移動させる。これによりジャッキの脚の位置は同じまま，車両の位置をズラすことができるので，軌道に鉄車輪の位置を合わせることができる。

クレーン付きトラックのなかにも，軌道兼用のものがあり，資材運搬とクレーン作業を同時に行えるようにされている。

■穴掘り建柱車＆穴掘り杭打ち車

土木建築では，柱状のものを地面に建てたり，地面に深く入れて基礎とする作業が

■穴掘り建柱車

タダノの穴掘り建柱車、ポールセッターDT-720。4トン車クラス架装で、最大5.2mの掘削深さを実現。3段ブームで14mの最大地上揚程、2.9トンの吊り上げ能力を備えている。

発生することがある。こうした作業に使われるのが，穴掘り建柱車と穴掘り杭打ち車だ。トラッククレーンの発展形のひとつといえる。たとえば，電柱を建てる場合，地面に穴をあけ，その穴に電柱を吊り上げて真っ直ぐに下ろすという作業が必要になるが，この作業で穴掘り建柱車が使われる。基礎のためにさらに深く柱を打ち込む作業が必要な場合には，穴掘り杭打ち車が使われる。

汎用のキャブ付き完成シャシーをベースにされた穴掘り建柱車や穴掘り杭打ち車の場合，一般的に最大積載量4トン車クラスまでが使用される。これにより車両総重量を8トンに収め，普通免許でも運転できるようにしている。これ以上の能力が求められる場合には，汎用シャシーが使用されることが少ない。

これらの穴掘り建柱車や穴掘り杭打ち車では，同じく汎用シャシー架装のトラッククレーンの機能をすべて備えている。巻き上げ装置，ブーム起伏装置，ブーム伸縮装置，旋回装置，アウトリガー装置のほとんどすべて油圧式で用意されている。このクレーン機能によって，杭を吊り上げ，穴のなかに収めることができる。クレーンの機能を備えているので，トラッククレーン同様に労働省令の移動式クレーン構造規格の適用を受けるが，吊り上げ荷重3トン未満のものは手続きが簡単なため，吊り上げ荷重は3トン未満に収められた2.9トン前後のものがほとんどだ。

また，電柱などのように吊り上げが必要な杭の長さはある程度決まっているので，最大積載4トン車クラスの場合，12～14m程度まで伸縮できるようにされているものが多い。

穴掘りにはアースオーガが使用される。大型の穴掘り用建機では，アースドリルや穿孔機などさまざまな方式があるが，穴掘り建柱車ではアースオーガが一般的だ。

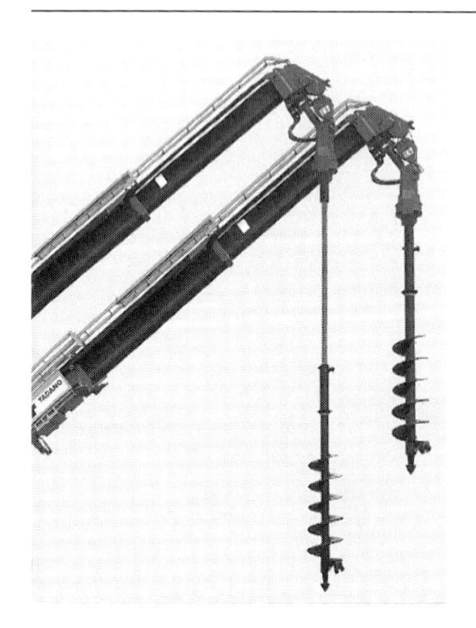

■アースオーガ

上端には油圧モーターが備えられ、らせん状のオーガスクリューで地面を掘ることができる。必要に応じてオーガ延長シャフトで全長を長くすることができる。タダノ・ポールセッター。

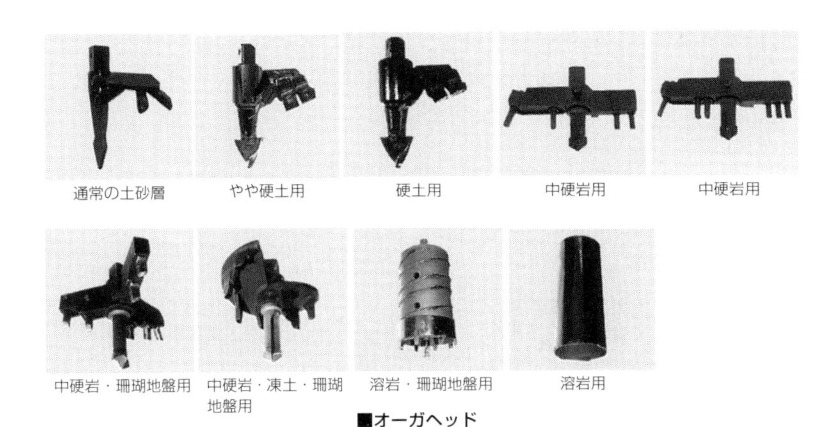

通常の土砂層　やや硬土用　硬土用　中硬岩用　中硬岩用

中硬岩・珊瑚地盤用　中硬岩・凍土・珊瑚地盤用　溶岩・珊瑚地盤用　溶岩用

■オーガヘッド

オーガヘッドにはさまざまなアタッチメントが用意されている。これを付けかえることで通常の土砂や硬土、中硬岩、凍土、溶岩、珊瑚地盤などさまざまな土質や地盤を掘削することができる。タダノ・ポールセッター。

オーガ(auger)とは英語でらせん状の錐のことで，らせん状のオーガスクリューとオーガヘッドで構成される。穴掘り能力を大きく左右する先端のオーガヘッドは，歯先が交換可能とされていて，穴を掘る地盤や土質に応じて，交換して使用することができる。オーガスクリューの部分は，オーガヘッドが掘った土砂などを，らせん状のコンベアとして穴の外へ運び出す役割をする。アルキメデスのポンプとして作用していることになる。

このアースオーガを作動させるために，ブームの先端には油圧が導かれている。またブーム先端にはアースオーガのユニットが取り付けられるようになっていて，アースオーガを固定したうえで，油圧をユニットに導く。この油圧によってプランジャー式などの油圧ポンプを駆動し，プラネタリーギア式などの減速機を介してアースオーガを回転させている。ブームの起伏シリンダーを利用して，アースオーガに荷重をかけることで，掘削が行われる。汎用シャシー架装の穴掘り建柱車では，5m程度の深さまで掘れるものが多い。ブームの長さにもよるが，作業回転半径は10mを超えているものが多い。

アースオーガのユニットは，伸縮ブームを格納した状態で，ワイヤーなどでブーム側に折り曲げられ，格納場所に収めることができる。アースオーガを外し，クレーンとして使用する際や，走行時には，この位置に格納される。ブームをもっとも短くした状態で，アースオーガのユニットとブーム先端の取り付け部分が近接しているので，簡単に脱着することができる。

操作部は，ブームの根元の側面や後方に設けられていることが多い。ここに各種操作レバーが集められ，作業を行うことができる。

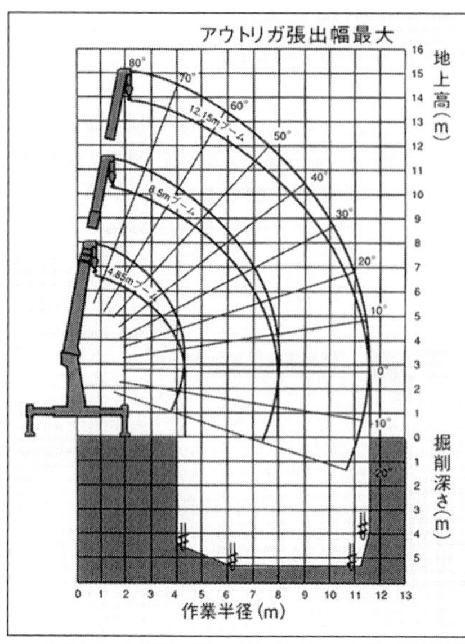

■作業範囲＆掘削作業範囲

タダノ・ポールセッターDT-720の作業範囲と掘削作業範囲。14mの地上揚程度と5mの掘削性能がある。クレーンとしては360度の作業範囲が確保されているが、掘削作業範囲は車両後方180度とされている。

穴掘り杭打ち車の場合は，穴掘り建柱車の機能に加えて，杭打ち機能が備えられている。杭打ち機はパイルドライバーとも呼ばれ，懸垂式や直結式があるが，汎用シャシー可能の場合は，懸垂式パイルドライバーが採用される。ただし，同じ懸垂式杭打ち機にもさまざまな種類があり，車体は多くの場合，ボディメーカーではなく最終ユーザーが独自に選択して使用する。

懸垂式パイルドライバーの基本的な構造は，2本のレール（棒状）を備えたガイドをブームの先端に取り付け，ガイドの下端を杭にセットする。ガイドの2本のレールには，実際に杭を打ち込むハンマーがセットされていて，レールに沿って自由に上下動できる。このハンマーがクレーンのワイヤーロープに接続される。ハンマーを巻き

■穴掘り建柱車の運転席

穴掘り建柱車の運転席は、ブームの根元付近に備えられている。この部分からなら、アースオーガの先端を見ながら作業することが可能となる。タダノ・ポールセッター。

上げ装置で吊り上げた状態で，巻き上げ装置をフリーにすれば，ハンマーが重力によって自由降下し，杭を打ち込む。この巻き上げ，自由降下を繰り返して，杭の打ち込みが行われるため，穴掘り杭打ち車のクレーンの巻き上げ装置には，フリーフォールが必要となる。

ベースにされる車両は，普通免許で運転可能とするために，中型以下が大半。最大積載量4トン車クラスをベースにした場合には，穴掘り建柱用の架装だけで，車両総重量は8トン近くなってしまうため，そのほかのものを積載することはほとんど不可能となる。一部には現場など構内での移動用に，柱用の荷台と固定具が用意されていることもある。大型車クラスでは，現場まで電柱などを運搬することができる荷台を備えていることもあるが，この場合は大型免許が必要となる。

穴掘り建柱車や穴掘り杭打ち車で作業するにあたっては，クレーン車同様の運転資格に加えて，労働省の小型車両系建設機械（基礎工事用）に関する特別教育（穴掘くい打ち作業）の終了資格が必要になる。

穴掘り建柱車の平成10年の生産台数を見ると，全体で249台。そのうち小型が約39%，中型が約59%で，大型は1%にも満たない。大型クラスの作業が求められる場合には，パイルハンマーやアースオーガなど，大型の専用建機が使用される。

■高所作業車

電線や電話線などの架線工事，街路灯の補修，看板やネオンの取り付けや修理，歩道橋の補修など，高い場所での作業に使われるのが高所作業車だ。消防用のハシゴ車なども高所作業車の一種といえる。このうち特に電線に関する作業は活線作業と呼ぶ。

自走式の高所作業車には，クローラ（キャタピラ）式とホイール式，トラック式がある。基本的な分類方法は，自走クレーンと同じといえるが，ホイール式の高所作業車が公道を走行することはほとんどない。構内などでの使用や，作業現場までほかの車両で運ばれたうえで使用される。小型のものの中には，高い天井の電球交換など室内（建物内）で使われるものもある。

トラック式の高所作業車には，トラッククレーン用に製造された専用クレーンキャリアに架装するものもあるが，大半は汎用のキャブ付き完成シャシーに架装される。特に小型のものが多く，中型も多少はあるが，大型は数少ない。

高所を作り出すための構造には，伸縮式，屈折式，シザーズ式，垂直昇降式などがある。このうち，トラック式高所作業車では伸縮式が主流で，屈折式やシザーズ式は少なく，垂直昇降式はほとんどない。ホイール式高所作業車やクローラ式高所作業車では各種方式が採用され，シザーズ式や垂直昇降式も数多い。

伸縮式高所作業車は，基本的にはトラッククレーンと同じ構造で，巻き上げ装置が

■高所作業車
（バケットタイプ）

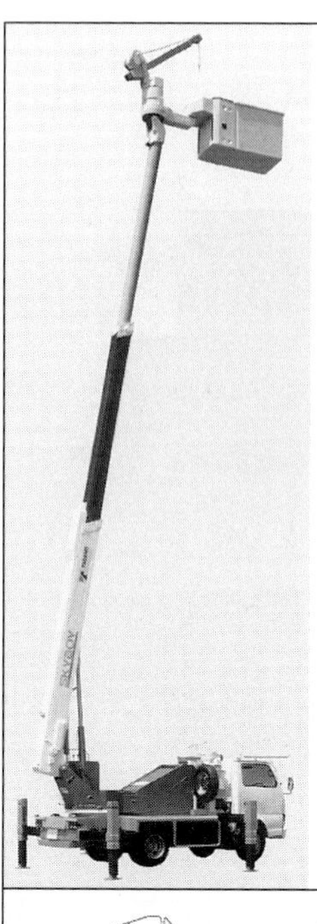

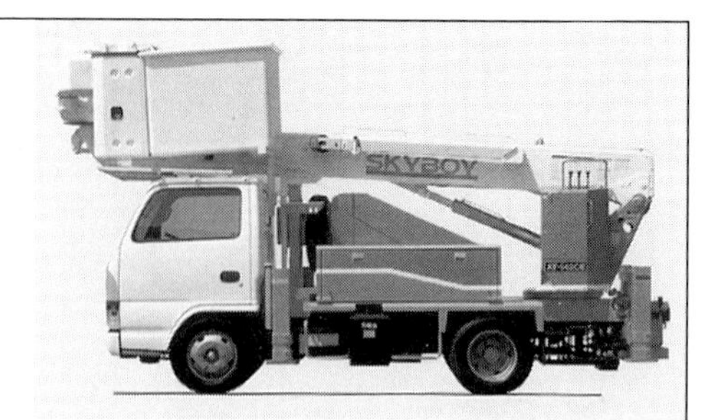

タダノの活線工事用高所作業車、スカイボーイAT-142CE。2.5～3トン車クラス架装で、14.1m（＋0.5m）の最大地上高を実現。活線に対応して3段ブームにはFRPが採用されている。

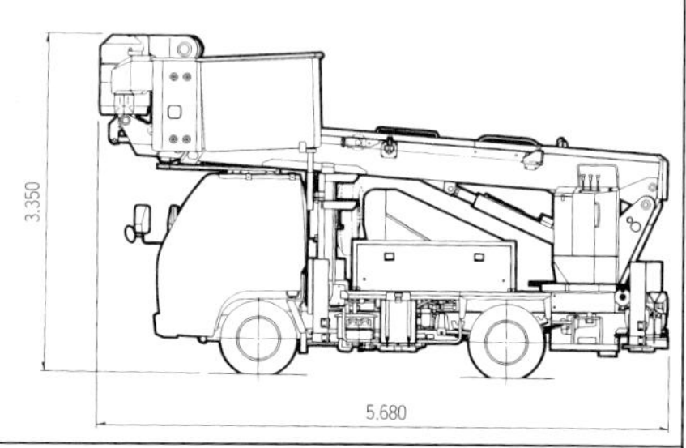

■高所作業車
（プラットホームタイプ）

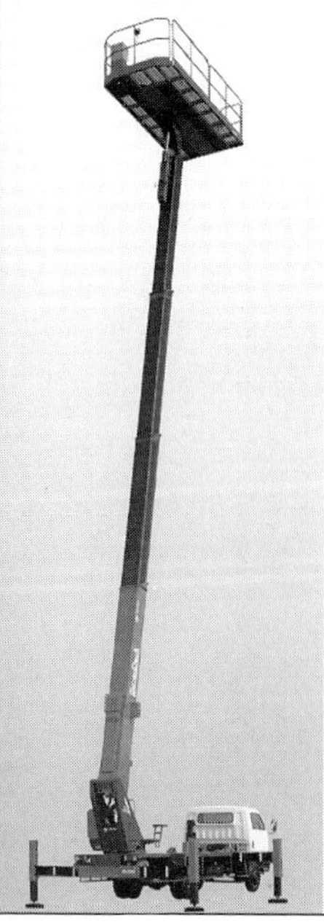

タダノの一般工事用高所作業車、スーパーデッキAT-200S。3.5トン車クラス架装で、19.7mの最大地上高。プラットホームの積載荷重は1トンとされている。

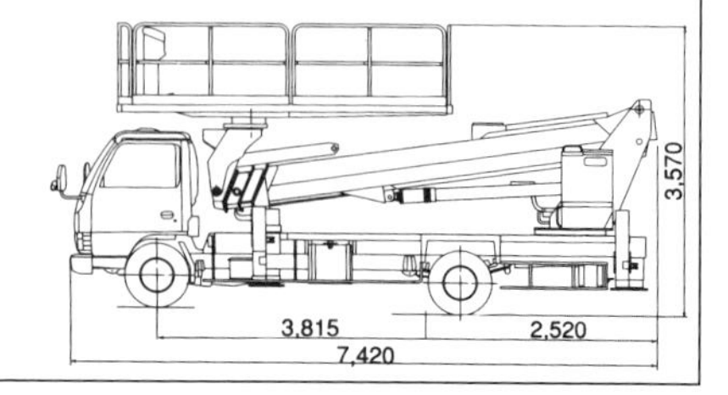

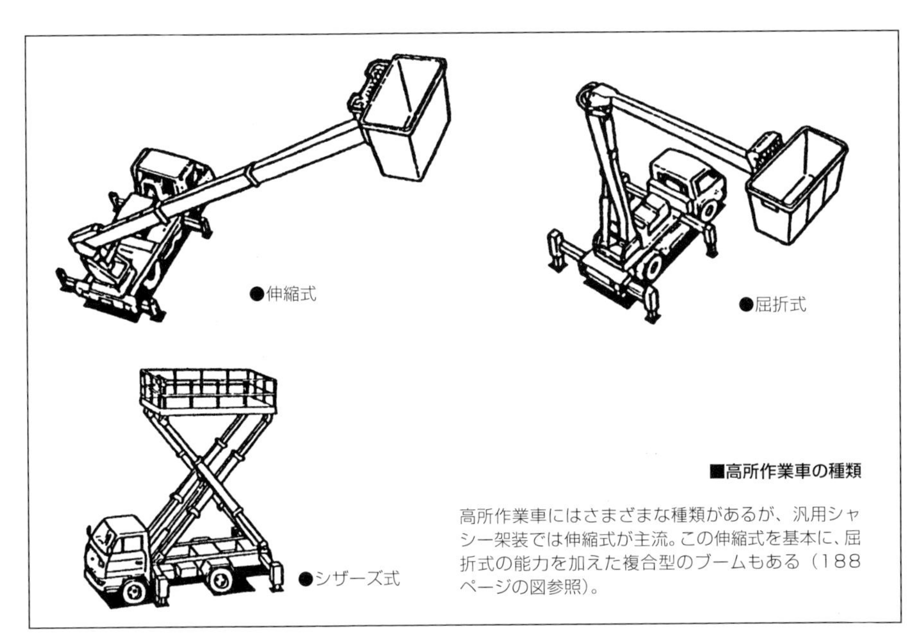

■高所作業車の種類

高所作業車にはさまざまな種類があるが、汎用シャシー架装では伸縮式が主流。この伸縮式を基本に、屈折式の能力を加えた複合型のブームもある（188ページの図参照）。

ないかわりに作業スペースである作業床が加えられる。汎用キャブ架装のものでは機械式はほとんどなく，多くが油圧式というのもトラッククレーンと同様だ。起伏シリンダーによってブームを起こし，伸縮シリンダーでブームを伸ばすことによって高所を作り出している。

高所作業車としての自由度を高めるために，さらに伸縮ブームの先端に折り曲げジブ（屈折アーム）を加えていることもある。先端付近で折り曲げることで，ふところが広くなり，用途によっては使い勝手がよくなるが，操作性が劣る。こうしたタイプ

■高所作業車の構造

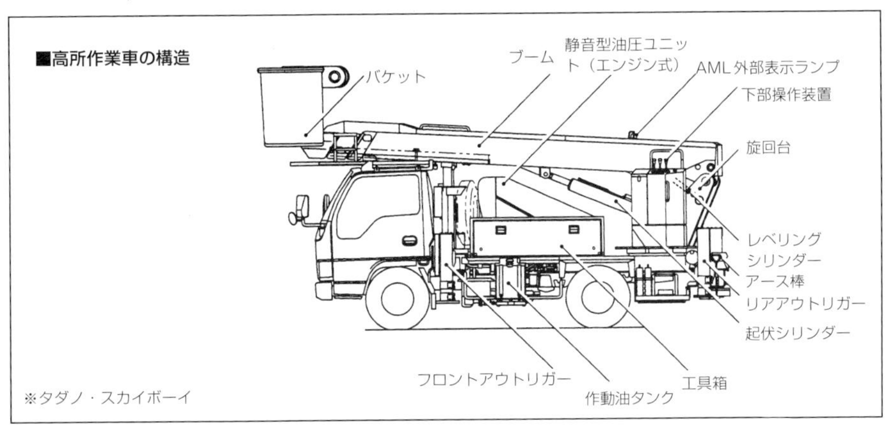

※タダノ・スカイボーイ

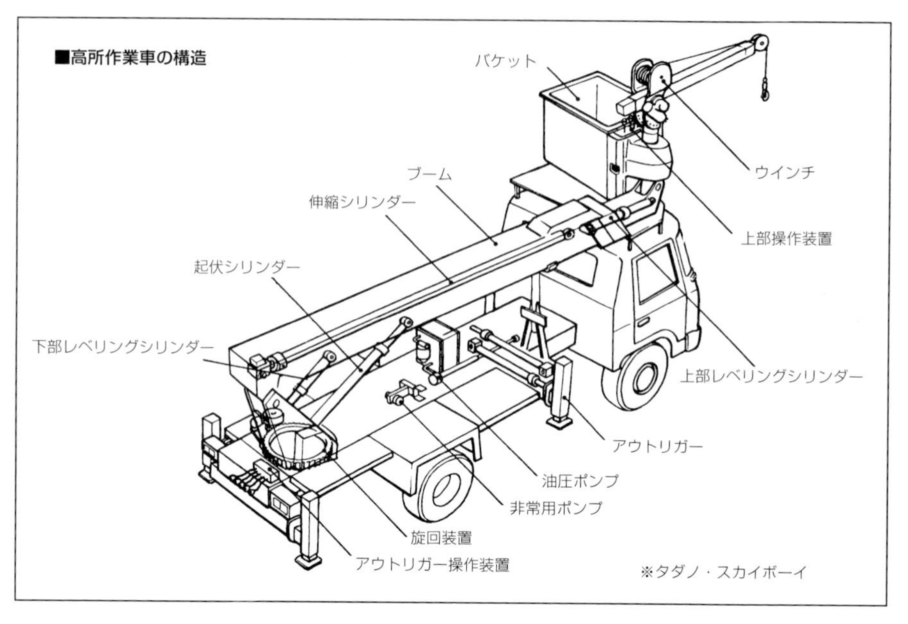

を複合式や混合式，併用式と呼ぶこともある。

ブームの構造もトラッククレーンと同様だが，活線作業用の高所作業車の場合，ブームを絶縁して作業の安全性を高めている。市街地でよく見受けられる100～200Vが配電されている電線での作業に使われる高所作業車の場合には，ブームの鋼板部分をFRPでおおったり，ブームそのものをFRPで作ったりしている。6000Vを超えるような高圧線での作業に使われる高所作業車では，FRP製ブームが採用される。

ブームの先端には，作業スペースとして作業床が取り付けられる。作業床には，1～2名の作業者が乗るためのバスケット式とバケット式，多くの作業者が乗れるプ

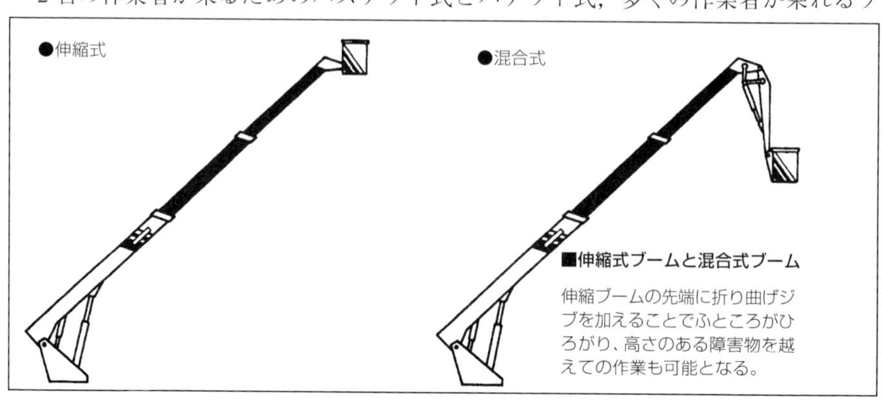

■伸縮式ブームと混合式ブーム

伸縮ブームの先端に折り曲げジブを加えることでふところがひろがり、高さのある障害物を越えての作業も可能となる。

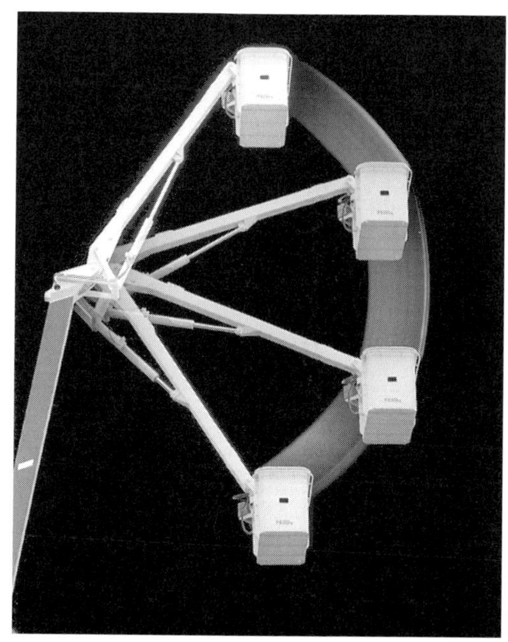

■折り曲げジブ

折り曲げジブは、ふところを広くするばかりでなく、伸縮ブームに対して直線的にすれば高さをかせぐこともできる。タダノ・スカイボーイAT-230CG。

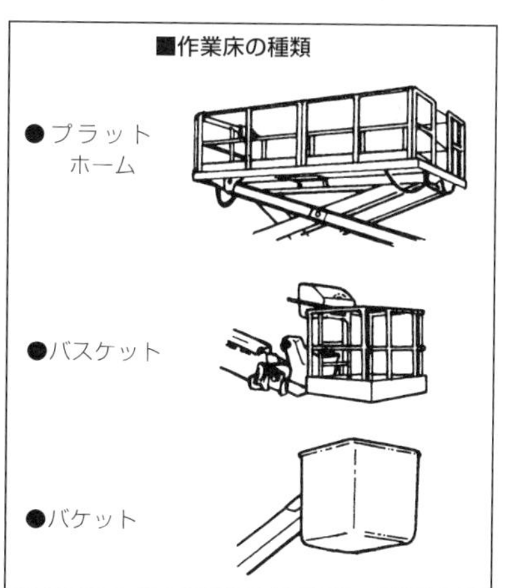

ラットホーム式の3種類がある。バスケットの場合は，周囲が枠や柵などで囲われている程度だが，バケットの場合はすべておおわれている。

プラットホームは，金属製のフロアがほとんどで，周囲に安全のための柵や手すりが設けられている。プラットホームの積載荷重は，ベースとされる汎用シャシーのクラスにもよるが，数百kgから1トン程度が確保されている。

バスケットの場合も同様に金属製のものが多いが，バケットにはFRPをはじめ樹脂製のものもある。これは活線作業に対応したもので，バケット全体が絶縁構造とされている。汎用シャシー架装の場合，バスケットやバケットの積載荷重は，1名または100 kg程度のものから，2名または200 kg程度のものまである。

架装される汎用シャシーのクラスや，それぞれの作業によって求められる高さは異なるため，さまざまな作業床高さのものがラインナップされているが，最大積載量4トン車クラスで，20mを超えるプラットホームもあり，バスケット式やバケット式ならば30mに及ぼうというものもある。高所作業車がもっとも多用されている電線や通信線の作業の場合，市街地の電柱は高いものでも15m程度。そのためこの程度の高さに対応した高所作業車が多い。

クレーンでは，作業半径と高さによって吊り上げ能力が影響を受けたが，バスケット式やバケット式の場合，作業半径や地上高にかかわらず，定格の能力が実現されて

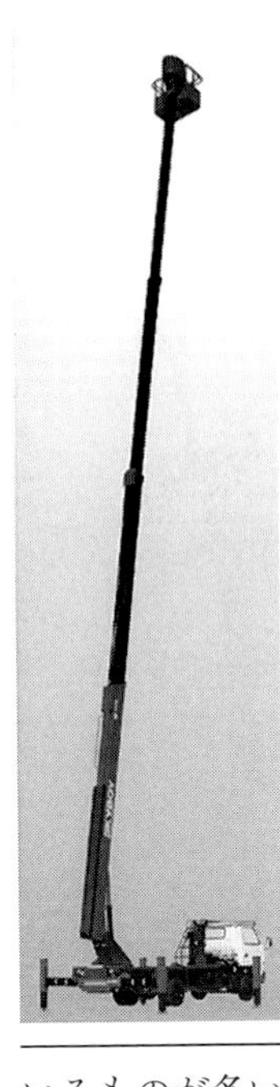

■作業床の高さ

最大地上高が27mともなるとベースとされたシャシーが4トン車クラスでも、全体を見せるためにはシャシーがこんなに小さくなってしまう。タダノ・スカイボーイAT-270TG。

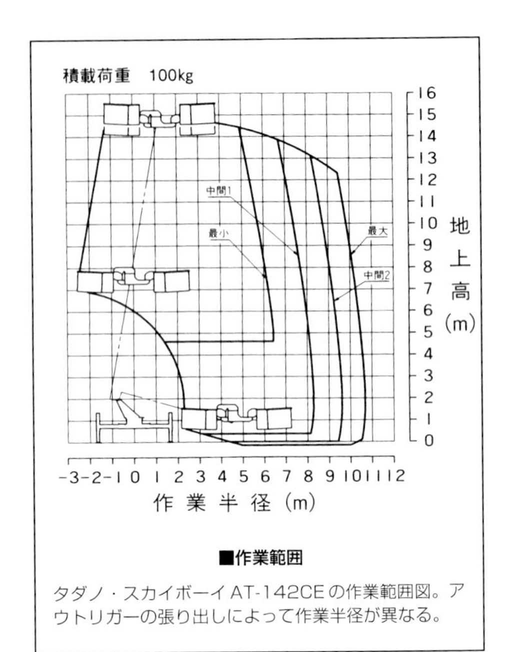

■作業範囲

タダノ・スカイボーイAT-142CEの作業範囲図。アウトリガーの張り出しによって作業半径が異なる。

いるものが多い(アウトリガーの張り出しには影響を受ける)。ブームの先端の荷重が軽量であるため,このようなことが可能なわけだが,プラットホーム式の場合には,積載荷重によってそれぞれの高さでの作業半径が制限を受けることが多い。

なお,プラットホーム式の伸縮式高所作業車の一部には,旋回装置を備えていないものもある。作業床の広さが,車両の荷台スペースと同程度の広さを確保しているものに旋回できないタイプがある。

ブーム先端の作業床は,水平維持のための機構が盛り込まれている。これを作業床レベリング装置や作業床自動水平装置と呼び,自立型と旋回台連動型に分類される。自立型でもっともシンプルなものは,作業床を回転軸で支え,作業床の底に重りを取り付けて水平状態を作り出し,油圧ダンパーなどで過度の揺れを防いでいる。大型のもののなかには,センサーによって水平を検出し,電子制御で油圧シリンダーを作動させ水平を保っているものもある。

旋回台連動型のレベリング装置には,上下対シリンダー式や起伏シリンダー連動式,ワイヤーロープ式などがある。ワイヤーロープ式は,屈折ブームに使用される。

上下対シリンダー式は伸縮ブームに使用されるもので,起伏ブームの起伏状態を検出するための油圧シリンダーである下部レベリングシリンダーと,作業床の角度を調整するため作動側の油圧シリンダーである上部レベリングシリンダーが備えられてい

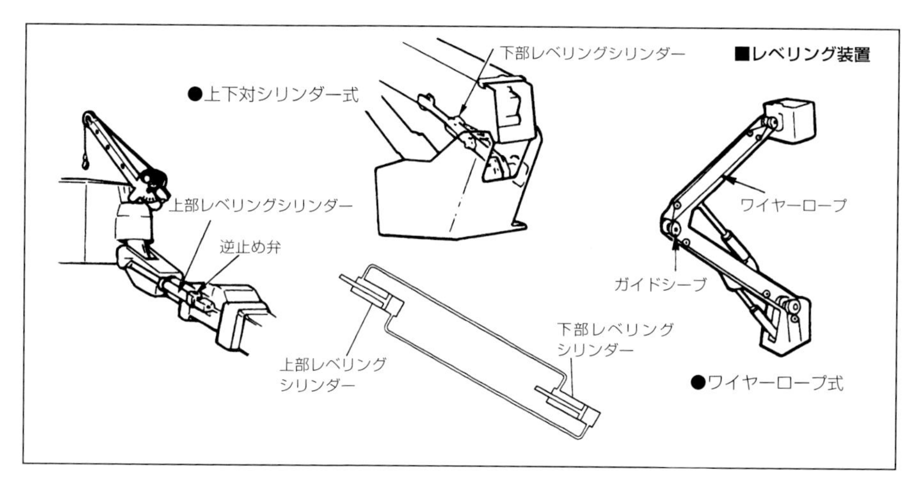

る。それぞれ複動式の油圧シリンダーで，双方の油圧回路が結ばれている。図の例では，ブームが起伏して角度が大きくなると下部レベリングシリンダーが伸び，ピストン上側の作動油が押し出され，その作動油によって上部レベリングシリンダーが縮む。この動きがリンク機構を介して作業床を回転させ，水平状態を維持する。

起伏シリンダー連動式では，起伏シリンダーと作業床の角度を調整するため作動側の油圧シリンダーが直列にされている。起伏シリンダーが伸びて起伏が大きくなると，起伏シリンダーのピストン上側の作動油が押し出されるが，この油圧によって作動側の油圧シリンダーが伸ばされ，作業床を回転させ，水平状態を維持する。

また，作業床を水平方向に首振りできるようにし，作業性を向上しているものも多い。作業床を垂直方向の回転軸で支え，油圧シリンダーによって首振りが行われる。こうした装置を作業床スイング装置と呼ぶ。120度前後の首振り角を備えているものが多いが，360度回転可能な作業床も登場してきている。360度回転可能なものの場合

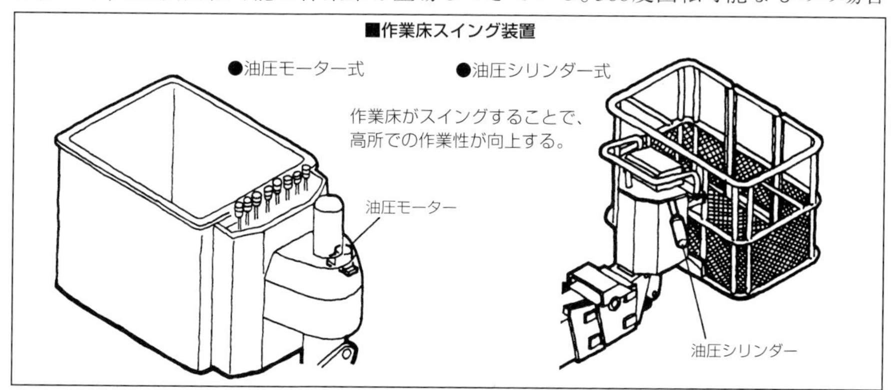

には，油圧モーターや電動モーターが使用される。

さらに水平方向への移動が大きくできるように，ブーム先端に垂直方向の回転軸で支えられたアームを設け，その先端に作業床を取り付けていることもある。このアームを水平揺動アームと呼び，ブームを動かさずに，電柱の裏側への回り込みといった作業を可能としている。

垂直方向への移動が可能とされた作業床もある。これもブームの先端に水平方向の回転軸で支えられたアームを設け，その先端に作業床を取り付けている。アームの上下動は油圧シリンダーなどで行われ，連動して作業床の水平状態が維持されるリンク機構も盛り込まれている。

高所作業車の昇降作業は作業床で操作できる。これに加えて，地上でも操作できるようになっているものがほとんどだ。クレーン同様に，ブームの機能に応じた数のレバーが用意され，これらによって操作が可能だが，最近は電子制御化も進んでいる。バケット上で作業している人間が，真上に移動したいと考えた場合，単にブームを起こしただけでは，円弧を描いて移動して，対象物から離れてしまう。真上に移動するには，ブームを起こすと同時にブームを伸ばさなければならない。これは，真横に移動したい場合も同じ。ブームを旋回させると同時に，必要に応じてブームを伸縮しなければならず，かなり面倒な作業といえる。

こうした面倒な操作をなくすために，電子制御を行い，直線的な移動を可能としている。こうした制御が行われている場合，2個の十字レバーが用意されている。いっぽうのレバーは水平面用，もういっぽうのレバーは垂直面用で，これらのレバーに

作業床に巻き上げ装置を備えることで、作業性を向上させている。吊り上げ荷重0.5トン未満のものが多く、法的にはクレーンとして扱われない。タダノ・スカイボーイAT-145TE。

■巻き上げ装置

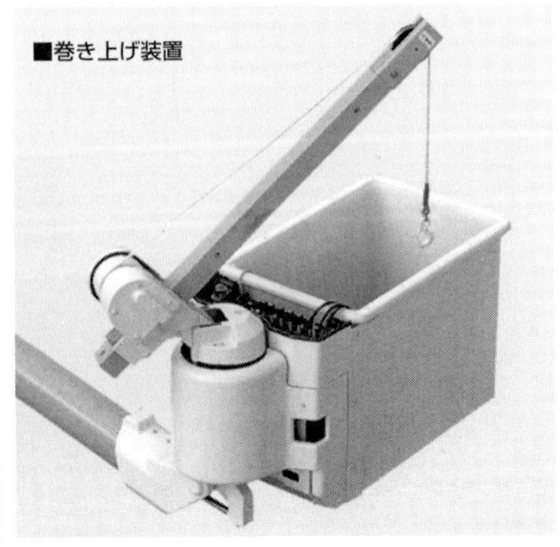

■操作部

2個の十字レバーを備えた作業床の操作部。起伏、伸縮、旋回をそれぞれのレバーで行う操作部もある。タダノ・スカイボーイAT-130TG。

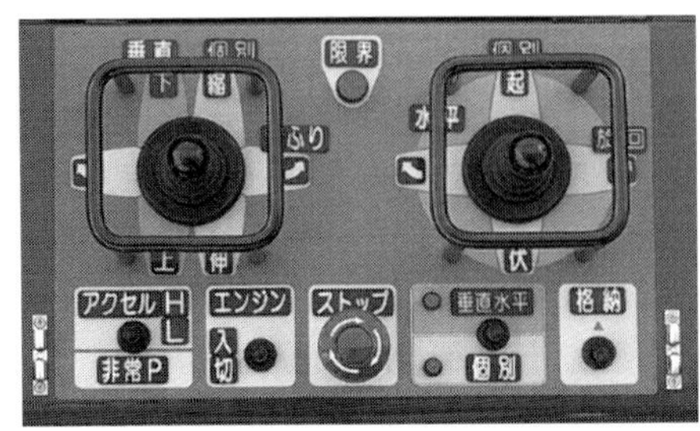

よってバケットの水平移動や垂直移動が簡単にできる。もちろん十字レバーを斜めに操作すれば，その方向へバケットを移動させることができる。

一般的な高所作業車では，こうした作業床での操作を，ブームに沿った電線で電気信号として各部の油圧ポンプや油圧シリンダーのコントロールバルブに送っている。ただし，作業床の絶縁が必要な活線作業用の高所作業車では，絶縁状態を維持するために光ファイバーで信号がやり取りされている。

高所作業車にとって巻き上げ装置は必需品ではないが，高所での作業に必要な資材を持ち上げなければならないこともある。たとえば，電柱での作業ではトランスや開閉器を取り付け位置まで上げなければならないこともある。そのため，一部の高所作業車には，巻き上げ装置も装備されている。

巻き上げ装置だけが備えられることもあるが，いわゆるふところをかせぐために2m程度のジブが併用されることが多い。ジブは油圧で起伏シリンダーを作動させ自在に起伏をコントロールできるものもあるが，多くの場合，ピンによって角度を固定する。巻き上げ装置の吊り上げ荷重は，法的にはクレーンと扱われない0.5トン未満にされていることがほとんど。巻き上げ装置は油圧式のものと電動式のものがあり，作業床部に巻き上げ装置が備えられている。

作業床には，作業で使用する工具のための電源や油圧が導かれていることもある。

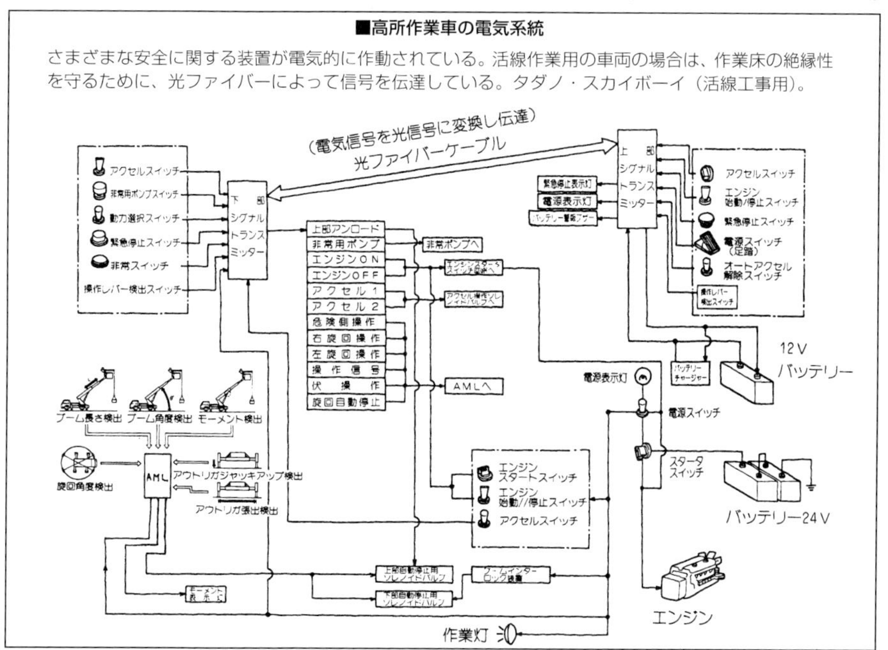

■高所作業車の電気系統

さまざまな安全に関する装置が電気的に作動されている。活線作業用の車両の場合は、作業床の絶縁性を守るために、光ファイバーによって信号を伝達している。タダノ・スカイボーイ（活線工事用）。

油圧や電力は，架装や車両のものが使用される。活線作業用の高所作業車では，作業床を絶縁しなければならないので，作業床に独立した充電式バッテリーを備えることもある。バケットが格納位置に戻ると，車両側の端子とバケット側の端子が触れ合い，車両側のバッテリーから充電が行われる。こうした電力は，作業床の巻き上げ装置の作動指示用の電力などで使用される。

車両を安定させるために，アウトリガー装置も装備されている。トラッククレーン同様の油圧式アウトリガーが採用される。

トラッククレーン同様に，モーメントリミッターを基本にして，ブームの作動範囲などの各種制限装置などの安全装置が装備されているが，人間が高所にいることにな

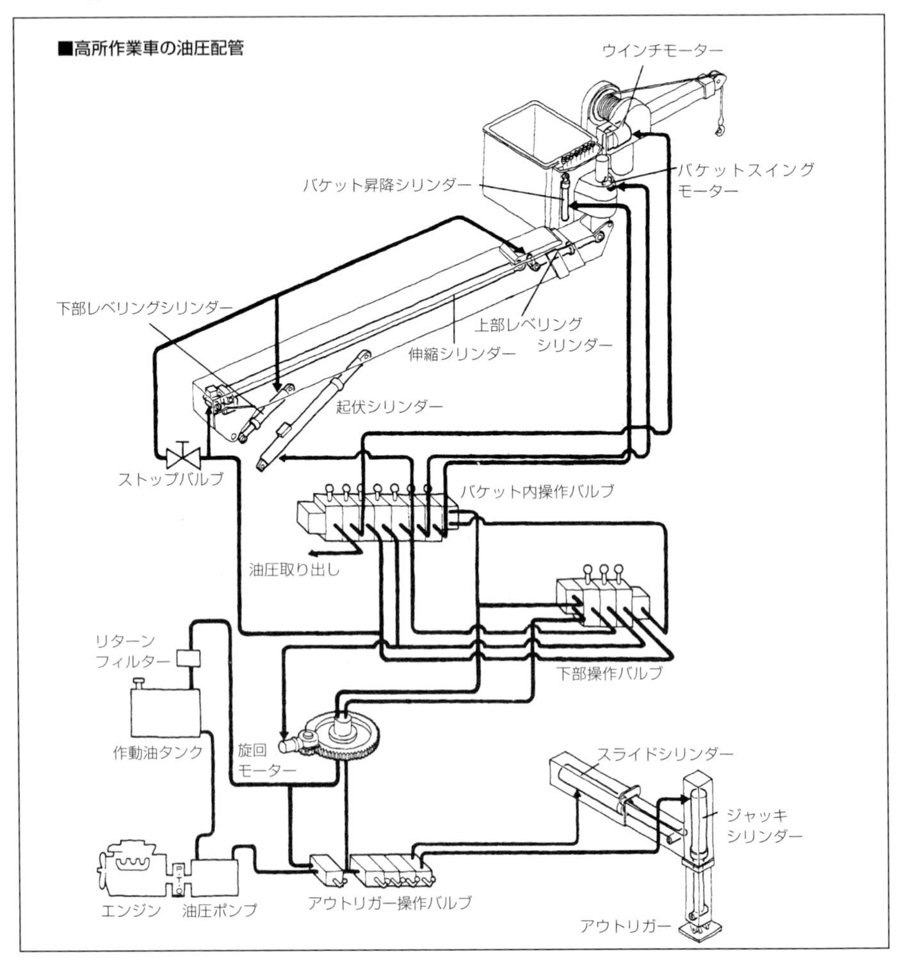

●高所作業車の油圧系統

高所作業車の油圧系統は、トラッククレーンの油圧系統に準じたものといえるが、巻き上げ装置に関連する油圧系統はない。またクレーンにはないレベリングのための油圧系統が加えられている。

※タダノ・スカイボーイ

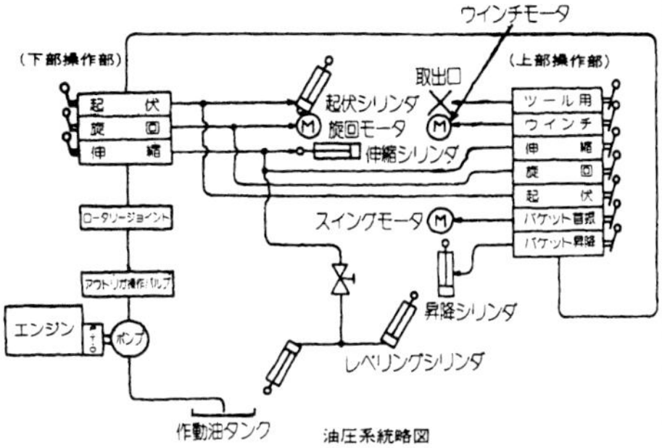

油圧系統略図

るので，トラッククレーン以上に安全性が高められている。これらはインターロック装置と呼ばれるものが多く，たとえばアウトリガーを確実に固定していないと，アウトリガーインターロック装置が作動して，昇降操作が行えなくなる。

動力源の油圧に関しては，トラッククレーン同様にトランスミッションPTOが一般的だ。ただし，トランスミッションPTOを停車中に使用した場合，騒音も大きく，排気ガスの問題もある。特に住宅地での電線工事（活線工事）を行う場合，騒音が問題になることが多い。そのため，オプション仕様として独立エンジン式やバッテリー式が設定されていることもある。

独立エンジン式では，小型のディーゼルエンジンが搭載されて油圧ポンプを駆動している。静音設計のエンジンが使用され，防音ケースでおおうなどして騒音を防止している。バッテリー式の場合には，車両のものとは別に専用の動力用バッテリーを備え，電動モーターによって油圧ポンプを駆動している。モーター駆動なので騒音は大きくない。バッテリーへの充電は車庫などに戻った際に，AC充電器で行われる。

汎用シャシー架装の伸縮式高所作業車の場合，トラッククレーン同様に油圧式のものがほとんどである。機械式は過去のものとなっているが，この場合は伸縮ブームのかわりにハシゴが採用されることもある。ハシゴ式の場合，作業スペースを上下させることなく，ハシゴを登り降りして作業者が移動することができる。

機械式の伸縮のための構造は，油圧式伸縮ブームで併用されることがあるワイヤーロープ式と同じだ。油圧式伸縮ブームでは，2段目ブームの伸縮を油圧シリンダーで行い，その伸縮動作を3段目，4段目へとワイヤーロープで伝達していたが，機械式の場合は基本となる2段目の伸縮のためのワイヤーロープを巻き上げ装置によって行う。そのため，油圧シリンダーは必要なくなるが，かわりに巻き上げ装置が必需品となる。

高所作業車の場合，基本的には作業車であり，荷台は用意されていないが，ユーザーはそれぞれに特定の作業のために使用することになる。特に活線作業用の高所作業車では，工具が必要になることが多いので，工具類のために工具箱が備えられていることもある。

一部には，クレーン付きトラックと同じように，荷台スペースを設けた高所作業車もある。当然のごとく，作業床高さは高くはないが，取り付けるものを同時に運んでいける荷台付きの高所作業車のほうが効率的ということになる。活線作業用の高所作業車によく見受けられる。

屈折式高所作業車も，基本は伸縮式高所作業車と同じだが，伸縮ブームのかわりに屈折ブームが使用されている。一部には3節以上のものもあるが，ほとんどは2節。低コストで軽量に製造することが可能だが，作業床の高さによっては折れ曲がった部分が車両の反対側に突き出すこともあり，屈折ブーム単独で使われることはほとんどなくなった。屈折ブームを基本として，伸縮ブームを加えたものも複合式や混合式，併用式と呼ばれる。

汎用シャシーに架装する場合，格納時のブームの長さに制限があるため，2節や3節ではあまり高度をかせぐことができない。そのため，伸縮ブームを組み合わせた併用式のほうが多い。3節の3段目ブームを伸縮ブームとしたり，2節の基本ブームと2段目ブームそれぞれを伸縮ブームにすることで，さらに高度を高めている。伸ばした状態でブームがΓ字状やΣ字状の形状になるため，ふところが非常に広くなるが，操作性は悪い。汎用シャシー架装の屈折式高所作業車や併用式高所作業車の場合，作業床はバケットやバスケットのことが多い。

■垂直昇降式＆シザーズ式高所作業車

垂直昇降式はホイール式高所作業車で，タダノ・スカイステージAP-42。シザーズ式はクローラ式高所作業車で，タダノ・スカイステージAC-45SG。

シザーズ式はクロスリンク式とも呼ばれ，垂直昇降式の一種といえるが，構造が異なるために区別することが多い。基本はX字に配されたアームで，X字の交差する角度を変化させるように伸縮用の油圧シリンダーが配されている。X字側面の交差する角度が大きくなれば，X字アーム全体で見て幅が狭くなり，高さが高くなる。これにより作業スペースの高度を作り出すが，この際，アームの幅が変化するため，片側のアームはスライドできるようにされている。

1個のX字だけでは，作り出せる高度に限りがあるため，複数のX字アームをジャバラ状に連続させているものも多い。X字アームが複数になっても，1本の伸縮シリンダーで全体を伸縮させることが可能だが，複数の伸縮シリンダーを配して，シリンダー1本あたりの負荷を小さくしていることもある。

シザーズ式高所作業車の場合，プラットホーム式のものがほとんどで，荷台の大きさそのままの作業スペースを確保することができる。作業床が常に水平なまま上昇することはメリットだが，ほぼ垂直にしか上昇できないことはデメリットとなる。作業場所の真下に車両を配置できないと作業が困難になるデメリットを多少でも解消するために，デッキ部分が前後左右にスライドできるようにされたものもある。作業ス

■軌道兼用高所作業車

軌道進入のための転車台と、軌道走行のための鉄輪を備えた高所作業車。タダノの軌道両用高所作業車AT-142CE。

ベースの高さは10m程度までのものが多い。

垂直昇降式は，伸縮式のブームを起伏ブームとせず，最初から車両上に垂直に立てたものといえる。自走式で垂直昇降式を採用している場合には，角柱などのアーム状のものもあるが，汎用シャシー架装の場合には櫓状のものが多く，伸ばした状態では高圧送電線搭や電波搭のような形状になるが，現在ではほとんど見受けられない。伸縮方式には，機械式のほか油圧シリンダー直押し式や，ワイヤーロープ併用式がある。

平成10年の実績でみると，高所作業車生産台数2958台のうち，約94%が小型車，約5%が中型車で，ほとんどの車両が普通免許で運転でき，機動性の高いものばかりだ。なお，この小型車の数字のなかには，1ボックスカーの高所作業車も含まれる。

高所作業車は平成2年から作業資格が必要な車両となった。作業床の高さが2m以上10m未満の場合は特別教育，10m以上の場合には技能講習が必要となる。2m未満であれば，高所作業車として扱われないので，誰でもが使用することができる。

特殊機能を備えた高所作業車としては，軌道兼用高所作業車や軌陸両用高所作業車と呼ばれるものがある。軌道兼用トラッククレーンと同じように，通常の高所作業車に加えて，転車台，軌道走行用鉄車輪が加えられている。

空港用車両のなかには高所作業車の構造を利用しているものが多い。駐機中の大型航空機ともなると，機体下部までで数m，上部までなら10mを超える場合もある。航空機を外側から点検するために高所作業車がそのまま利用されるのはもちろんだが，専用の機能を付加したものもある。たとえば，デアイシングカーでは航空機の除雪・防氷のためにヒーターを備えて温水を機体及び翼にかけて除雪を行ったうえで，防氷剤を散布する。

このほかにも，シザーズ式の高所作業車の構造を利用してバンボディを上下動可能にし，作業に応じた開口開閉機構を設けた車両も各種ある。たとえば手荷物の積み下ろしに使われる手荷物リフトトラックや，機内食を搬入するためのフードサービストラック，ゴミを収集するトラッシュトラックなどがある。タンク車をベースにし，高所作業車の構造を付加したものもあり，航空燃料給油車や航空給水車，航空汚水車ではそれぞれの液体を運搬すると同時に，リフト機構によって作業者が車両のタンクと航空機のタンクのホースの接続が簡単にできるようになっている。

■橋梁点検車

橋梁や高架道路の底部分なども定期的に点検が必要な場所だが，その下が川などであったり交通規制が難しいため，足場を組めないこともある。足場が組めたとしても，長い橋梁全体にわたって点検や補修を行うことは難しく，機動性も悪い。こうした状況で利用されるのが橋梁点検車だ。基本的には高所作業車の一種として扱われるが，

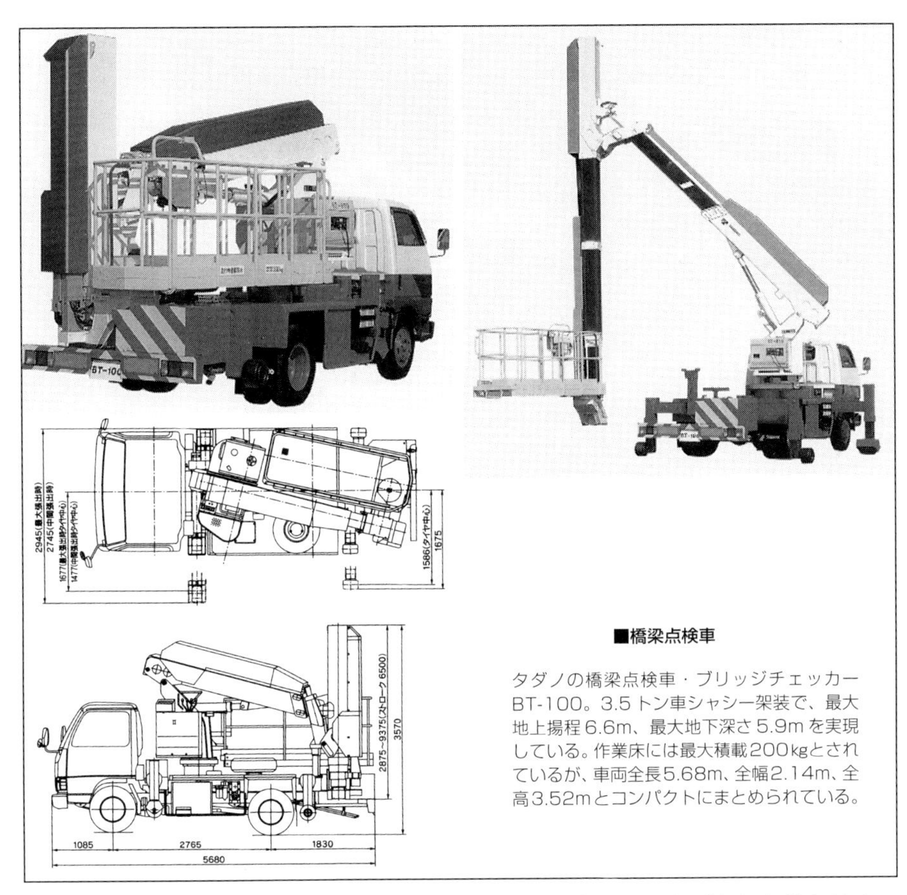

■橋梁点検車

タダノの橋梁点検車・ブリッジチェッカーBT-100。3.5トン車シャシー架装で、最大地上揚程6.6m、最大地下深さ5.9mを実現している。作業床には最大積載200kgとされているが、車両全長5.68m、全幅2.14m、全高3.52mとコンパクトにまとめられている。

ブリッジチェッカーやオーバーフェンス作業車など,各社でさまざまな名称を付けていることもある。法的には高所作業車と同じ扱いを受け，作業資格が必要になる。

高所作業車の一部には,起伏ブームのブーム基部の構造や,屈折ブームによる折り曲げによって,作業スペースを車両より低い位置に下げられるものもあるが,充分に低い位置まで下げられるわけではない。橋梁を点検するには車両の真下に作業床を配する必要があるが，高所作業車にはここまでの自由度はない。橋梁点検車の場合は,屈折ブームを3段にして，コの字形のブームで車両の真下に作業床を配したり，2段の屈折ブームをそれぞれ伸縮ブームにして,先端の伸縮ブームを下方に向け,先端に作業床であるデッキを旋回できるようにして,車両の真下位置まで作業者が入れるようにしている。

こうした構造にすることで,車両の真下で橋梁の裏側が点検できるようになるばか

■橋梁点検車の作業現場

低い位置に作業床を設けたい作業現場はさまざまにある。また高い塀や壁越しの作業が求められることもある。こうした作業で橋梁点検車が活躍する。

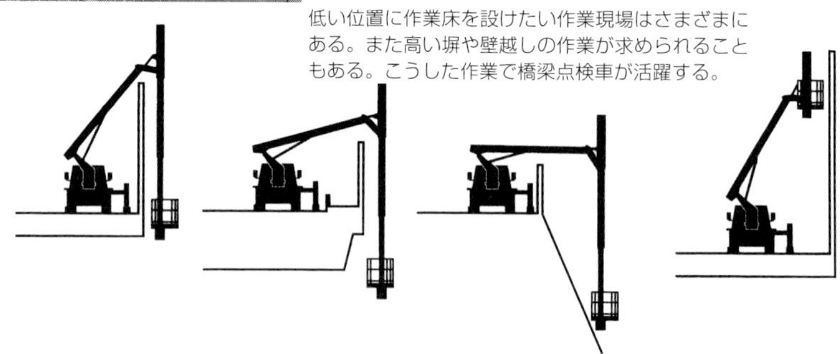

りか，道路の脇に高い防音壁などがあっても，それを越えて作業スペースを下ろすことが可能となる。

橋梁点検車と呼ばれてはいるが，利用範囲は幅広い。たとえば，崖上に沿った道路の崖壁面の点検や補修も，道路から作業スペースを下ろすことで可能となる。海や川の護岸の点検や補修にも利用される。建築現場でも，足場を必要とせず，高い塀などを越えて作業を行うことができる。

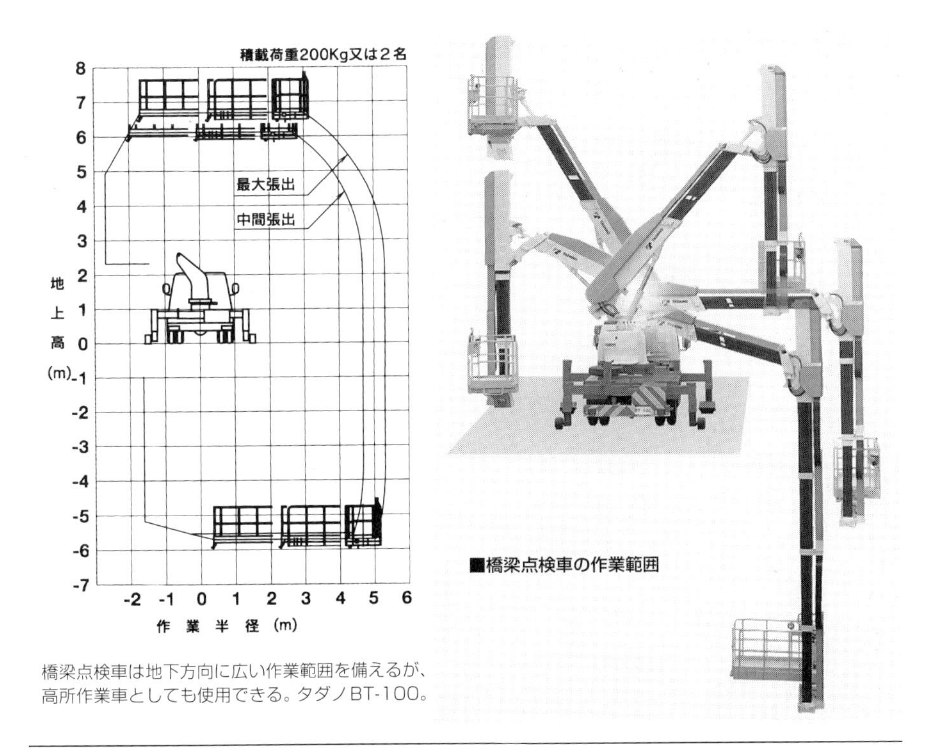

橋梁点検車は地下方向に広い作業範囲を備えるが、高所作業車としても使用できる。タダノBT-100。

■橋梁点検車の作業範囲

橋梁点検車は，車両総重量を8トンに収め，普通免許で運転できるように，最大積載量3.5トン車クラスがベースにされることが多い。このクラスがベースにされたものでも，車両の真下を含めて5m程度の作業半径で，マイナス5m程度の低さまで作業床を下ろすことができる。

■照明車

道路工事などは，交通事情に配慮して夜間に行われることが多い。土木建築作業でも，作業可能な時間を延長するために夜間にも行われることがある。高所の作業では地上からの照明の光が届かないこともある。また，地上の作業であっても低い位置からの照明では作業者が眩しく，照度ムラも大きくなる。こうした作業をアシストするのが照明車だ。自走式照明車と呼ばれることもある。照明車は，夜間作業ばかりでなく，ナイター設備のないグラウンドなどでのスポーツや，夜間の屋外イベントなどでも利用される。災害時の夜間監視や救援活動でも活躍する。

照明車の基本的な構造は，伸縮式や屈折式の高所作業車で，作業床のかわりに投光装置が備えられている。照明方向を調整しやすいように，伸縮式の場合には先端に折

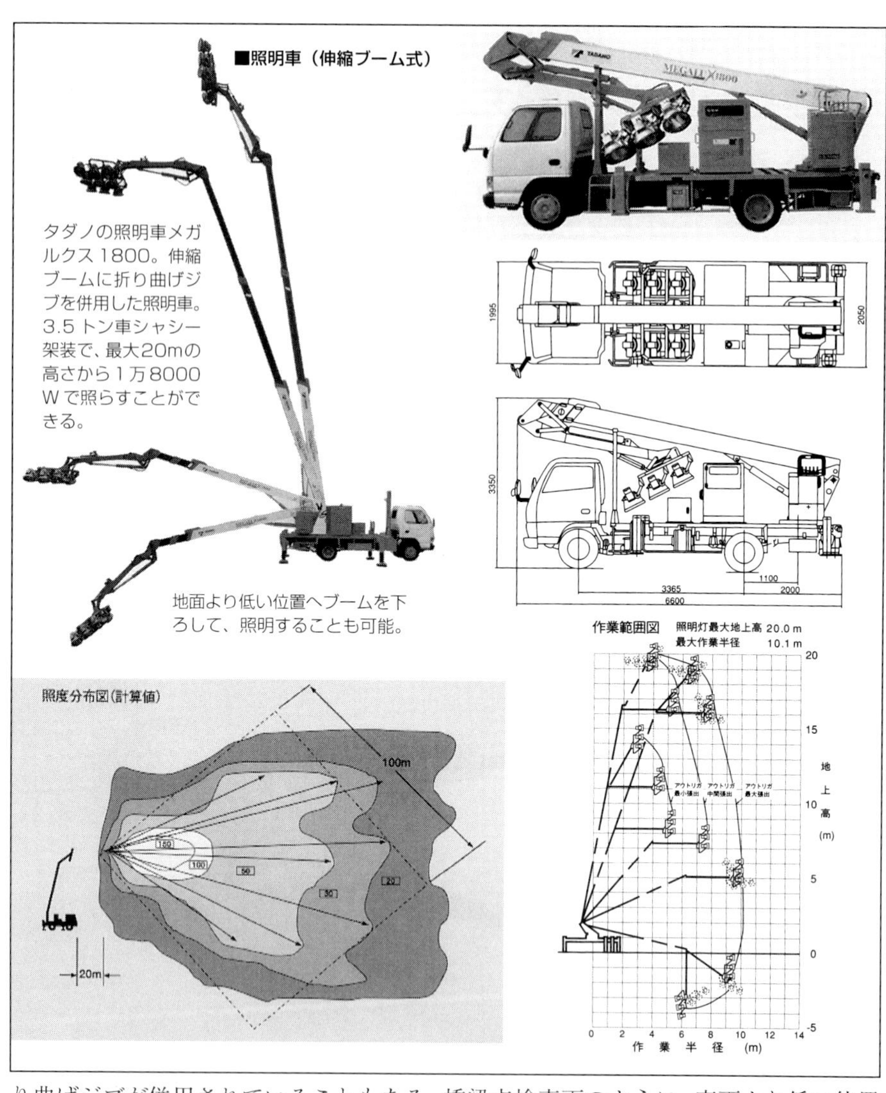

り曲げジブが併用されていることもある。橋梁点検車両のように，車両より低い位置を照明できるようにされているものもある。クレーン付きトラックのように，荷台を備えたタイプもある。こうしたタイプでは，投光装置が脱着可能で，クレーンとしても利用できるものも多い。

投光装置の能力にもよるが，特別大きなものでは別途電源車（発電機のみを架装した車両）を使ったり，比較的小さなものでは携帯用発電機や現地の電源を使用するこ

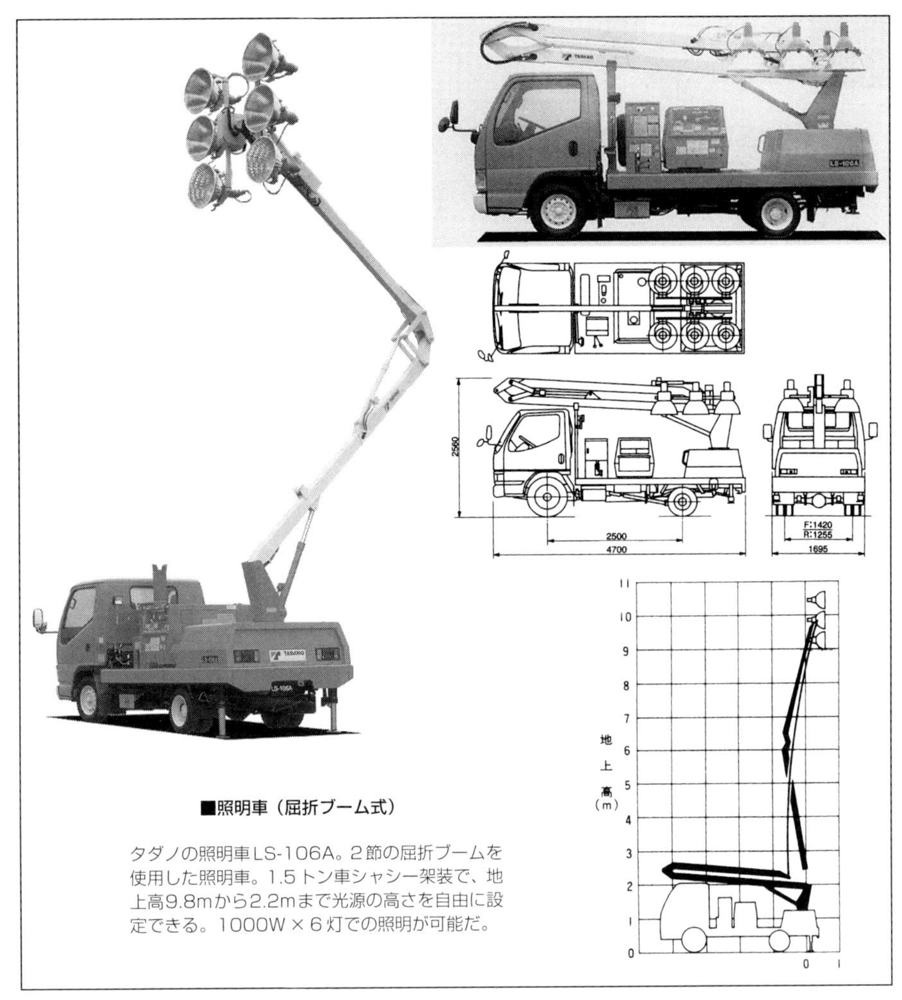

■照明車（屈折ブーム式）

タダノの照明車LS-106A。2節の屈折ブームを使用した照明車。1.5トン車シャシー架装で、地上高9.8mから2.2mまで光源の高さを自由に設定できる。1000W×6灯での照明が可能だ。

ともあるが，照明車として完結している車両の場合には，発電機を備えている。一般的に発電にはディーゼルエンジンが使用されている。

照明車に関しては，新しい特装車両ということもあり，法律による規制はまだない。誰でもが操作することができる。

■コンクリートポンプ車

ミキサー車によって，大量の生コンクリートを作業現場に運んでも，ビルなどの高所まで小口に分けて運んだのでは効率が悪い。時間がかかったのでは，コンクリート

■コンクリートポンプ車（スクィーズ式）

極東開発工業のコンクリートポンプ車スクイーズクリートPH80-26A。M型４段屈折ブーム搭載で、スクィーズ式ポンプを使用。GVW16トン車級。

の硬化が始まってしまったり，生コンクリートに分離が起こり質が低下してしまう。最近話題になっているコールドジョイントなどの問題が起こることもある。高所ばかりでなく，広い範囲にコンクリートを打つ場合にも，必ずしもその近くまでミキサー車が入れるとは限らない。そのため，現在では高い現場や広い現場ではコンクリートポンプを使用して，生コンクリートを送ることが多い。このコンクリートポンプを備えた車両がコンクリートポンプ車だ。

高所へコンクリートを送る必要も多いため，高所作業車のようにブームを備えたコンクリートポンプ車が主流で，正式にはブーム付きコンクリートポンプ車と呼ばれる。一部には，ブームを備えていないコンクリートポンプ車もあり，広い範囲に生コンクリートを送る際に使用される。こうした車両では，ホースを利用してコンクリートを送ることになる。

コンクリートポンプ車に採用されるポンプ形式には，スクィーズ式とピストン式が

■コンクリートポンプ車（ピストン式）

極東開発工業のコンクリートポンプ車ピストンクリートPY120-33。M型4段屈折ブーム搭載で、ピストン式ポンプを使用。GVW22トン車級。

ある。ピストン式のほうが動力源も大きなものが必要だが，高い能力を発揮させることができるので，大型車ではピストン式が採用され，小さいクラスではスクィーズ式が採用される傾向にある。

スクィーズ式ポンプでは，ゴム製のポンピングチューブが，円筒形のドラムケーシングの内壁に沿って，円筒の円周のほぼ半分にわたって配されている。ゴム製チューブは特殊繊維などで補強されている。ドラムケーシング内は，真空ポンプによって真空状態にされている。ドラムケーシングの中心には回転軸が備えられ，ゴムローラーがポンピングチューブをドラムケーシングの内壁に押し付けるように遊星運動（転動），つまりローラーが自転しながら公転する。ゴムローラーはチューブの吸入側から吐出側へと回転をする。

ゴムローラーによって押されたチューブ内の生コンクリートは，ローラーの回転方

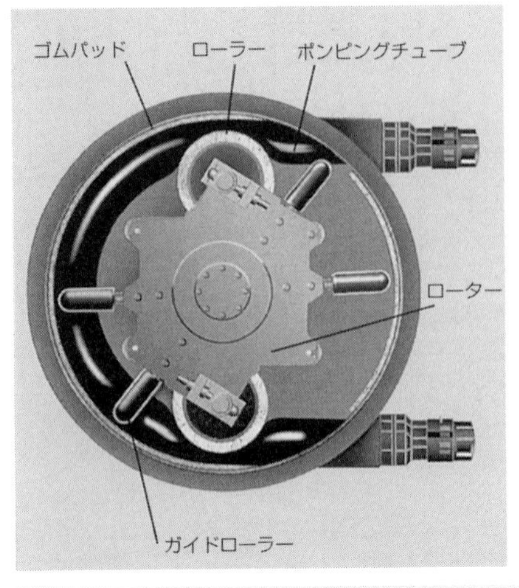

■スクィーズ式コンクリートポンプ

ローラーがポンピングチューブを押していくことにより、内部のコンクリートが移動する。ポンピングチューブはケーシング内の負圧とゴムの弾力によって復帰し、その際に吸入が行われる。極東開発工業・スクィーズクリート。

■ピストン式コンクリートポンプ

2本のピストンが交互に吸入･吐出を繰り返すことでコンクリートが圧送される。吸入･吐出は油圧で動かされるバルブによって切り替えられる。極東開発工業・ピストンクリート。

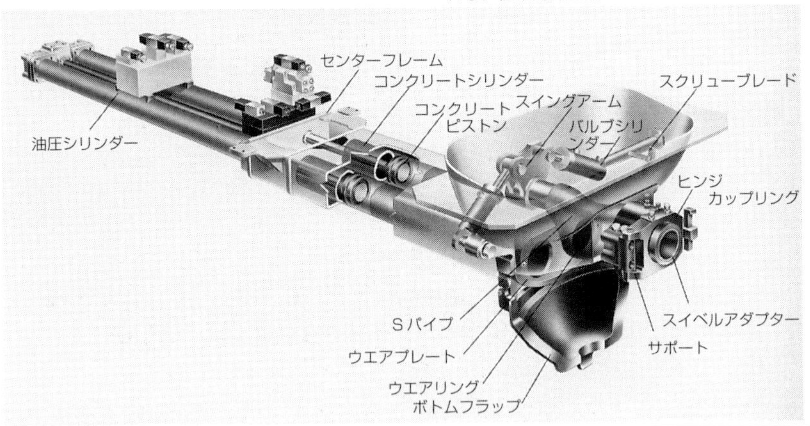

向に移動し，吐出側へ送られていく。ローラーの移動していった部分のチューブは，チューブの弾力に加えてドラムケーシング内の負圧によって復元するが，これにより，吸入側から新たな生コンクリートが吸い込まれる。生コンクリートはチューブ内を通過するだけなので，バルブなどの複雑な構造が少ないというメリットがあるが，ポンピングチューブは消耗が激しい。作業後に生コンクリートがポンプ内に残り固まってしまうと使用不能となるため，作業後にはスポンジ状の詰め物と水をチューブ内に入れ，ポンプを作動させることで清掃が行われる。

ピストン式ポンプは，通常2本の長いシリンダーを備え，ピストンを交互に往復させて生コンクリートを圧送する。ピストンの往復運動は，複動式の油圧シリンダーで行われる。いっぽうのシリンダーが吐出を行っている際には，もういっぽうのシリン

■ホッパー

コンクリートが底の吸入口に集まりやすいように船底型などが採用される。コンクリートの均質化を図るために、回転式のブレードが備えられている。極東開発工業・スクィーズクリート。

ダーは吸入を行うことになるため,吸入と吐出の切り替えを行う弁機構が必要になる。弁機構には，往復板弁式，回転板弁式，角柱往復式などがあるが，この弁の動作にも油圧が利用されている。

ポンプの吸入側には，ミキサー車などから生コンクリートを受け入れる口であるホッパーが接続され,チューブの吐出側には生コンクリートを目的地に搬送するためのトランスファーパイプやホースが接続される。ホッパー内には，スクリューブレードなどの回転ブレードが備えられ,生コンクリートがスムーズに吸入口に集まるようにされている。

いずれの方式でも，粘度の高い生コンクリートを圧送するため，大きな動力の取り出しが可能なフライホイールPTOやトランスファーPTOが使用される。スクィーズ式の真空ポンプは，電動モーターで駆動されることもある。

高所に対応するためのブームには，屈折ブームが使用される。コンクリートポンプ車は高い位置へのコンクリート圧送ばかりでなく,車両より低い位置への圧送で使用されることもあるため,伸縮ブームだけでは車両より低い位置にブームをもっていくことが難しい。また，伸縮ブームの場合，ブームの伸縮にトランスファーパイプなどを対応させなければならないため，屈折ブームが主流となっている。伸縮ブームは使用されるとしても，併用されることがほとんどだ。

汎用シャシー架装という格納時のサイズ的な制限があるため,高所に対応するために3節式や4節式のように多数の節点を備える屈折ブームが採用されることが多い。4節式は，その形状からM型と呼ばれる（3節式をN型とは呼ばない）。伸縮ブームが加えられる場合は，エクステンションブームとして先端の屈折ブームに備えられる。ブームの伸縮は油圧で行われ,トランスファーホースによってブームの伸縮に対応している。

ブームの基本的な構造はトラッククレーンや高所作業車の場合と同じで,旋回装置，ブーム起伏装置，ブーム屈折装置，さらに装備によってはブーム伸縮装置を備えている。高いブームを支えるためにアウトリガー装置も装備されているが，トラックク

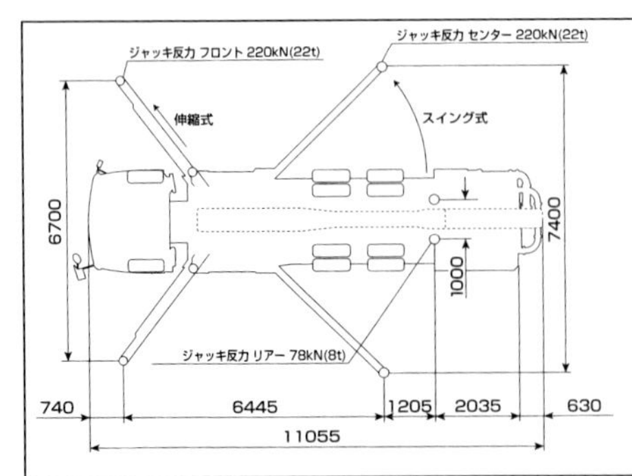

■アウトリガー

ブームの中心をしっかりと支えるために、リアアウトリガーよりも、フロントアウトリガーとセンターアウトリガーが大きく張り出される。極東開発工業・ピストンクリートGVW22トン車級。

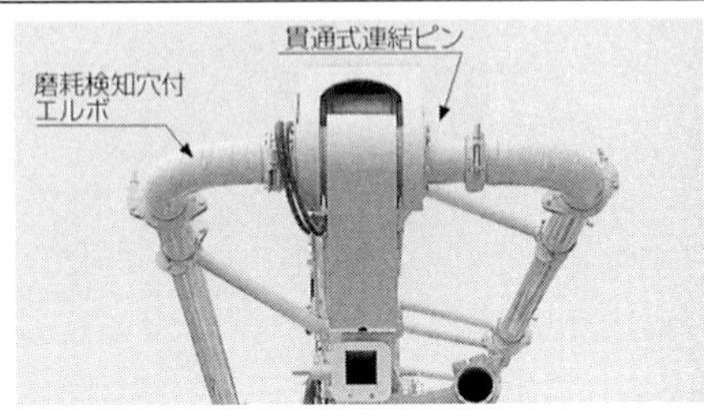

■トランスファーパイプ

ブームの節点内にパイプを通す貫通式連結ピンを採用することでブームの揺れを防止している。ブームに沿ったパイプ部分との接続には、ゆるやかにカーブを描くエルボーパイプを採用し、コンクリートの流動性を向上させている。極東開発工業・スクィーズクリート。

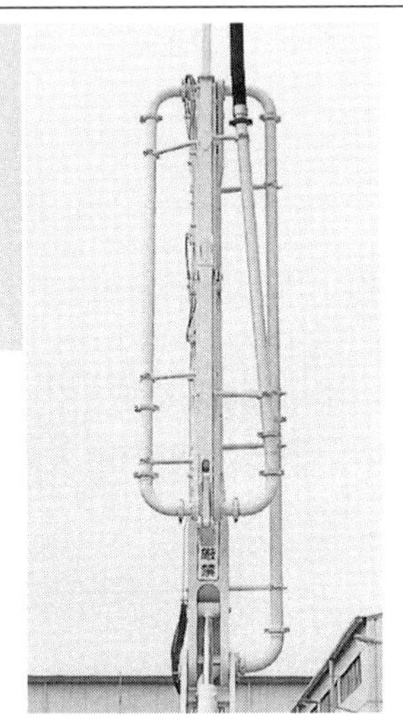

レーンとは異なった形式が採用されることもあり，キャブ直後に備えられるブームの基点を中心に支えるようにされている。トラッククレーンではキャブ後方のフロントアウトリガーと車両後方のリアアウトリガーが備えられることが多く，コンクリートポンプ車でも同様の位置に配されることがあるが，フロントアウトリガーが真横ではなく，斜め前方に張り出され，リアアウトリガーは張り出しを備えないこともある。また，センターアウトリガーが加えられ，フロントアウトリガーが斜め前方に張り出されるのに対して，センターアウトリガーは斜め後方に張り出され，車両を真上から見るとX字形にアウトリガーが張り出されることもある。

トランスファーホースやパイプは，直径8～25㎝程度で，鋼管やゴムホースが使用される。ブームに沿った部分にはパイプが使用され，ブームに固定されている。ブームが屈折する部分では，パイプも屈折しなければならないため，貫通式連結ピン構造

■制振装置

ブームが長くなるほど、コンクリート圧送時にブームが共振して、先端の揺れが大きくなる。この揺れを吸収し、耐久性の向上を図るためにスプリングとダンパーによる制振装置が備えられている。極東開発工業・ピストンクリート。

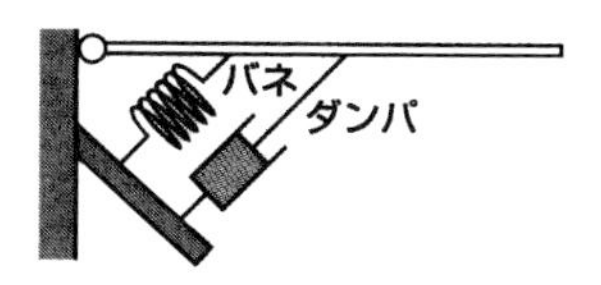

バネ・ダンパー追加時の特性

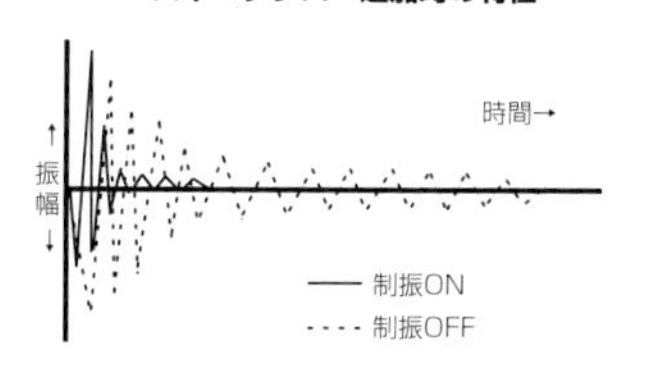

が採用されている。つまり，ブーム同士を接続している節点のピンそのものがパイプにされている。この節点に通されたパイプと，ブームに沿って配されたパイプは，90度にカーブしたエルボーパイプで接続されている。

ピストン式ポンプの場合，生コンクリートの圧送時には，脈動が発生してしまい，ブームに揺れが発生する。この揺れが共振を起こすとブームに大きな揺れが発生して危険なこともあるので，制振装置が備えられていることもある。制振装置はスプリン

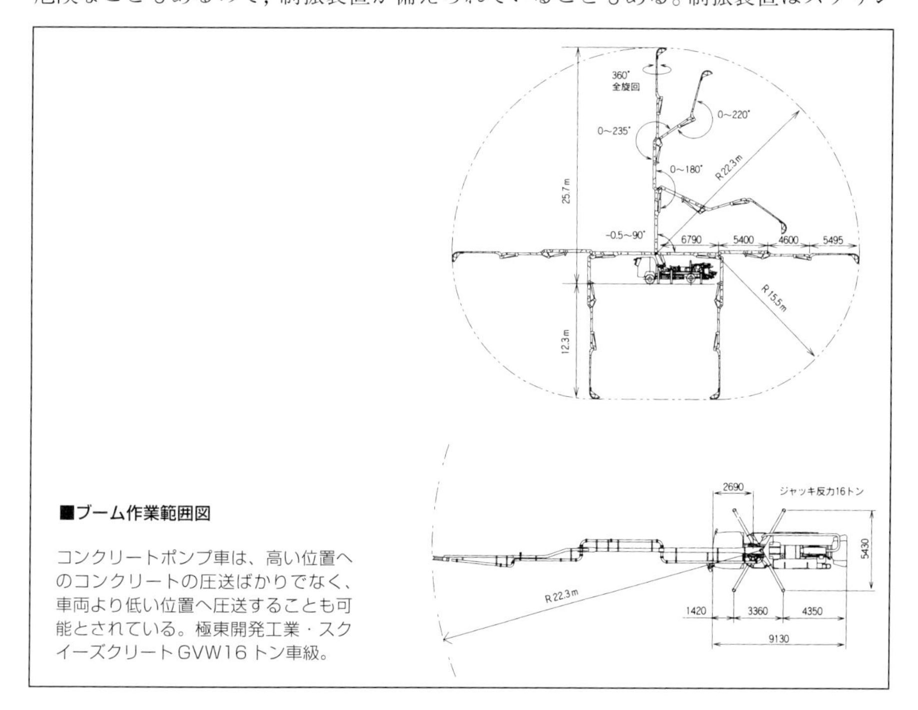

■ブーム作業範囲図

コンクリートポンプ車は、高い位置へのコンクリートの圧送ばかりでなく、車両より低い位置へ圧送することも可能とされている。極東開発工業・スクイーズクリートGVW16トン車級。

グと油圧ダンパーで構成され，ブームの起伏部分を支えることで揺れを吸収している。
　ブームの高さは，最大積載量4トン車クラスでも20m程度はあり，GVW25トン車クラスでは30mを超えるものもある。生コンクリートの吐出量は，送る高さや距離によっても異なるが，4トン車クラスでも最大吐出量50㎥/hを超えるものがあり，GVW25トン車クラスともなると100㎥/hを超える。これだけの能力があると，GVW22トン車クラスのミキサー車の最大積載量である5.2トンを，3分程度で送ってしまうことができる。たとえば，最大積載量4トン車クラスの最大吐出量50㎥/hのものの搬送能力をみてみると，最大圧送距離が水平方向200m，垂直方向60mとなっている。こうした能力は，ブームの最高到達点を超えることになるが，必要に応じてホースなどを延長して導かれることになる。
　ベースとされるのは中大型車がほとんどで，GVW25トン車クラスをベースにしたものもあるが，普通免許で運転できるように架装を含めて車両総重量8トンに収められているものもある。最近では，トラックメーカーがコンクリートポンプ車用シャシーを用意していることもある。
　コンクリートポンプ車の平成10年度の実績でみてみると，生産台数が190台で，そのうち約95%がブーム付きで，ブームなしのものは少ない。ブーム付きのもののなかでは，大型が約44%，中型が約55%となり，小型はほとんどない。

重機運搬車・車両運搬車

■重機運搬車／車両運搬車（1 台積み）

ブルドーザーやロードローラーなどの建機は，車検登録を受けておらず公道を走行できないものもある。登録されていても，ブルドーザーのクローラ（キャタピラー）やローラーでは充分な走行速度を出すことができないので，移動に時間がかかってしまう。そのため，ほかの車両に積載して運搬するのが一般的だ。積載する建機の重量に耐えられるものであれば，アオリ付き平ボディのトラックでも運搬は可能で，あまり大きくない建機の場合には，平ボディのトラックやダンプトラックで運搬されていることも多い。

しかし，平ボディのトラックに建機を積載する場合，建機の自走能力で乗り込むためには，荷台の後方にスロープを作る必要がある。頻繁に建機を運搬することがあるトラックでは，傾斜を作るための板を常に荷台に積載していることもある。こうした板のことを，道板や歩み板と呼ぶ。道板は充分に丈夫でなければ，安心して建機を乗せることができない。また，道板の長さが充分でない場合，スロープは急傾斜となってしまい，建機の乗り込みは困難になる。

こうした建機などの運搬をスムーズに行うための車両が重機運搬車だ。建機運搬車や産業機械運搬車などと呼ばれることもある。

いっぽう，乗用車などの一般車両を運搬するもののうち，複数の車両を運搬する場合には，後で解説する亀の子式車両運搬車が使用されるが，1台積載の場合には，建機運搬の場合と同様に平ボディのトラックで運搬することができる。しかし，乗用車の場合，スロープの傾斜角度が大きな問題になる。最近の乗用車，特にスポーツタイプのクルマでは，アプローチアングルやデパーチャーアングルが極めて小さい。

ちょっとした段差を乗り越えたりするだけで，フロントバンパー下を擦ったりしてしまう。こうした両アングルの小さい車両の場合，スロープの傾斜が大きいと，車両を安全に積載することができない。平ボディの荷台に道板をかけてスロープにした状態では，乗り込みがかなり難しい。

また，一般車両を1台だけ運搬しなければならない状況には，納車などを除くと，事故時や故障時が多い。レッカー車による運搬もあるが，車両積載のほうが安全である。こうした状況では，自走して車両運搬車に乗り込むことができないため，一般的に車両運搬車にはウインチが装備されている。

これら重機運搬車と車両運搬車は，かなり区分があいまいな分野といえる。重機という言葉からは，重い機械という印象があるが，特に何トン以上のものを重機と呼ぶという定義はない。また産業機械という呼び方もあるが，これにはかなり小型の建機も含まれ，乗用車よりサイズ的に小さいものや，軽量なものもある。各種の構造があるが，なかには乗用車などの車両運搬にも重量級の建機運搬にも使用される形式もある。そのためここでは，車両運搬車としてまとめて解説を進める。

車両運搬車には，自動道板式や荷台屈折式，荷台傾斜式，荷台伸縮式，荷台スライド式などがあり，複数の方式が組み合わされることもある。

自動道板式では，スロープとするための道板が荷台後端に備えられている。ローディングランプとも呼ばれる道板には，荷台幅のものと，2本に独立したものがある。荷台幅のものの場合，走行時には垂直に立てられ，後ろアオリになる。外観上はテールゲートリフターを格納した状態に似ている。2本に独立したものの場合も，走行時には垂直に立てられ，車両後端に2本の柱が立った状態になる。

ローディングランプが使用される際には，荷台後端を支点にして車両後方に倒され，先端が地面に触れられる。建機の重量に耐えられるように作られているものの場合，ローディングランプ自体にもかなりの重量があるため，油圧シリンダーによって作動させるものも多い。乗用車運搬用の車両で，ローディングランプが軽量な場合には手動で操作するものもある。手動のものでも，油圧ダンパーやスプリングで操作力の軽減が図られていることがある。2本独立のローディングランプの場合は，積載する車両のトレッド幅に道板の幅を合わせる必要があるため，支点の部分でスライドできる機構が組み込まれているものもある。

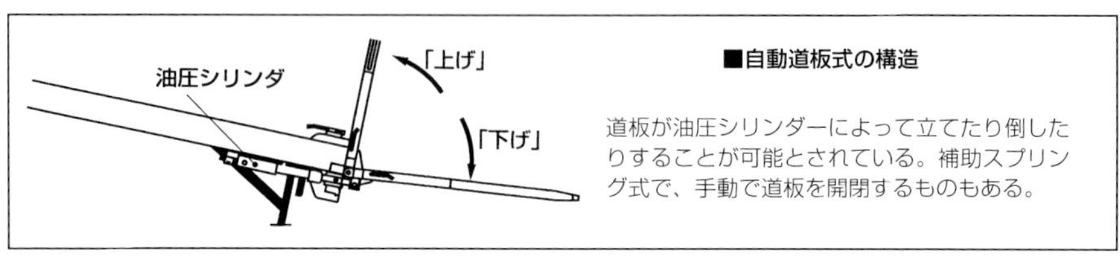

■自動道板式の構造

道板が油圧シリンダーによって立てたり倒したりすることが可能とされている。補助スプリング式で、手動で道板を開閉するものもある。

自動道板式はもっともシンプルな車両運搬車で，ベースとされる汎用シャシーのクラスによって，重機から乗用車まで対応できる。しかし，ローディングランプの長さは，格納時の高さが保安基準の制限を受けてしまうため，それほど長いものは架装できない。一般的にはスロープの傾斜は15度程度にしかならない。不便ではあるが，脱着式道板のほうが長い道板とすることができ，スロープをゆるやかにすることができたりもする。そのため，アプローチアングルやデパーチャーアングルに左右される乗用車の運搬で自動道板式が単独で使用されることはほとんどないが，多くの方式を併用している。

荷台屈折式は，荷台をへの字形に折り曲げられるようにしたもので，一般的には最後輪より後方のオーバーハングの部分を折り曲げる。折り曲げるとはいっても，これだけで荷台後端を地面に触れさせることはできないので，道板は必要不可欠となる。それでも，荷台後端が通常より低くなるので，道板の長さが同じでも，スロープの傾斜を小さくすることができる。荷台の屈折は油圧シリンダーによって行われる。自動道板か脱着式道板が不可欠だが，傾斜が小さくなるメリットは大きい。

折ったり戻したりする構造の荷台ではなく，最初から荷台をへの字形にして後部に傾斜を設けた荷台もある。荷台が傾斜している部分には，積載時に車両を載せることができないわけだが，積載する車両の全長によっては，充分な長さの平坦な荷台を全

■荷台傾斜式（＋荷台伸縮式）の動作

①油圧ジャッキによって車両前方をジャッキアップ。
②車両後端が接地したらスライド荷台を伸ばす。
③道板を倒して車両を積み込む。自走できない場合はウインチを使用。
④道板を上げ、スライド荷台を格納し、ジャッキを縮める。

※タダノ・スーパーキャリーSL-35シリーズ

長12mの範囲内で作ることができる。こうした後端が傾斜した荷台は，非常に大きな重機を運搬することが多い重量用トレーラーの低床式や中低床式のものにも見受けられる。

荷台屈折式は重機にも乗用車にも対応できる方式だが，乗り降りで屈折した荷台の屈折点を重量級の建機などが通過した際には，建機の重心移動によって，車両が大きな衝撃を受けることもあり，充分に安全な形式とはいえない。そのため最近では，単独で採用されることは少なく，ほかの方式と組み合わせた場合にも，大きく屈折しないことがほとんどだ。

荷台傾斜式は，車体傾斜式やセルフローダー式，ティルトローディング式などとも呼ばれ，シャシーフレームを含めて車両全体を傾斜させる。キャブ後方の荷台との間に油圧ジャッキを備えて，車両の前部を持ち上げることによって，荷台後端を下げる。オーバーハングの長い車両では，荷台後端が接地するまで車両を傾斜させることができる。荷台後端が接地するとはいっても，荷台の厚さがあるため，一般的には道板が必要となる。オーバーハングの短い車両では，当然のごとく道板が必要になる。油圧ジャッキの能力と車両の長さによってもスロープの傾斜は異なり，7～13度程度とすることが可能だが，傾斜の小さいものが実用化されていることは少なく，一般的には10度以上の傾斜がある。

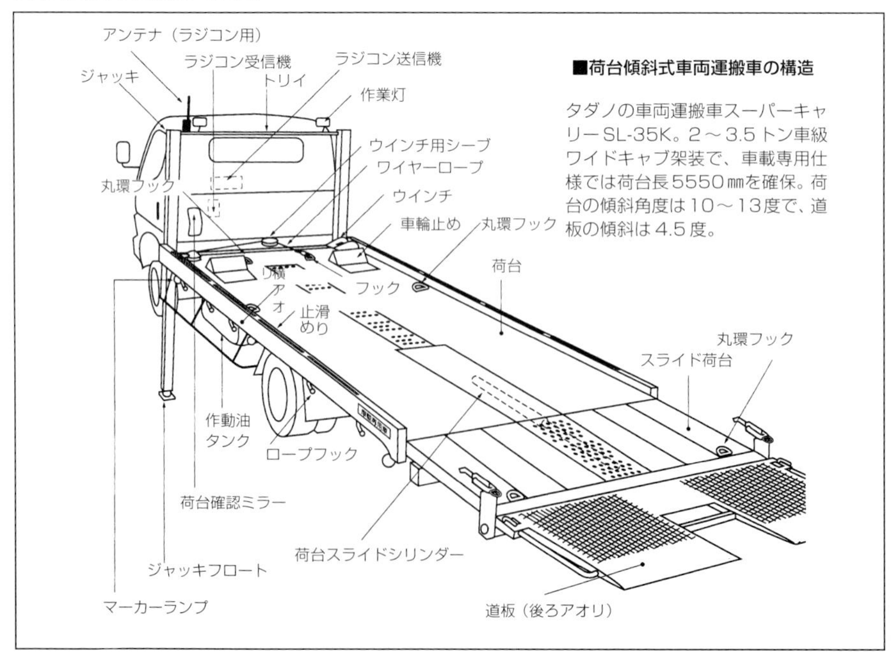

■荷台傾斜式車両運搬車の構造

タダノの車両運搬車スーパーキャリーSL-35K。2～3.5トン車級ワイドキャブ架装で、車載専用仕様では荷台長5550㎜を確保。荷台の傾斜角度は10～13度で、道板の傾斜は4.5度。

荷台傾斜式は自動道板や脱着式道板が組み合わされて使用されるのが一般的で，乗用車にも対応可能な方式ではあるが，傾斜の角度が比較的大きいので，現在では乗用車用に使用されることはどちらかといえば少ない。中小型クラスの汎用シャシーに架装されたものもないことはないが，比較的軽量級の建機に使用される。全体としては，大型クラスの汎用シャシーに架装されることが多く，重機運搬車として使用される。傾斜角度を小さくするために，低床シャシーが採用されることも多い。荷台屈折式も組み合わされることがある。GVW25トン車クラスをベースにした場合，最大積載量は13トンを超えるものもある。

油圧ジャッキの構造は，クレーン付きトラックなどに架装されるアウトリガーに準じたものといえる。アウトリガーと同じように，左右に張り出したうえでジャッキアップするものもあるが，車両幅の位置に固定されていて，ジャッキアップするものが多い。アウトリガーは車両を支えるだけのものだが，ジャッキの場合には車両を高く持ち上げなければならないため，そのストロークも長い。架装される車両の大きさによっても異なるが，大型クラスでは1.5mを超えるストロークのものもある。

一般的な装備としては，これらの傾斜のための機構に加えて，建機の乗り込みをアシストしたり，故障した車両を積載するために，ウインチを備えている。重機に対応するウインチのため，電動式のものは少なく，油圧モーターを使用したものが多い。油圧モーターに減速機が組み合わされ，ドラムを回転させている。

H形構造の油圧ジャッキは，荷台とキャブの間に単独で架装されることもあれば，荷台の鳥居と一体化されることもある。また，ウインチもこの部分に架装され，各種の操作レバーもここに配される。最近では，この部分でのレバー操作に加えて，リモコンで操作可能になっていることも多い。

また，基本的な構造が似ていて架装される位置も同じため，クレーン付きトラックにセルフローダー機能が盛り込まれることもある。油圧ジャッキやアウトリガーのストロークを伸ばすことなどで対応でき，ウインチはクレーンには必ず備えられている。自動道板などまで架装することはあまりないが，脱着式道板を用意すれば，クレーン付きトラックでありながら，ある程度までの建機を運搬することが可能となる。

荷台伸縮式は，荷台後部が外箱と内箱にされていて，油圧シリンダーによって内箱を押し出し，荷台を長くすることができる。これだけでは，車両運搬車としての効果はないが，荷台傾斜式と組み合わせることによって，ジャッキで同じ高さまで車両前方を上げたとしても，荷台を伸ばさない場合より荷台後端をより低くすることができる。逆に，荷台後端を同じ高さにすることを考えると，荷台を長くしたほうが荷台全体の傾斜が小さくなり，運搬する車両が乗り込みやすくなる。

荷台スライド式は，もっとも新しい形式で，各社がさまざまな方式を開発している

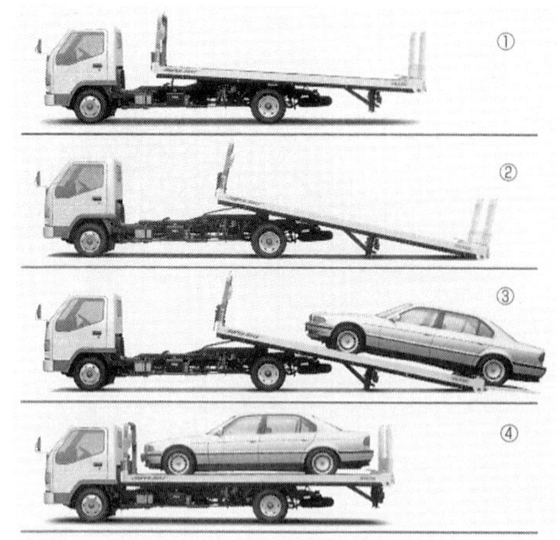

■荷台スライド式の動作

①スライドシリンダーで荷台を後退。
②荷台がさらに後退し後端が接地。
③道板を倒して、車両乗り込み。
④車両を乗せたまま荷台を元の位置へ。

※タダノ・スーパーセルフSS-28シリーズ

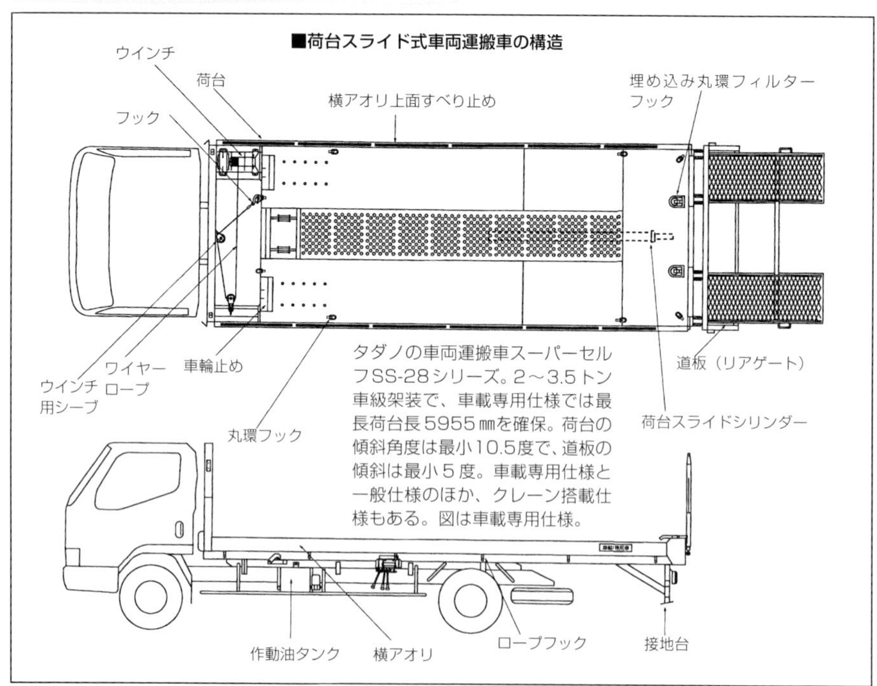

■荷台スライド式車両運搬車の構造

タダノの車両運搬車スーパーセルフSS-28シリーズ。2～3.5トン車級架装で、車載専用仕様では最長荷台長5955㎜を確保。荷台の傾斜角度は最小10.5度で、道板の傾斜は最小5度。車載専用仕様と一般仕様のほか、クレーン搭載仕様もある。図は車載専用仕様。

が，基本的には荷台全体が車両後方にスライドし，荷台の前部を車両後端に残した状態で，荷台後端を接地させる。荷台のスライドにはスライドシリンダーと呼ばれる複動式の油圧シリンダーが使用され，荷台が傾斜した際には一緒に傾斜できるように回転軸で支えられている。スライドシリンダーが伸びていくと，荷台は後方へ移動していき，後端が次第に下がって接地する。長いスロープが作られることになるので，10度以下の傾斜を実現しているものも多く，7度程度までが実現されている。さらに，各社が0.5度単位の開発競争を繰り広げている。

荷台スライド式を発展させて，荷台全体をさらに後方までスライドさせ，最終的に荷台全体を地面に降ろしてしまう方式もある。荷台を降ろしてしまえば，傾斜はゼロ

■荷台スライド式の動作機構

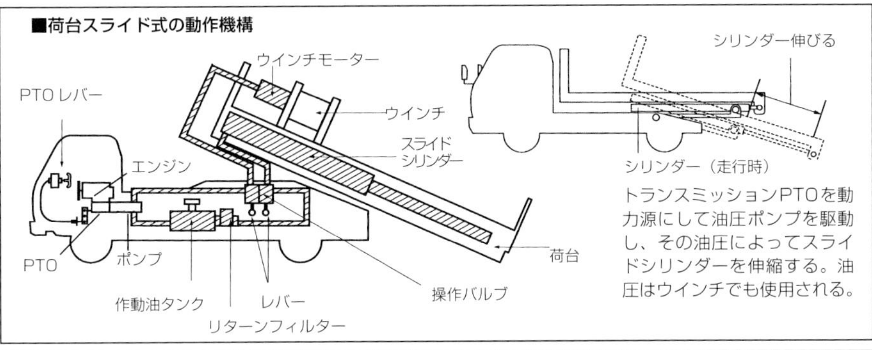

トランスミッションPTOを動力源にして油圧ポンプを駆動し、その油圧によってスライドシリンダーを伸縮する。油圧はウインチでも使用される。

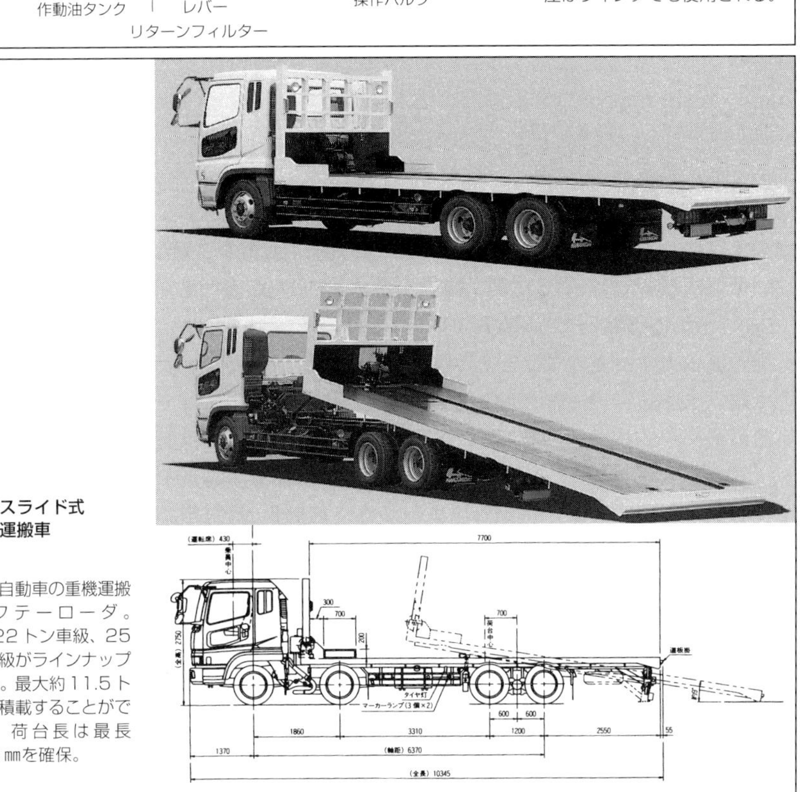

■荷台スライド式
重機運搬車

花見台自動車の重機運搬車セフテーローダ。GVW22トン車級、25トン車級がラインナップされる。最大約11.5トンまで積載することができる。荷台長は最長8400㎜を確保。

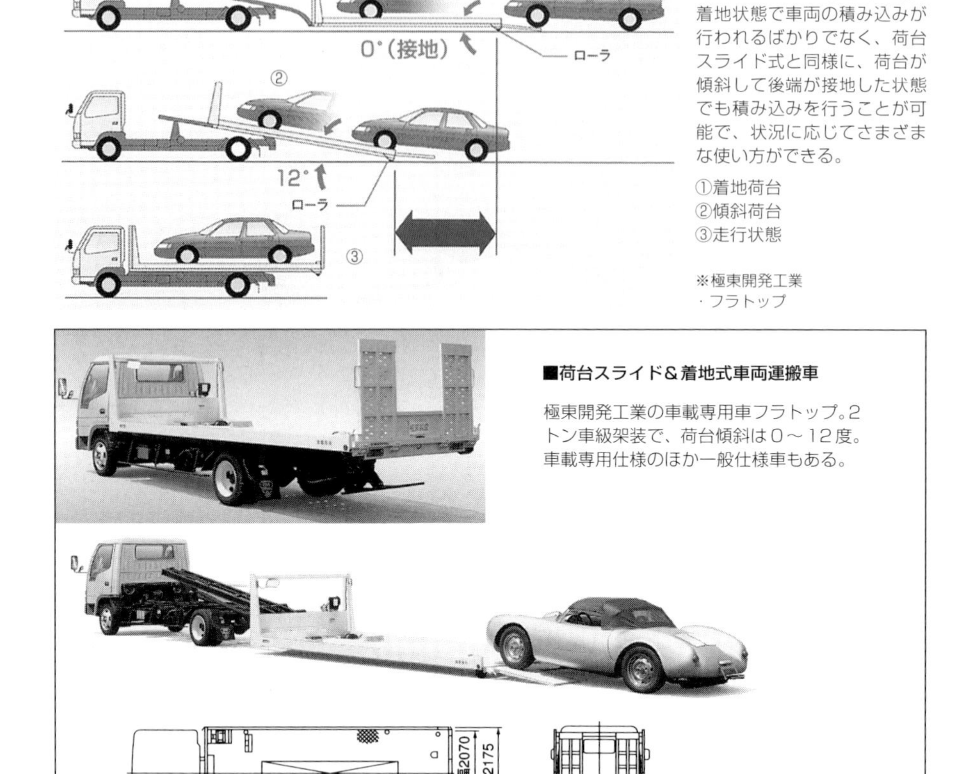

■荷台スライド＆着地式の動作

荷台スライド＆着地式の場合着地状態で車両の積み込みが行われるばかりでなく、荷台スライド式と同様に、荷台が傾斜して後端が接地した状態でも積み込みを行うことが可能で、状況に応じてさまざまな使い方ができる。

①着地荷台
②傾斜荷台
③走行状態

※極東開発工業
・フラトップ

■荷台スライド＆着地式車両運搬車

極東開発工業の車載専用車フラトップ。2トン車級架装で、荷台傾斜は0〜12度。車載専用仕様のほか一般仕様車もある。

になりそうだが，実際には荷台の厚さがあるので，この場合でも道板分の傾斜が発生する。

荷台スライド式は，積み込み時には荷台に積載車両の重量がかかるため，油圧シリンダーやレールなどの構造への負担も大きく，当初は乗用車用の車両運搬車として登

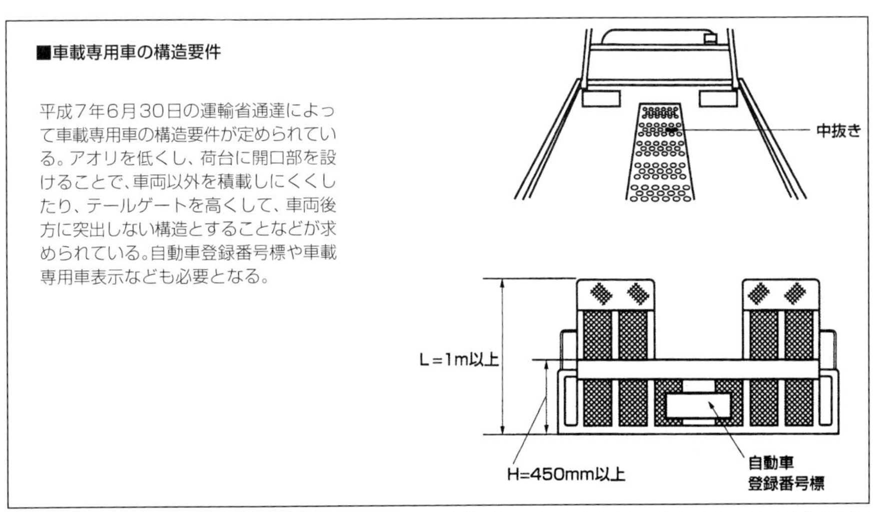

場したが，現在では大型の汎用シャシーに架装するものも増えてきていて，重機運搬車にも採用されてきている。

なお，車両運搬車ではリアオーバーハングが長いほど有利になる。全長の長い車両を積載できることはもちろんだが，単に長い車両運搬車を作るには，ホイールベースを保安基準の範囲内で長くすればよい。ところが，これでは荷台傾斜式ではジャッキで高く車両前方を持ち上げなければならず，荷台スライド式でも荷台をスライドさせる距離が長くなってしまう。そのため，リアオーバーハングが長いほうが有利となるが，保安基準ではリアオーバーハングはホイールベースの2分の1が限度とされている。

しかし，運輸省の通達によって車載専用車の構造要件を満たしていれば，リアオーバーハングがホイールベースの3分の2の長さまで認められる。構造要件にはさまざまな事項が定められているが，主要な点としては車両以外の物品が容易に積載できない構造であり，積載車両が車載専用車の後方に突出しない構造であることが求められている。つまり，荷台の床に開口部を設けたり孔明板などを採用することや，アオリを床面から15㎝以内にするなど，車両以外を積載しにくい荷台とし，後部扉である道板の高さは1m以上として積載車両が後方に突出しないようにする必要がある。車両運搬車には，こうした専用車としての構造要件を満たした車載専用仕様車と，オーバーハングをホイールベースの2分の1以内に収めることで，そのほかの物品も積載可能とした一般仕様車がある。

日本自動車車体工業会の統計では，車両運搬車と産業機械運搬車が別枠とされている。また，車両運搬車は1台積み，2台積み，3台積み，4台積み以上と区分けされている。1台積み車両運搬車の平成10年度の生産台数は1918台あり，そのうち小型が約78%，中型が約21%となっている。乗用車等を前提とした車両運搬車では，やはり小型が中心で，大型はほとんどない。

いっぽう産業機械運搬車の平成10年度の生産台数は1811台で，そのうち荷台傾斜式が約34%，荷台スライド式が約60%となっていて，そのほかの形式はほとんどない。荷台傾斜式の内訳では大型が約83%，中型が約16%で小型はほとんどなく，やはり荷台傾斜式は主に重量級の産業機械運搬に使用されている。いっぽう荷台スライド式の内訳は大型が約23%，中型が約14%，小型が約63%で，現状では半数以上が小型車で，乗用車の運搬や小型の建機の運搬に使われていると思われる。

■亀の子式車両運搬車

複数の自動車を積載して運搬する車両運搬車は，クルマの上にクルマが乗っている

■亀の子式車両運搬車の車両積載方法

同じ5台積みでも、積載車両を傾斜させて落とし込むことで全高を抑えていることもある。ワンボックスカーのように全高の高い車両の場合には、一般的な形状の亀の子式では積載できないこともあり、特殊な形態での積載が行われる。浜名ワークス・カーキャリア。

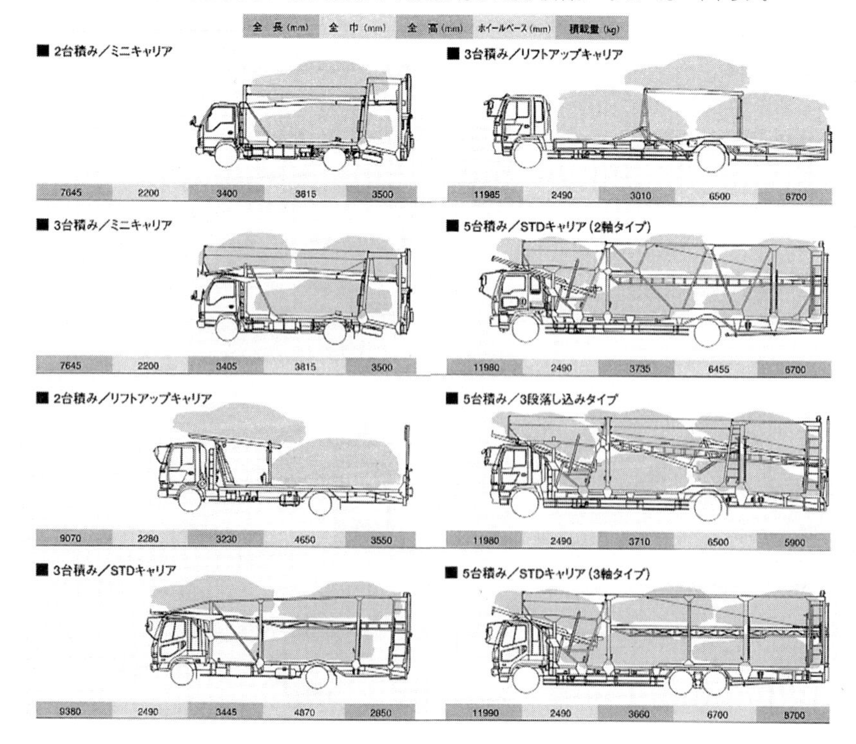

ように見えることから，亀の子式車両運搬車と呼ばれる。中型の汎用シャシーを使用した2台積みや3台積みもあるが，主力となっているのは大型の汎用シャシーを使用した5台積みで，2軸車でも6トンを超える積載量，3軸車では8トンを超える積載量を確保している。6トンの積載量があれば5台を積載したとしても1台あたり1.2トンとなり，小型乗用車ならば問題なく積載することができ，8トンの積載量があれば1台あたり1.6トンとなり，普通乗用車でも5台積載できることがほとんど。5台積載の場合，一般的に下段に2台，上段に3台が積載され，上段の先頭の積載車は一部がキャブ上にまでくる。最近では7台積みのトレーラーも多い。

こうした積載量を確保する必要があり，加えて搭載車が自力で出入りできる必要があるため，低床シャシーが採用され，架装の構造自体はラーメン構造が採用されている。ラーメン構造とは，住宅などの建造物の構造でも耳にしたことがあると思われるが，「曲げに対して抵抗しうる部材を剛節（相互の角が変化しない節）によって結合した構造」というもので，要するに各部の柱がしっかり組み合わされ，それぞれにねじりや曲げといった力に対抗している。それぞれの柱は，鋼板の折り曲げ材や角柱が使用され，接合部には補強板が加えられている。

亀の子式車両運搬車も，運輸省の通達に基づき，車載専用車の構造要件を満たすことによって，リアオーバーハングをホイールベースの3分の2にしているものがほとんどで，積載車が乗り込みやすい構造になっている。

上段に積載車が乗り込むために，一端をヒンジで支えられた荷台部分が油圧シリンダーによって上下動されたり，ワイヤーロープで下降させられたりする。必要に応じて道板がスライドして伸長することもある。

以前は乗用車が中心であり，ワンボックスカーやクロスカントリータイプ4WD車

■2台積み車両運搬車

花見台自動車のセフテーローダーBig Ⅱ。2段目のフロアが全体に傾斜し道板とつながることでゆるやかな傾斜を実現している。

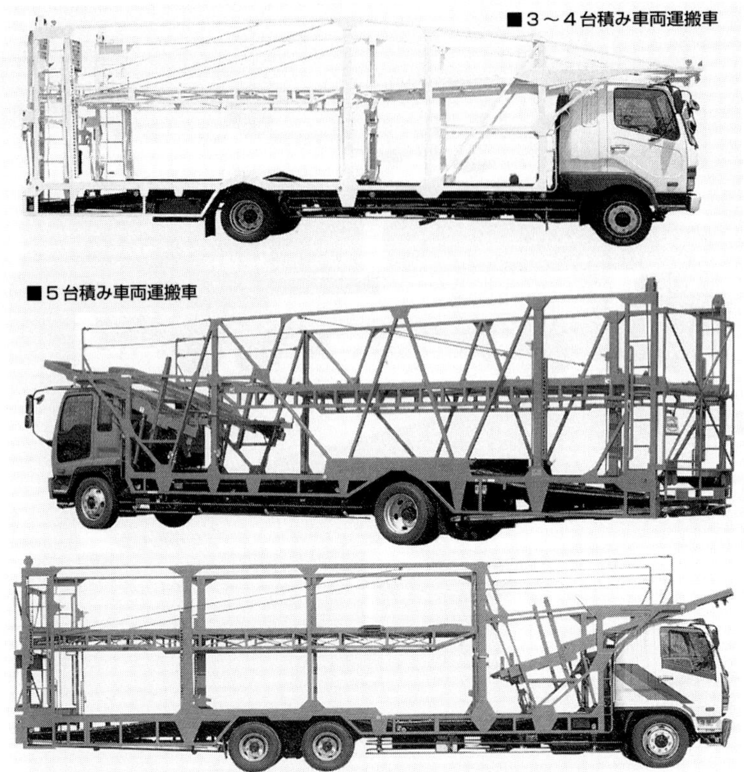

浜名ワークスの5.5トン車（増トン）3～4台積みキャリア。小型乗用車2台と中型乗用車2台の積載が可能。新規格軽自動車の5台積みも可能とされている。このほか、普通免許で運転できる4トン車3台積みキャリアもある。

浜名ワークスの大型5台積みキャリアと大型3軸低床5台積みキャリア。油圧シリンダーを5本使用し、2段目フロアをボタンひとつで昇降することができる。3軸車では5トン以上の積載を確保し、普通乗用車の5台積載も可能とされている。

のように車高の高い車両は限られたものであったが，RVブーム以降は乗用車タイプでも車高の高いものが増えてきている。そのため亀の子式車両運搬車でも，こうした車両に対応できるように特殊な形態での積載が求められ，フロアの低床化がさらに進んでいる。全長12m，全高3.8mの保安基準の範囲内で，いかに多くの車両を積載できるかがますます重要となっており，最近では，単車のトラックより低床化しやすいセミトレーラー式の亀の子式車両運搬車も多く，8台積みといったものも登場してきている。

車両運搬車のうち，2台積み，3台積み，4台積み以上の平成10年度の生産台数は377台。そのうち，2台積みが約35%，3台積みが約21%，4台積み以上が約44%となっている。2台積みの内訳は，小型が約60%，中型が約39%で小型が中心となっているのに対して，3台積みに小型はなく，中型が94%でほとんどを占める。4台積み以上になると中型が約4%あるものの，ほとんどが大型となっている。

環境衛生車系

■ゴミ収集車

ひと口にゴミ収集といっても，一般家庭のゴミもあれば，工場などから排出されるものもある。また，ゴミの分別も細分化が進み，資源ゴミとしてリサイクルを前提に収集されるものもあり，取り扱いは多種多様にわたる。そのため，塵芥収集車とも呼ばれるゴミ収集車にも，機械式やダンプ式，コンテナ式などさまざまなものがある。

ダンプ式の場合，要するにダンプトラックのことで，ゴミという積載物の性質上，深アオリのものが多く，屋根まである天蓋付きのものが多い。投げ入れるなどの方法によって収集が行われ，目的地ではダンプアップして排出する。集合住宅などでは，大型のダストボックスが備えられ，ここにゴミを集めていることもあるが，こうした大型のダストボックスを持ち上げ，荷台にゴミを落とすためにクレーン付きのダンプトラックもある。

こうした深アオリや天蓋付きのダンプ式は，ゴミ中継輸送車にも使用される。家庭から集められた資源ゴミなどが，いったん収集場所に集められたうえ，リサイクル工場などに運搬する際にゴミ中継輸送車が使われる。

また，分別ゴミや資源ゴミを収集する目的で，複数のダンプ荷台を備えたゴミ収集車もある。たとえば，サイドダンプ方式で4つの荷台を設け，それぞれビン，缶，新聞，雑誌などに区別して収集し，目的地では個別にダンプアップして個別に排出することができる。

機械式ゴミ収集車は，市街地でもっとも目にすることが多いもので，パッカー車と呼ばれることも多い。一般的にゴミを圧縮しながら収集することで，ゴミの減容化を図り，大量のゴミを収集可能としている圧縮式が多い。圧縮式ゴミ収集車は，圧縮積み込み機構であるホッパー，圧縮したゴミを格納するボディ，目的地で圧縮したゴミを捨てる排出機構で構成される。

圧縮積み込み機構は，過去さまざまな方式が開発されてきたが，現在では回転板式とプレス式が一般的だ。各社それぞれに独自の技術を開発し，圧縮能力などを高めているが，基本的な構造は似通っている。

ボディ後部は開口構造で，ここに上辺を支点にして開閉できるようにホッパーが取り付けられている。ホッパーには，ゴミ収集作業時以外は閉じることができるカバー

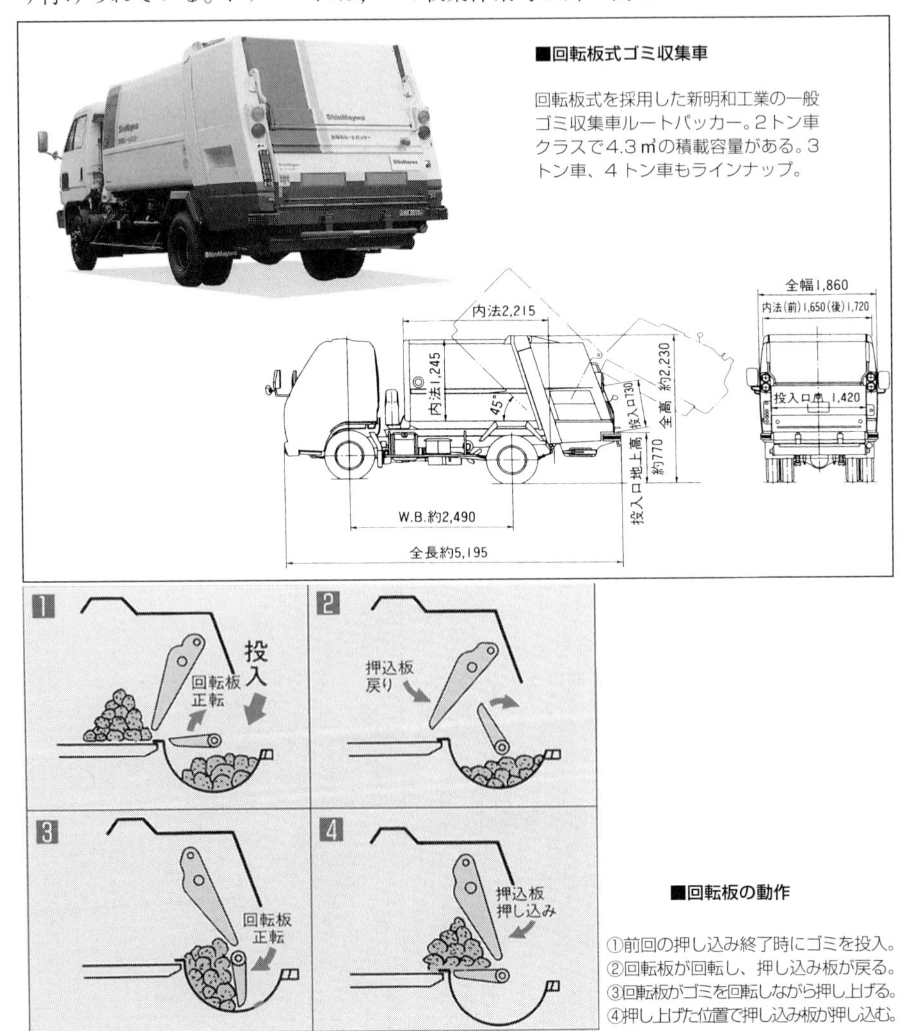

■回転板式ゴミ収集車

回転板式を採用した新明和工業の一般ゴミ収集車ルートパッカー。2トン車クラスで4.3㎥の積載容量がある。3トン車、4トン車もラインナップ。

■回転板の動作

①前回の押し込み終了時にゴミを投入。
②回転板が回転し、押し込み板が戻る。
③回転板がゴミを回転しながら押し上げる。
④押し上げた位置で押し込み板が押し込む。

が備えられた開口部があり，ゴミ収集時にはここからゴミをホッパー底へ投入することになる。

回転板式の場合，ホッパーの底は断面が半円形にされていて，この円の中心が回転板の中心となる。回転板はリフトプレートとも呼ばれ，油圧モーターからチェーン駆動されている。回転板が回転することによって，ホッパー底のゴミがかき上げられ，ボディ開口部の下端まで持ち上げられる。この時，回転板の上部に備えられた押し込み板が，回転板上のゴミをボディ内に押し込む。

押し込み板は前後に首振り運動をする板で，首振りの回転中心が回転板より高い位置に設けられている。押し込み板はプッシュプレートとも呼ばれ，プッシュシリンダーと呼ばれる油圧シリンダーによって首振りが行われる。押し込み板の先端部分が回転板の先端を外れ，ボディ内に入ったタイミングで，回転板は押し込み板と擦れ違い，次のゴミのかき上げのために回転を続ける。この間に押し込み板は首振り運動によって，先端が回転板の回転中心の位置付近まで戻る。この2枚の板の回転運動と首振り運動の連続によって，ゴミがボディ内に押し込まれていくことになる。回転板式

■回転板式ゴミ収集車の構造（ダンプ排出）

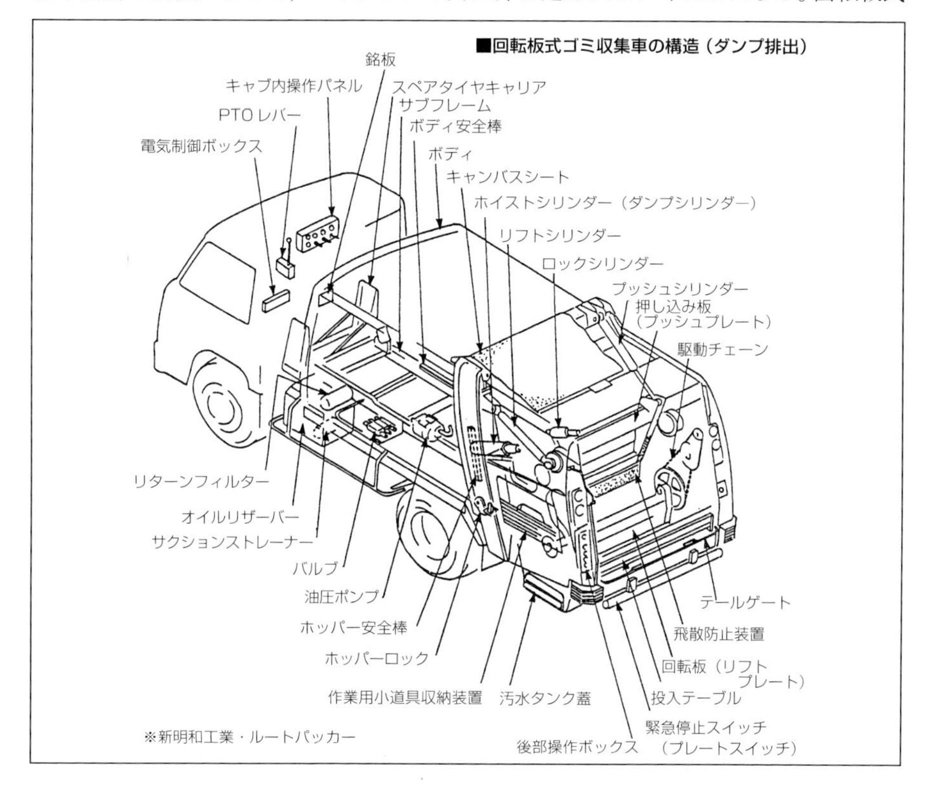

※新明和工業・ルートパッカー

の場合，ボディ内にゴミが少ない状態では，ゴミは単にボディ内に押し込まれるだけで圧縮は行われない。

回転板は，押し込み板の先端の円弧状の動きに対応した円弧とされていることが多い。また，押し込み板の動きは，単純な首振り運動ではなく，押し込み能力を高めるために，複雑な動きとされているものもある。

プレス式の場合，ホッパー内の圧縮板は，首振り運動をする板であると同時に，首振りの回転中心が車両後方の低い位置から，少し前方の高い位置まで斜め方向に移動

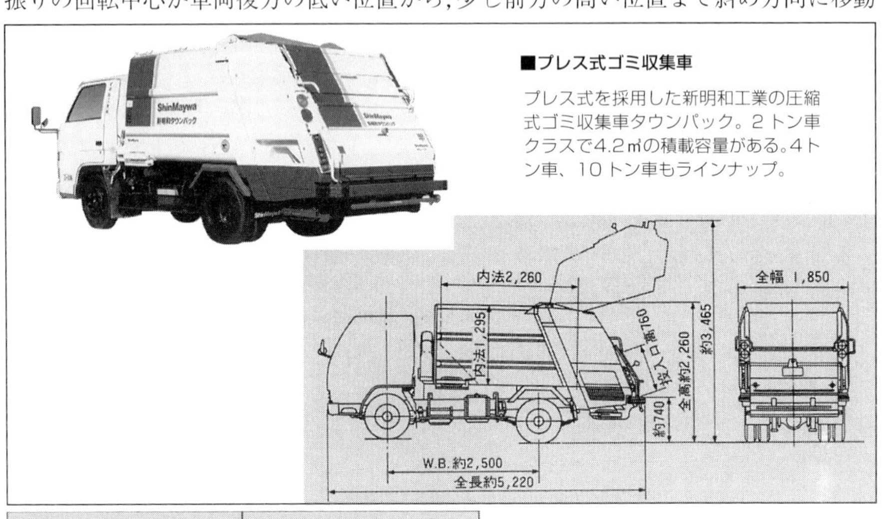

■プレス式ゴミ収集車

プレス式を採用した新明和工業の圧縮式ゴミ収集車タウンパック。2トン車クラスで4.2㎥の積載容量がある。4トン車、10トン車もラインナップ。

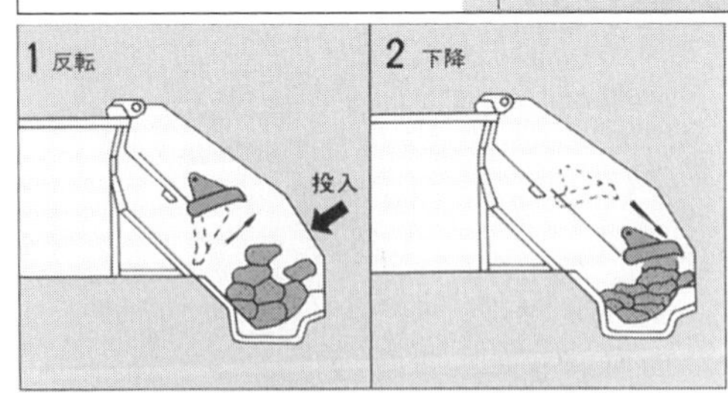

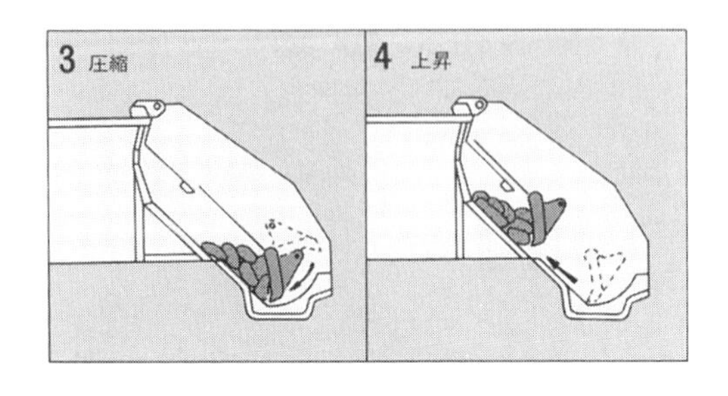

■圧縮板の動作

①圧縮板が高い位置で反転して準備完了。
②圧縮板が下降してゴミを底で圧縮。
③圧縮板が正転してゴミを側面で圧縮。
④圧縮板が上昇してボディ内に詰め込み。

する。圧縮板はプレスプレートとも呼ばれ，パックシリンダーとプレスシリンダーで動かされる。斜め方向への移動機能をスライダーと呼ぶこともある。

圧縮板が高い位置にあり，後方に上げられた状態で，ホッパーにゴミが投入される。圧縮板は斜め下方に移動し，ホッパー底にゴミを圧縮する。これが1次圧縮で，続いて圧縮板が首振りを行い，2次圧縮としてホッパー前部にゴミを押し付ける。さらに圧縮板は回転してゴミをかき上げながら，斜め上方へ移動して，ボディ内にゴミを押し込む。押し込みが完了すると，圧縮板は反転して，車両後方側に上げられる。この圧縮板の首振り運動と直線移動の連続によって，ゴミは常に圧縮されながら，ボディへ押し込まれることになる。

圧縮板の基本的な動きに加えて，1次圧縮から2次圧縮の間で何度も圧縮板がホッパーにゴミを押し付けて圧縮作業できるように，複雑な動きを加えているものも多い。常に圧縮しながらゴミを積み込んでいけるので，一般的にはプレス式のほうが圧縮力が強く，それだけ多く積むことができる。

どちらの方式の場合にも，回転板や圧縮板などの作動には油圧が利用される。油圧

■プレス式ゴミ収集車の構造（排出板式）

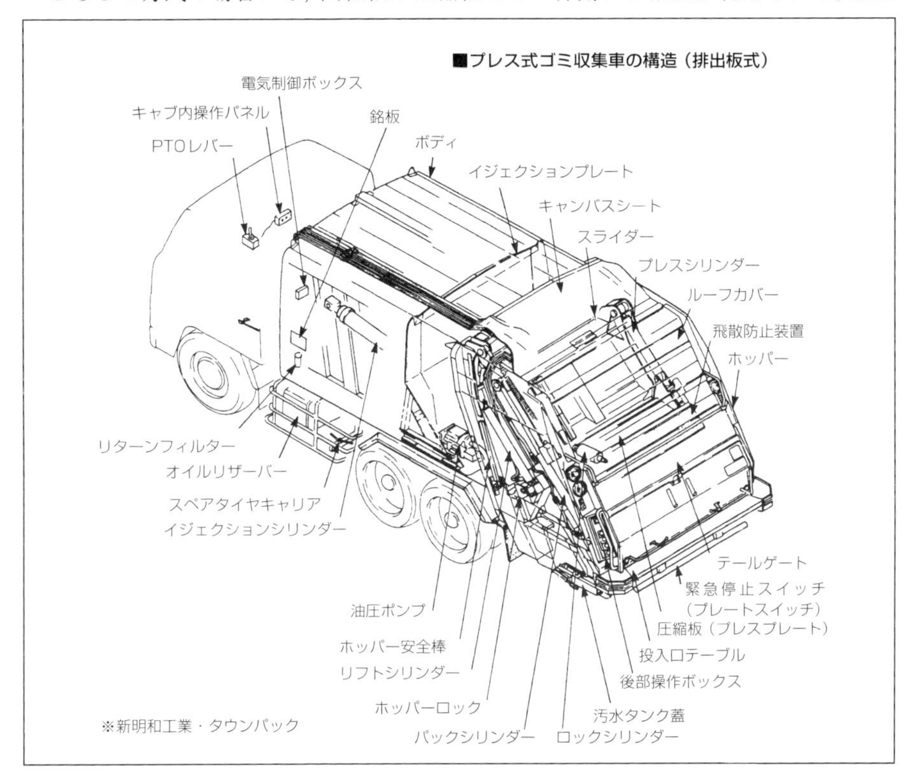

※新明和工業・タウンパック

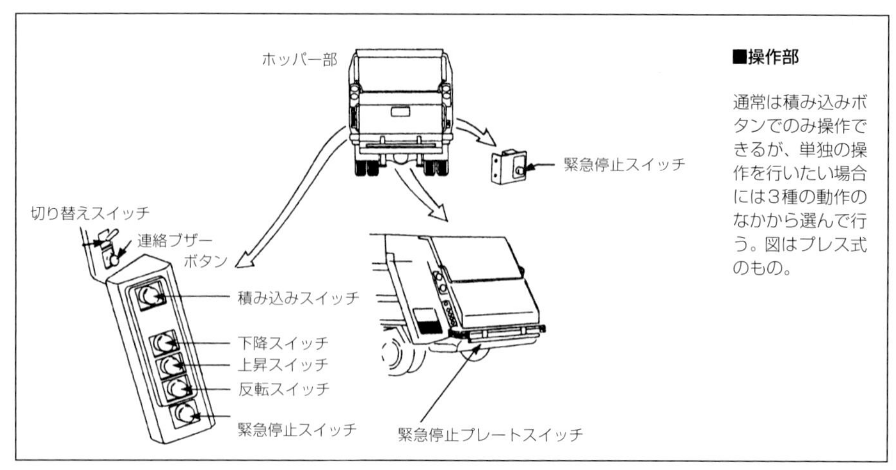

モーターや油圧シリンダーで回転や移動を行っている。油圧モーターは，減速機を組み合わせることで減速・増トルクを行い，圧縮能力を高めている。

動力源はトランスミッションPTOで，これにより油圧ポンプを駆動している。油圧ポンプはギアポンプが多いが,最近では必要な油量だけの油圧を発生させることができ,エンジンへの負担や騒音を低減できる可変容量型のピストンポンプが使われることもある。ホッパーの開閉にも，同じ油圧を利用した油圧シリンダーが使用される。このシリンダーはリフトシリンダーと呼ばれることが多い。

ホッパーの積み込みは，車両後方に配されたスイッチ類で操作される。現在では電気スイッチが主流で，スイッチ操作で電磁バルブが作動して油路が切り替えられ，積み込み作業が行われる。基本的にスイッチは4個備えられ，回転板式の場合は①積み込み起動スイッチ，②回転板逆転スイッチ，③押し込み板押し込みスイッチ，④押し込み板戻りスイッチで，①を押すとエンジン回転が上がり，回転板と押し込み板が一連の積み込み作業を行い，1サイクル作動すると自動的に停止する。②③④は単独作動スイッチで，スイッチを押している間だけそれぞれの動作が行われる。プレス式の場合は①積み込み起動スイッチ，②下降スイッチ，③上昇スイッチ，④反転スイッチで，それぞれの動作は回転板式の場合と同じだ。

スイッチ類はホッパーの左右片側にしか備えられていないことがほとんどだが,安全のために緊急停止スイッチは両側に備えられている。このほか，ホッパー下部にバー状の緊急停止スイッチが設けられている。これらのスイッチ類や安全のための装置は，労働省の安全指導基準に定められている。

ホッパー下部には，汚水タンクが設けられている。生ゴミの場合，大量の水分が含まれていることもあり，そのままでは焼却の際の障害になる。いずれにしろ，ホッパーでの圧縮時に水分などが絞り出されてくるので，これを受ける汚水タンクが必要になる。生ゴミは水も含んだまま出されることが多く，汚水タンクは大容量のものが必要となる。最大積載量4トン車クラスでは100 ℓを超えるものもある。

ボディをはじめホッパーなどは鋼板を溶接して製造される。ボディは，ゴミの押し込みの際に圧力がかかることになるので，丈夫な構造が求められる。たとえば，紐だしと呼ばれる方法では，断面側から見ると凸形に鋼板を折り曲げ，外側から見ると柱が備えられているような状態にされる。こうした折り曲げを作ることで，全体としての強度が高められている。プレス式の場合には，ホッパーの底板にゴミが強く押し付けられることになるので，耐久性の高い特殊鋼板が採用されることも多い。

収集したゴミの排出方法には，ダンプ式と水平押し出し式がある。ダンプ式の場合，ボディの下にダンプ機構が備えられ，ホッパーを上げた状態でホイストシリンダーでボディをダンプアップし，ボディ内のゴミを排出する。ホイストシリンダーは，ホッパー同様の油圧で駆動される。

水平押し出し式は，排出板式や強制排出式とも呼ばれ，ボディ内の前方の壁とほぼ同一のサイズで，移動壁が備えられている。移動壁は排出板やイジェクションプレートとも呼ばれる。ゴミの排出時には，ホッパーを上げた状態で，排出板が後方に移動して，ゴミを押し出す。押し出しにはイジェクションシリンダーと呼ばれる複動式多

■排出方式

●水平押し出し式排出

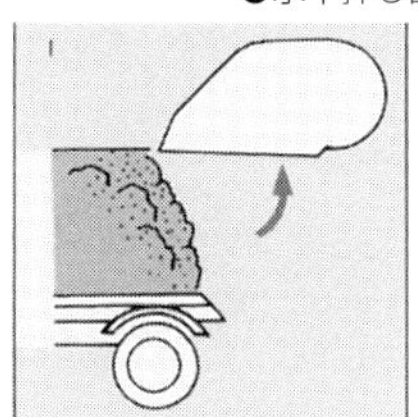

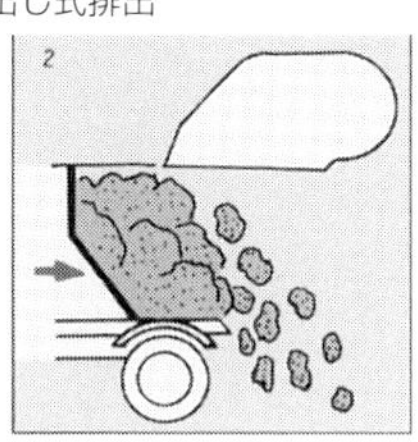

●ダンプ式排出

■リサイクルカート対応ゴミ収集車

リサイクルカートをセットすると、自動的に内部のゴミがパッカーに投入される。
ゴミの計量システムとしても利用できる。新明和工業・ゴミ計量システム。

段の油圧シリンダーが使われ，ホッパー同様の油圧で駆動される。

圧縮式ゴミ収集車には，さまざまな発展形もある。圧縮式ゴミ収集車では，作業者がゴミ袋をホッパーに投げ入れたり，ポリバケツ内のものをホッパー内に落とし込む使われ方が一般的だが，最近ではポリバケツやゴミ袋ではなく，リサイクルカートと呼ばれる規格化された容器が使われることもある。ゴミ収集の省力化と自動化を目的に開発されたもので，将来的にはゴミ有料化にも対応しやすい容器だ。このリサイクルカートに対応した圧縮式ゴミ収集車では，リサイクルカート用の反転投入機がパッカーの開口部に装備されている。ダンパーとも呼ばれる反転投入機は，その名の通りリサイクルカートをセットするだけで，自動的に容器が持ち上げられ，内部のものがパッカー内に投入される。反転投入機は油圧シリンダーによって作動されている。

集合住宅などで使用されるダストボックスは，クレーン付きダンプ式ゴミ収集車で内部のゴミを荷台に移して収集されることが多いが，未圧縮でゴミを運搬することになるので，効率がよくない。そこで，ダストボックス対応の圧縮式ゴミ収集車も登場

■ダストボックス対応ゴミ収集車

付属のクレーンでダストボックスを持ち上げ、収集車内部に投入。圧縮板によって圧縮が行われる。新明和工業・ダストボックス用圧縮式ゴミ収集車リレーパック3～4トン車。

●動作

①ルーフゲートを開ける。
②ダストボックスをクレーンで持ち上げ投入。
③ルーフゲートを閉じる。
④圧縮板でゴミを押し込む。
⑤排出時にはリアゲートを開けて押し出す。

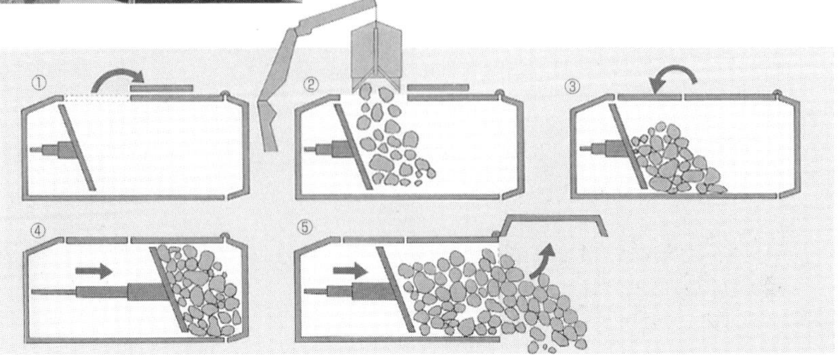

してきている。パッカー開口部を大きな受け皿として開けるようにし，さらにクレーンを備えている。クレーンによってダストボックスを持ち上げたうえで，パッカーの受け皿上に移動し，内部のゴミを受け皿に落とし，圧縮したうえでボディに収めることができる。

分別ゴミに対応した2槽式の圧縮式ゴミ収集車もある。ボディ，パッカー，排出装置をそれぞれ左右2分割して，左右で異なったゴミを独立した状態で集めていくことができる。ただし，左右に収めるゴミの種類によっては，比重が大きく異なり，左右で車両の重量バランスが狂ってしまうこともある。そのため上下2槽式の圧縮式ゴミ

■分別式ゴミ収集車

●左右２槽式

ボディが左右に分けられホッパーも左右それぞれに備えられた新明和工業のタウンパック「分別くん」。写真は２トン車。

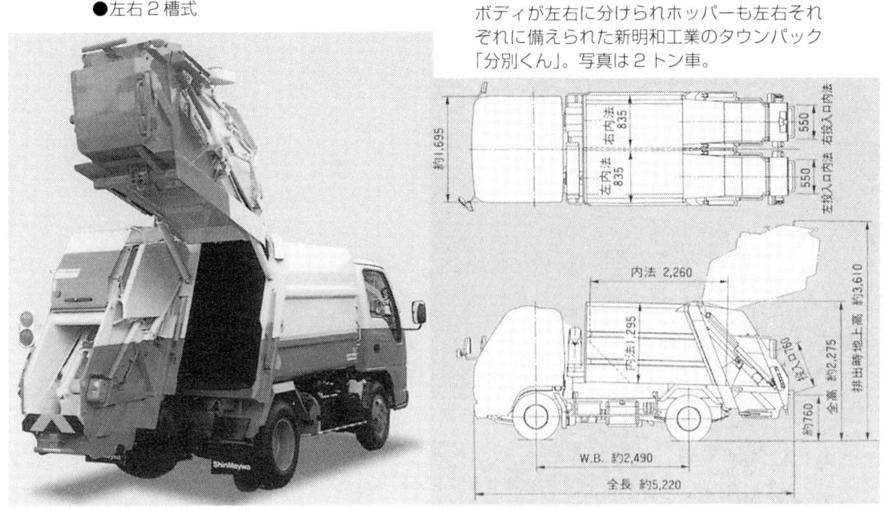

●上下２槽式

満載時の左右のバランスがよい上下２槽のゴミ収集車。新明和工業のルートパッカー「分別くんⅡ」５トン車。

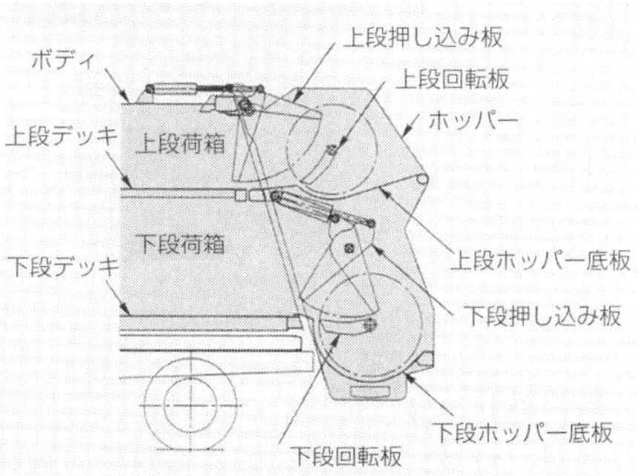

収集車も開発されている。内部はもちろんホッパーも2槽とされている。通常，上槽には比重の軽い資源ゴミを，下槽には可燃ゴミを分別収集する。

ペットボトルの回収にも，圧縮式ゴミ収集車が使用されることがある。ペットボトルは圧縮による減容率が大きなもので，キャップが外されていれば比較的容易に圧縮することができ，キャップを外したうえでの返却が指導されているが，実際にはキャップ付きで出されることも多い。こうした場合，ゴミ収集車が圧縮だけで対処しようとすると，大きな負担がかかってしまう。そこで，ペットボトルのエア抜き機能を備えた圧縮式ゴミ収集車が使用される。

ボディ部分を脱着可能とした，コンテナ式の圧縮式ゴミ収集車もある（脱着ボディシステムとは異なる）。ゴミ収集車はボディが満杯になった状態で，いったん中継場に戻り，空のボディと交換し，再度ゴミ収集に出発。集まった満杯のボディ部のコンテナは，コンテナ車ゴミ運搬車で処分場や焼却場に運ばれ，ダンプアップさせることで内部のゴミを排出する。

また，分別ゴミのなかにはガラスビンのように圧縮に適さないものもある。こうしたゴミはダンプ式ゴミ収集車で集められることが多いが，アオリを超えて高い位置からゴミを投げ入れなければならないので，作業者の負担も大きく，危険でもある。そのため，圧縮機能を備えていない機械式ゴミ収集車も登場してきている。分別ゴミに

■資源ゴミ回収車

圧縮を行わずボディの上部からバケットによってゴミを投入して回収する。新明和工業の再生資源回収車リサイクルパッカー２～４トン車。

●動作

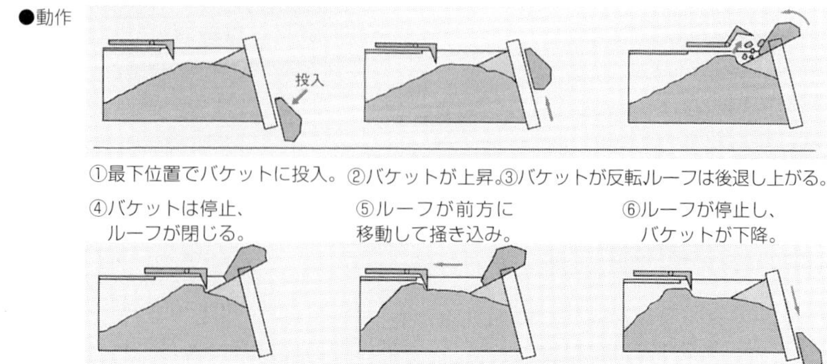

①最下位置でバケットに投入。②バケットが上昇。③バケットが反転ルーフは後退し上がる。
④バケットは停止、ルーフが閉じる。⑤ルーフが前方に移動して掻き込み。⑥ルーフが停止し、バケットが下降。

■ペットボトル減容梱包車

ペットボトルを圧縮して容積を小さくしたうえで、ヒモ掛けによって梱包を行うことができる。新明和工業のPETベーラー車2トン車級。減容梱包ばかりでなく少量の運搬も可能。

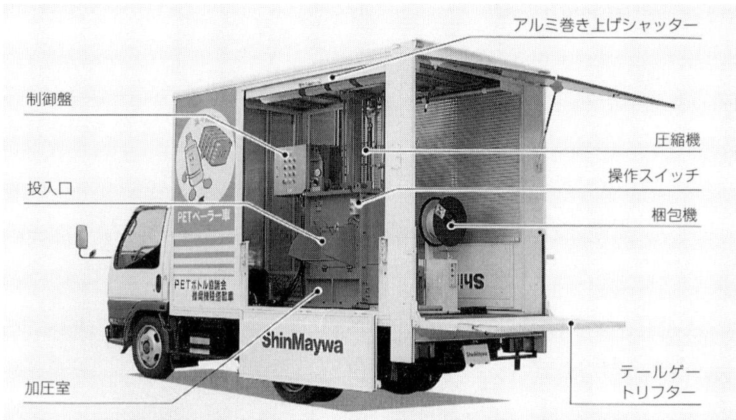

対応したゴミ収集車のため，複数種類のゴミを同時に収集できるものが多い。

こうしたゴミ収集車では，作業者は車両後方のバケットに，分別ゴミを収める。バケットは，壁面に沿ってスライドアップしたうえで，ダンプアップなどで反転し，内部のゴミがボディ内に落とされる。ただし，このままではボディ内にゴミが山状に入ってしまい，山が高くなると，新たなゴミが入れにくくなるばかりか，ボディ容積を効率よく使うことができない。そのため，ボディのルーフにかき込み機構を備え，バケットの動きに連動して，ゴミの山をくずすようにされている。

このほか，ゴミ収集車には，さまざまに新機構のものも開発されている。特にリサイクル可能な資源ゴミに対応したものが多い。なかでも，ペットボトルは容器包装リサイクル法の施行によって分別回収が義務付けられるようになり，資源としてのリサイクルが進みつつあるが，容積が大きいため回収作業効率や運搬効率，保管スペースが大きな課題となる。こうしたペットボトルの減容・梱包機能を搭載した車両が，ペットベーラー車だ。ペットボトルの穴空け，圧縮，梱包を1台で行えるもので，専用の施設を建設するよりも効率的に機械を運用することができる。圧縮・梱包された状態であれば，運搬や保管も容易になるのはもちろん，ある程度の量ならばペットベーラー車でも運搬できる。

また，容器包装リサイクル法の第2弾で対象とされている発泡スチロールは，一般ゴミとともに燃やしてしまうと，発熱量が大きく，ゴミ焼却炉を傷めやすいが，実際にはリサイクル可能な素材であるため燃やす必要はない。しかし，発泡スチロールは軽比重でかさばってしまうため，回収が難しい。発泡スチロールの発泡倍率は50倍にも達しているため，廃発泡スチロールの運搬は，空気を運んでいるようなものだといえる。

発泡スチロールは，1970年代から粉砕によるリサイクルが始まり，現在では加熱減容方式が一般的で，発泡スチロールのリサイクルの7割以上をこの方式が占める。溶かした発泡スチロールは，インゴットとして輸出されるほか，建材や燃料に利用されている。発泡スチロールとしての再利用も検討されている。

加熱減容方式にはさまざまな方式があるが，たとえばハンマー式破砕機で細かくした後に，白灯油を燃料に熱風で熱溶融を行うといった方式や，電熱ヒーターによって溶かすといった方式が使われている。減容率は約50分の1となる。発泡スチロールには，重量物を運ぶための緩衝材などに使われる発泡倍率の低いものもあるが，こうした低発泡スチロールはハンマー式破砕機では充分に破砕することができないため，回

■発泡スチロール減容回収車

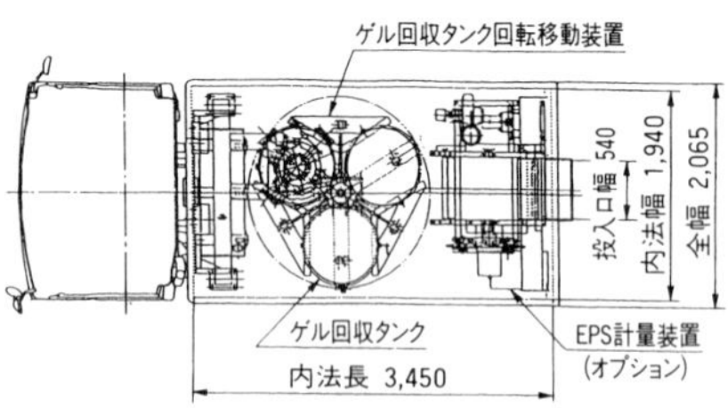

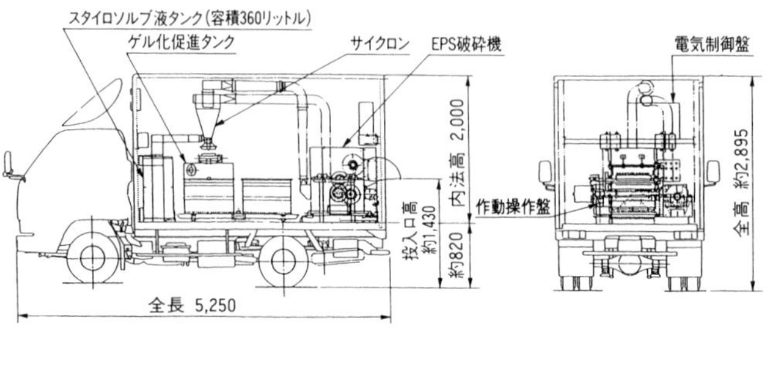

ゲル回収タンク回転移動装置
投入口幅 540
内法幅 1,940
全幅 2,065
ゲル回収タンク
EPS計量装置
（オプション）
内法長 3,450
スタイロソルブ液タンク（容積360リットル）
ゲル化促進タンク
サイクロン
EPS破砕機
電気制御盤
内法高 2,000
投入口高 約1,430
約820
作動操作盤
全高 約2,895
全長 5,250

発泡スチロールを専用液に溶かすことで容積を極端に小さくすることができる。新明和工業・発泡スチロール溶解減容車2トン車級。

転歯で粉砕する2軸式破砕機などが使用されることもある。

最近になって注目を集めてきているのが，発泡スチロールの液体化減容回収だ。これは特殊な溶液（柑橘系植物の抽出物など）に溶かす方法で，車両搭載の液タンクに発泡スチロールを投入するだけで安全に回収できる。加熱減容のように熱や有毒ガス，臭いの問題もない。また，液の引火点が95℃と高いため安全性も高い。実際の回収車では，複数の処理タンクを備え，溶解速度を高めるために粉砕機で細かくしてから，溶液タンクに投入される。一般的に，減容率は100分の1～200分の1で，液1ℓあたり約1kgの処理能力を備える。

たとえば，新明和工業が開発した発泡スチロール溶解減容車は，最大積載量2トン車クラスがベースで，処理タンク3基を備え，破砕機で第1次，第2次破砕を行い，風力によって溶液タンクに投入される。処理能力は1時間あたり約50kgで，最大150kgの減容，運搬が可能だ。150kgの発泡スチロールとは，約30㎥に相当する。最大積載量10トン車の積載容量は40～50㎥程度なので，10トン車1台分の廃発泡スチロールを2トン車1台で運べることになる。

ただし，回収後に溶液とスチロール分を分離する精製抽出工程が必要になるため，リサイクルコストは高くなってしまい，現状では商業ベースにはのりにくく，試験的な範囲を出ていない。

さらに，ゴミ収集に関する脱着ボディシステムの提案も進んでいる。キャリア車1台に対して，さまざまな能力を備えたコンテナを使用することで，効率的なゴミ回収が可能となる。

ゴミ収集車のベースとされる汎用シャシーは，市街地走行によるゴミ収集が中心となるため，最大積載量2～10トン車程度の中小型が多い。平成10年度の実績では，機械式ゴミ収集車が5175台，深アオリのダンプ式ゴミ収集車が436台となっている。そのうち，機械式ゴミ収集車の内訳は，中型，小型ともに約48％で，大型は少ないが，長距離輸送や大量収集による効率化が求められているため，今後は少しずつ大型化が進むものと思われている。これは，行政がゴミ処理を外部委託する傾向が強まっていて，行政よりもコスト意識が高い民間の処理業者では，1台でより多くのゴミを収集

■ゴミ収集車脱着ボディシステム

機械式ゴミ収集車を脱着ボディシステムにすることで、ダンプボディなどさまざまな回収用途にキャリア車を効率よく使うことができる。新明和工業・パッカーコンテナ（アームロール5.5～7トン車用）。

することで，車両を減らしていこうとしている。また，使用年数も自治体の場合には5～6年だが，業者の場合には10年近く使用することが多い。

■衛生車

JIS用語では衛生車（衛生自動車）とされている車両だが，一般にはこの名称ではなく，バキュームカーという呼び方のほうが慣れ親しまれている。衛生車は，吸引を行う車両であるため，吸引車の一種ともいえるが，一般的に吸引車と呼ばれる車両とは区別されることが多い。下水道の整備によって都市部では水洗化が進み，バキュームカーそのものの需要が極端に減っているが，完全になくなったわけではない。家畜し尿処理などの分野で使用されている。また，危険物ではない工場の汚水や廃液をタンクに吸引して運搬することに使用されることもあり，この場合は廃油・廃液回収車と呼ばれることもある。

衛生車では，吸引に真空式が採用されている。真空式の英訳であるバキューム式か

■衛生車

東急車輌製造のバキューム・カーVC2。2トン車級でタンク積載量は1800ℓ。このほかにも3トン車級から10トン車級までさまざまな大きさの車両がラインナップされている。

※東急車輌製造・バキュームカーVC4B

■衛生車の構造

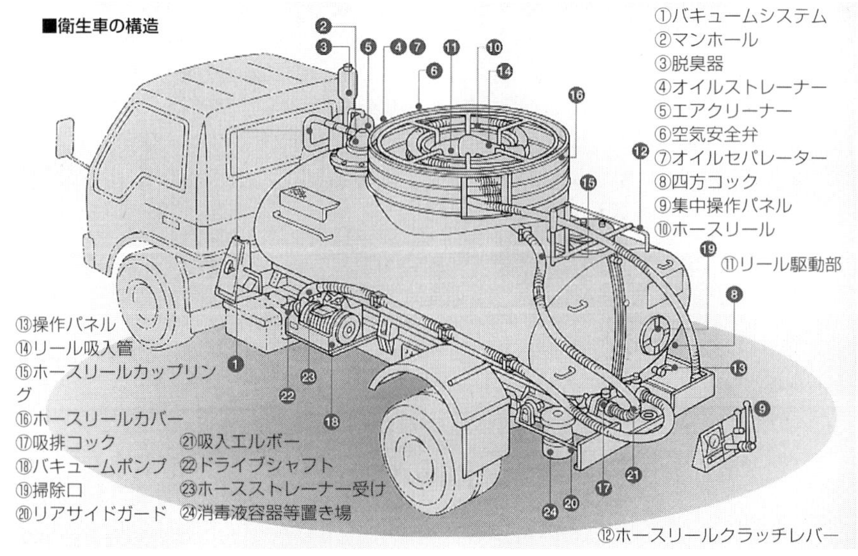

ら，バキュームカーと呼ばれるが，タンク内を真空ポンプで減圧することで，し尿などを吸引する。

衛生車の基本的な構造はタンクトラックで，楕円タンクが採用されることが多い。タンク上にホースリールを備えることが多いため，この形状のタンクが採用される。タンク素材は一般的に鋼板で溶接によって製造される。ただし，タンクトラックではタンク内に補強が入れられることはほとんどないが，衛生車の場合には減圧状態に耐えられるように補強が入れられている。

真空ポンプは，トランスミッションPTOで駆動される。ポンプの吸引側から切り替え弁，オイルセパレーター，ポンプの吐出側という空気回路が作られ，切り替え弁にはさらに，脱臭器を介して大気開放の回路，エアクリーナーを介してタンクのマンホールに接続される回路が設けられる。オイルセパレーターは，真空ポンプ作動時に吐出空気に入ってしまった潤滑油を分離するために備えられている。

切り替え弁は4方弁で，吸入や排出を行わない中立時には，ポンプの吸引側と吐出側がつながれ，タンク側と大気開放側がつながれる。タンク内の臭気は，大気開放の手前にある脱臭器で除かれる。

吸引時には，ポンプの吸引側がタンク側とつながれ，ポンプの吐出側が大気開放側とつながれる。これによりタンク内の空気が吸引され，減圧される。吸引された空気は，脱臭器で臭気が取り除かれたうえで，大気開放側から送り出される。排出時には，ポンプの吸引側が大気開放側とつながれ，ポンプの吐出側がタンク側とつながれる。これによりタンク内が加圧される。

タンクの底付近には，吸入コックと排出コックがあり，吸入コックには吸入ホース

■衛生車の系統

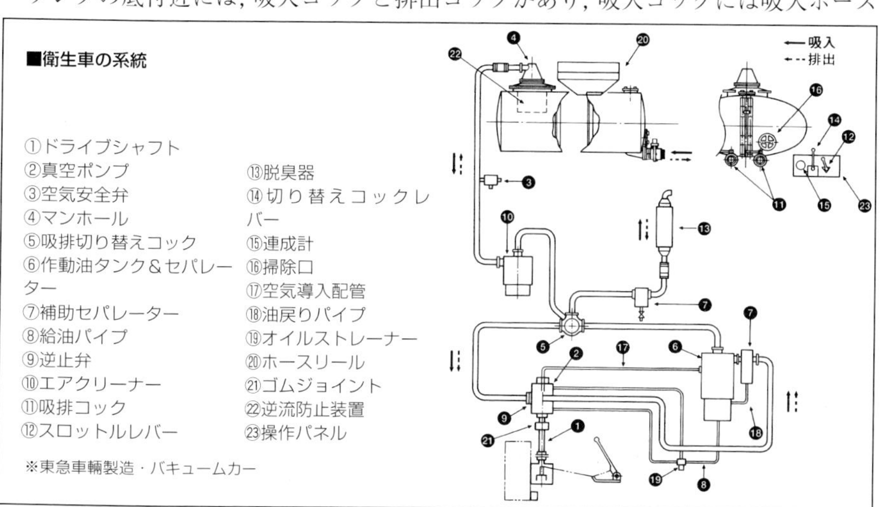

①ドライブシャフト
②真空ポンプ
③空気安全弁
④マンホール
⑤吸排切り替えコック
⑥作動油タンク＆セパレーター
⑦補助セパレーター
⑧給油パイプ
⑨逆止弁
⑩エアクリーナー
⑪吸排コック
⑫スロットルレバー
⑬脱臭器
⑭切り替えコックレバー
⑮連成計
⑯掃除口
⑰空気導入配管
⑱油戻りパイプ
⑲オイルストレーナー
⑳ホースリール
㉑ゴムジョイント
㉒逆流防止装置
㉓操作パネル

※東急車輛製造・バキュームカー

が接続され，排出コックには排出ホースが接続される。排出場所は作業環境が整っていることがほとんどなので，排出ホースはタンク全長程度の短いもので，タンク側面に沿って格納される。吸入作業を行う場所では，近くまで車両が入れられないこともあるため吸入ホースは長く，タンク上などに備えられたホースリールに巻かれている。

吸入ホースはサクションホースとも呼ばれ，ゴムまたは塩化ビニール製などの耐圧ホースが使用される。機動性が求められる最大積載量2トン車クラスの小型の衛生車でも，40m程度のホースが装備されることがある。これだけの長さともなると重量も大きくなるので，ホースリールは電動モーターなどで回転される。

吸入作業時には，吸入コックを開き，切り替え弁を吸入にすると，タンク内が減圧され真空に近づき，吸入ホースから吸引が行われる。排出作業時は，切り替え弁を中立にしただけでも大気開放が行われることになるので，排出コックを開ければ重力落下で排出できる。強制排出を行う場合には，切り替え弁を排出にして，タンク内を加圧して排出する。

衛生車は，家庭のし尿処理のほか家畜のし尿処理などにも使用されるので，狭い路地に入っていける最大積載量2トン車クラスの小型から大型までさまざまなものがラインナップされている。2トン車クラスの場合，タンク容量は1800ℓ前後で，10トン車クラス以上では10kℓのタンク容量を備えるものもある。

汚水の処理や廃液の運搬などの廃油・廃液回収車の場合，取り扱う液の粘度にもよるが，一般的にはそれほど高い吸引能力が求められないため，衛生車とほとんど同じ構造になっている。違っている点はホースリールの存在で，作業環境が整った施設からの回収が専門の車両では，ホースリールを備えていないこともある。

衛生車生産台数は平成10年度の実績で1671台で，このうち，小型が約39%，中型が約55%で，大型のものは約6%しかない。なお，一般的な衛生車ではタンクが露出した状態とされているが，し尿処理車としてのイメージが強いため好印象を与える車両とはなりにくい。そのため現在では，バンボディなどのなかにタンクを収め，バ

■新型衛生車

東急車輌製造のアーバンサニット。バキュームカーのイメージを一新するために，バンボディのなかに衛生車の架装を収めている。

キュームカーの印象を与えないようにしているものも登場してきている。

■吸引車（汚泥吸引車・強力吸引車）

吸引車とは，さまざまな物を吸い込んで積載し運搬できる車両のこと。たとえば，マンホールや側溝，浄化槽などの汚泥を吸い上げて，廃棄場所まで運搬するのに使用される。こうした用途で使用される吸引車は汚泥吸引車と呼ばれることが多い。さらに強い吸引能力を備え，液体ばかりでなく土砂などの固体の吸引に対応した吸引車もあり，強力吸引車と呼ばれたりする。吸引に加えて，汚泥などの脱水能力を備えたも

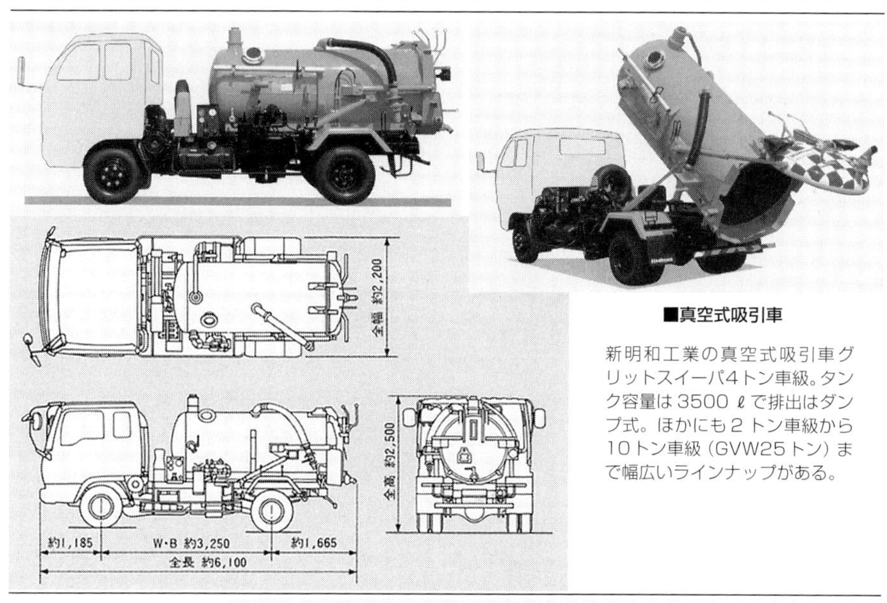

■真空式吸引車

新明和工業の真空式吸引車グリットスイーパ4トン車級。タンク容量は3500 ℓ で排出はダンプ式。ほかにも2トン車級から10トン車級（GVW25トン）まで幅広いラインナップがある。

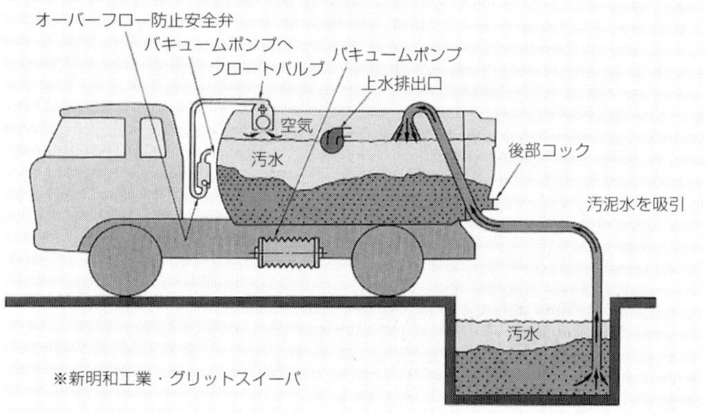

■真空式吸引車の動作

汚泥を汚水とともに吸い上げてタンクに収める。排出時にはタンクをダンプアップし、汚泥と汚水をまとめて排出する。

のもある。

吸引車の吸引方式には，真空式とブロアー式がある。汚泥吸引車では真空式が使われ，強力吸引車ではブロアー式が使われることが多い。真空式を吸引車，ブロアー式を強力吸引車と呼ぶ傾向にはあるが，汚泥吸引車でブロアー式のものもあり，名称の使い分けが確定しているわけではない。本書では，真空式吸引車とブロアー式吸引車に分けて扱うことにする。

真空式吸引車の吸引のための構造は衛生車と同じで，真空ポンプでタンク内を減圧して，汚泥などを含んだ水を吸い上げる。衛生車に比べると，高い吸い込み能力が求められるため，2個の真空ポンプを直列に配して使用することもある。

排出に関しては，衛生車同様にタンク内を加圧して行うことも可能とされているが，排出場所での効率化を図るために，ダンプ式とされていることが多い。タンク後方の壁が後扉として開閉可能で，上部を支点にしてタンクが開かれ，ダンプアップすることによって一気に排出される。タンクが円形であるためダンプトラックのようにベッセルの下にダンプ機構を備えることが難しい。同時にタンクそのものも丈夫であるため，タンクの両側面にホイストシリンダーが備えられ，2本の油圧シリンダーによってタンクがダンプアップされる。後扉の開閉にも油圧シリンダーが使用される。

汚泥が沈殿して，ダンプアップだけでは充分に排出しきれないこともあるため，タンク内に押し出し機構が備えられた吸引車もある。タンク前方の壁近くに押し出し板が備えられ，油圧シリンダーによって前後に移動できるようにされている。ダンプ

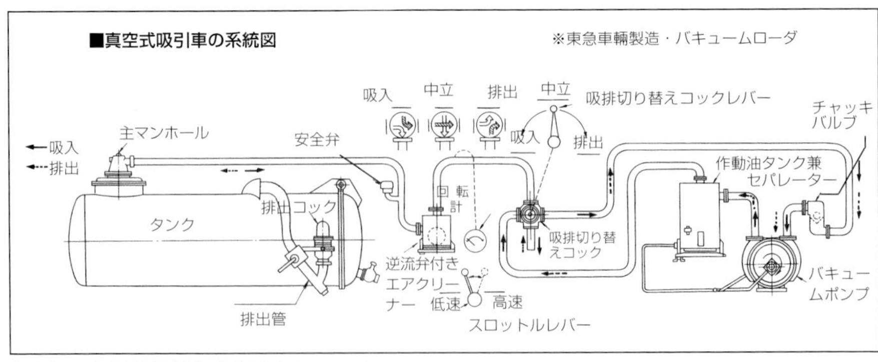

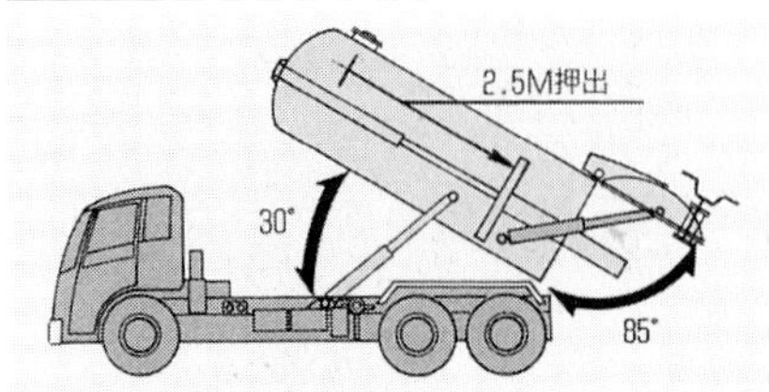

■吸引車の排出

ダンプアップ排出に加えて、押し出し板でタンク内のものを押し出している。押し出し板を備えない場合、ダンプ角がさらに大きくされることもある。東急車輛製造・バキュームローダ。

アップと同時に，押し出し板がタンク後方に移動することで，沈殿した汚泥もスムーズに排出することができる。

吸引車では，衛生車に比べて大型の車両が求められることもあり，当然のごとくタンクも大きくなる。そのうえ，ダンプ式排出や押し出し排出をされるため，タンク内に支柱などの補強を入れることが難しい。そのため，強度的に有利である真円タンクが採用される。タンク素材は一般的に鋼板で，溶接によって製造される。扱う汚泥などの種類によっては腐食性があることもあり，ステンレス製タンクが採用されることもある。

ダンプ機構や押し出し機構では，油圧が必要になるが，油圧はトランスミッションPTOを動力源としている。真空ポンプと油圧ポンプを駆動しなければならないため，両ポンプが直列に配されたりする。両端に回転軸を備えた両軸の真空ポンプなどが使用され，PTO出力はプロペラシャフトを介して真空ポンプに伝えられ，さらにプロペラシャフトを介して油圧ポンプに伝えられる。吸い込み能力を高めるために2連で真空ポンプを使用するような場合には，さらにプロペラシャフトが増やされ，3個のポンプが直列に配される。油圧ポンプには，ギアポンプなどが採用される。

タンクに設けられる吸引コックは，衛生車ではタンクの低い位置に設けられることが多いが，吸引車ではタンク内に汚泥が沈殿することもあるので，タンク側面の比較的高い位置に備えられたり，コック自体が低い位置にあっても，パイプなどでタンク内の高い位置に導かれていることが多い。

ホースは，吸入排出に兼用されることが多く，必要に応じて吸入コック，排出コックに接続される。長さは数mのものが多く，長いものでも10m程度で，タンク脇などに格納される。さらに長いホースが必要な場合には，作業現場で別途ホースが接続されることもある。

汚泥用に使用される真空式吸引車は，市街地でのマンホール内の汚泥吸引や，大規模工事現場での汚泥吸引など，さまざまな状況で使用されるので，小型から大型まで

■ブロアー式吸引車

東急車輛製造のブロアー式吸引車スーパーバキュームローダ。4、7、8、10トン車級などがあり、それぞれにさまざまな風量のものがラインナップされている。

がラインナップされる。最大積載量2トン車クラスでタンク容量は1500ℓ程度，10トン車クラスでは8000ℓを超える。

ブロアー式吸引車では，タンク内の減圧に加えて，ホース内に強烈な空気の流れを発生させて吸引を行う。真空式吸引車の場合，吸引するものは水分を含んでいることが基本で，そのために汚泥吸引車と呼ばれることが多いのに対して，ブロアー式吸引車では水分を含んでいない粉粒体でも吸い込むことができ，ホース内を通過できるものならば，吸引することが可能だ。真空式吸引車では理論的には深さ10mからの吸引が可能となるが，吸引物の比重の関係もあり実際には4～8mの深さからが中心となる。これに対してブロアー式の強力吸引車の場合には，深さ10mを超える吸引が可能で，なかには深さ40mを超える吸引能力を備えたものもある。

ブロアー式吸引車もタンクは円形のものがほとんどで，ダンプアップ排出が行われ，押し出し板が併用されることもある。ブロアーには，ルーツ式やスクリュー式が採用される。高い吸引能力が求められる場合には，複数のブロアーを使用することもある。また，水封式ブロアーが使用されることもある。

水封式ブロアーは，楕円のケーシングの中心や，円形のケーシングの偏心した位置に，多数のインペラーを備えた羽根車が配されているもので，適量の水を注入しながら使用する。羽根車の回転によって水は遠心力で飛ばされ，ケーシングの内壁に水膜を作る。この水膜と隣り合わせた2枚のインペラーの空間の容積が変化することによって，空気が圧縮される。回転部分の金属接触がなく，細かな異物が混入したりしても破損しにくく，運転音も静かというメリットがある。ポンプ内が常に水で洗われるので清掃の手間が少ない。使用する水は，後で解説する分離器から補給する。

ブロアーの駆動には，トランスミッションPTOが使用されるが，吸引能力を高める場合には，フルパワーPTO駆動やフライホイールPTO駆動など，さまざまな方式が

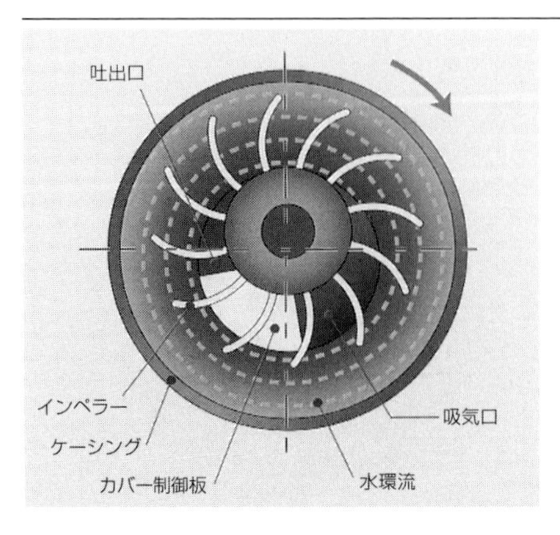

■水封式ブロアー

回転方向に湾曲した羽根を備えたインペラーが円筒形のケーシングに偏心して取り付けられ、その両側に気体の通路となるカバー制御板が備えられている。東急車輌製造・スーパーバキュームローダ。

採用される。セパレートエンジン駆動とされることもある。

空気回路の基本的な構造は，真空式と基本的には同じだ。吸入コックはタンクの低い位置に備えられていることが多いが，粉粒体などを吸引することもあるため，コックからタンク内のパイプが突き出され，タンク内上部に直線的に導かれている。そのパイプの延長線上には衝突板が備えられている。強力な空気の流れとともにタンク内に吸い込まれたものは，この板にぶつかって落下し，タンク内に溜まる。

真空式であれば，吸引物はタンクにすべて溜まってくれるが，空気の流れが強いため，軽い吸引物や細かな吸引物は，空気とともにブロアーに向かう空気回路に流れ込んでしまう。これでは，吸引物が再び大気開放されてしまうばかりか，4方弁やブロアー内を異物が通過し，弁やブロアーを摩耗させたり破損させたりしてしまう。そこで，空気回路の途中には各種の分離器が備えられている。

分離器はセパレーターやキャッチャーとも呼ばれ，集塵装置の一種である。メイン

■ブロアー式吸引車の構造

ブロアー式吸引車では、各社それぞれにキャッチャーの配置などに工夫を凝らしている。

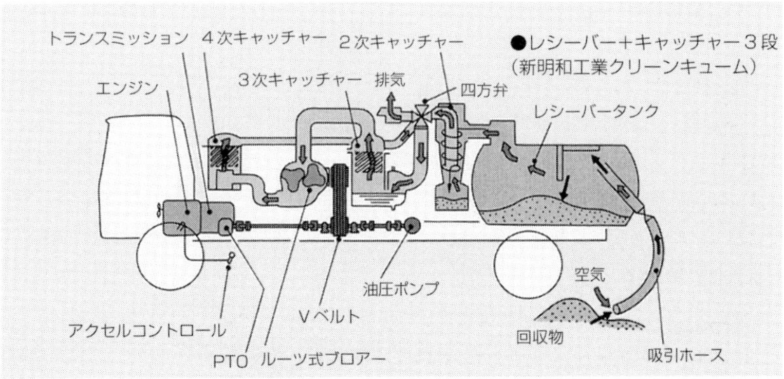

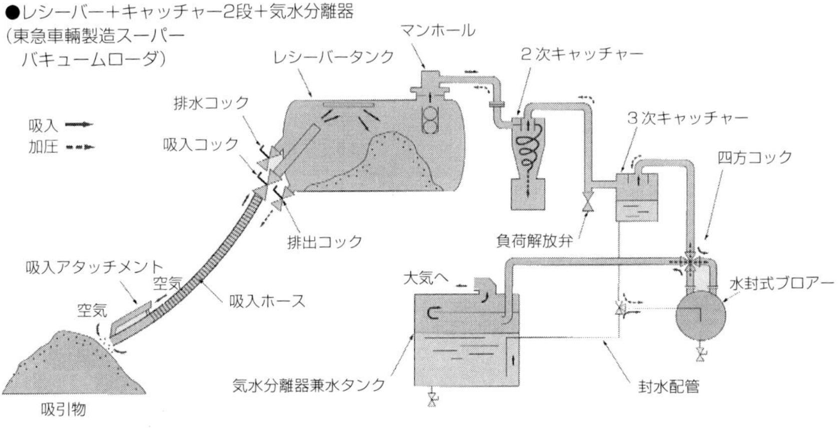

●レシーバー＋キャッチャー3段（新明和工業クリーンキューム）

●レシーバー＋キャッチャー2段＋気水分離器（東急車輌製造スーパーバキュームローダ）

となるタンク自体を，1次分離器や1次セパレーター，1次キャッチャーと呼ぶことも多い。レシーバータンクと呼ばれることもある。分離器には一般的に，衝突式や遠心力式，洗浄式などが使用され，さらに各種フィルター（濾過式）が使用されることもある。衝突式分離は，メインのタンク内で行われている分離方式で，メインのタンクの直後にもう1個タンクを設け，2段階で衝突分離が行われることもある。これが2次分離器となる。

遠心力式分離器は，遠心分離式やサイクロン式，あるいは単に遠心力とも呼ばれ，最近では2次分離器として，タンクのマンホールから4方弁をつなぐ空気回路の途中に設けられることが多い。分離の原理は，トラックなどの大型ディーゼルエンジンで使用されることがある遠心分離式エアクリーナーと同じだ。空気の吸入側に羽根や螺旋経路などを設けていて，ここを通過させることで空気に旋回運動を与える。空気に旋回運動が与えられると，空気より比重の重いものは，遠心力によって外側に飛ばされ，空気から分離される。遠心力式分離器で，粒状の吸引物はほとんど取り除くことができる。

洗浄式分離器も併用されることが多い。遠心力式分離器から4本弁までの間や，4本弁からブロアーの吸入側までの空気回路に配されたりすることが多い。遠心力式分離器が2次分離器として使用された場合，洗浄式分離器が3次分離器となる。空気回路に下方でUターンする部分を作っておき，そこに水タンクが備えられている。空気に含まれたさらに細かい異物は，ここで水に吸着されて分離される。

気水分離器が備えられた強力吸引車もある。空気中の固形物をおもに分離するためのものではなく，気水分離器はその名の通り空気中の水分を取り除くもの。容器内には，空気の流れを方向転換させる邪魔板や反らせ板があり，方向転換の際に板側に水分を吸着させたり，遠心力分離器を備えたりしている。空気の出口には，スクラバと呼ばれる薄い波形鋼板や金網を重ねたものが設けられていて，ここに水分が付着する。

このほか，ブロアーから4方弁の間や4方弁以降で大気開放する直前にも分離器が備えられることがある。これはおもに粉塵を大気中に放出させないためのもので，各種のフィルターなどが使用されることが多い。

ブロアー式吸引車では，ベースに最大積載量2トン車クラスが使われることは少なく，4トン車クラスからラインナップされていることが多い。産業廃棄物の吸引などに使用される大型のものでは，10トン車クラス（GVW20～22トン）のものが使用されることもある。10トン車クラスともなると，タンク容量は10㎘近くなる。

■高圧洗浄車

高圧洗浄車は，水タンクと高圧水ポンプを備え，高圧水によって建物内の上下水道

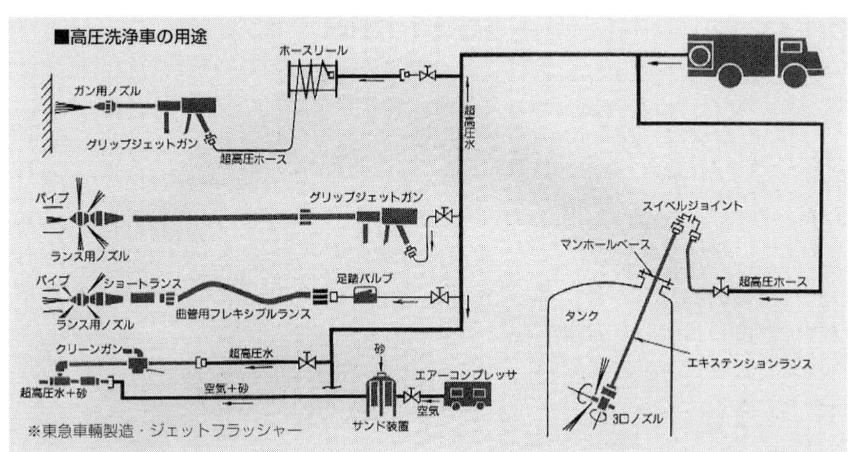

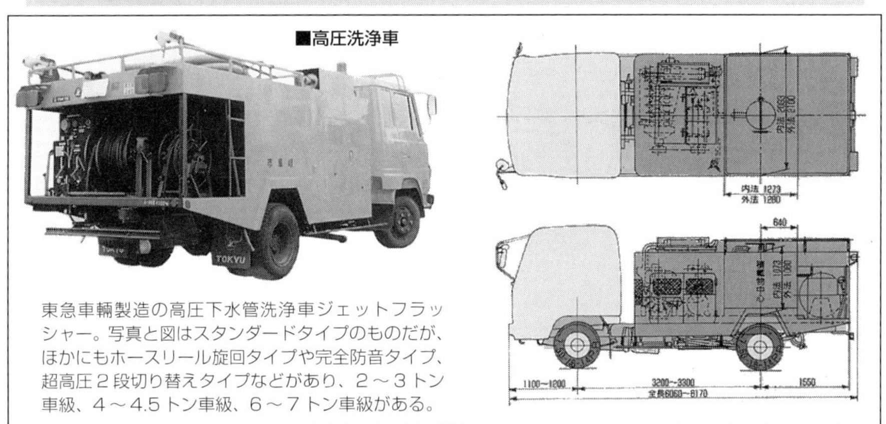

東急車輌製造の高圧下水管洗浄車ジェットフラッシャー。写真と図はスタンダードタイプのものだが、ほかにもホースリール旋回タイプや完全防音タイプ、超高圧２段切り替えタイプなどがあり、２～３トン車級、４～4.5トン車級、６～７トン車級がある。

配管や，下水道の配管や側溝などの洗浄を行うものだ。高圧水のノズルを交換することによって，産業用の熱交換器や配管，搭槽などの清掃作業のほか，滑走路に焼き付いたタイヤゴムの除去，路面のアイスバーンの除去，船体の洗浄など，さまざまな用途で使われる。

水タンクはタンクトラックのタンクと同じ構造で，単に洗浄に使用する水を運ぶだけなので，特別な機構はない。上部マンホールから水が注入され，下部排出口から水ポンプに水が送られる。

高圧水ポンプには，プランジャーポンプが採用されることが多い。水道水の50倍から，なかには600倍という高圧を作り出す必要があるため，トランスミッションPTOではなくフルパワーPTOが使用されることもある。一部には独立エンジンを備えていることもある。

■高圧洗浄車（タンク外観）

新明和工業の高圧洗浄車ジェットクリーナ。3トン車級以下ではパネルで囲まれたボディとされているが、4トン車級は衛生車のようにタンクがそのまま見える形状とされている。

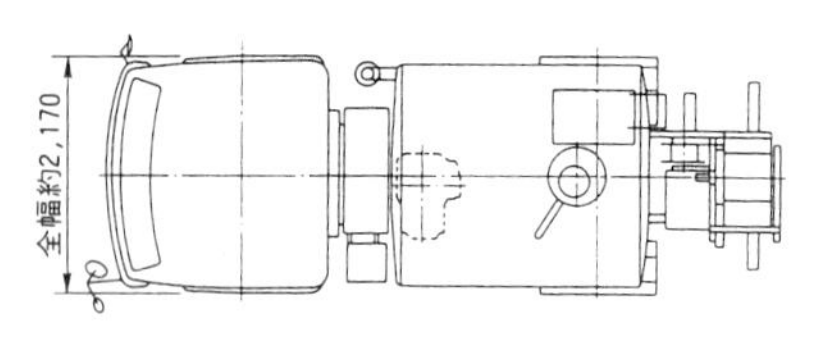

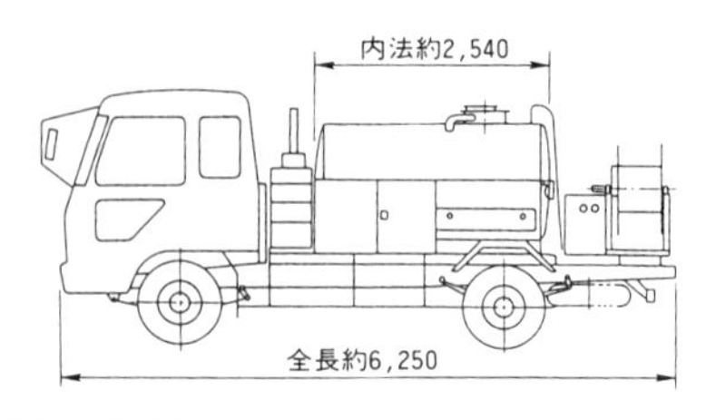

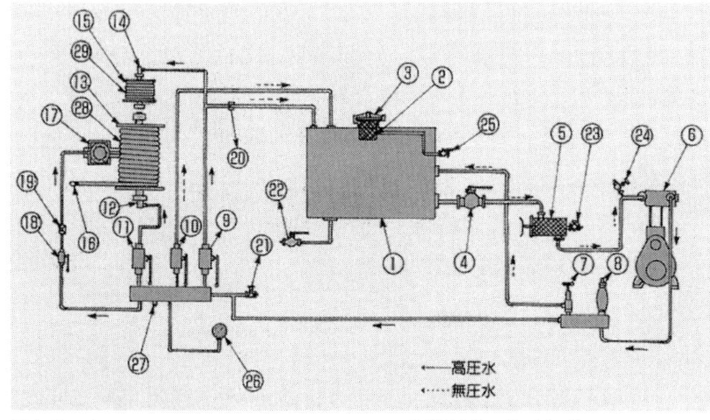

■高圧洗浄車の系統

※東急車輌製造・ジェットフラッシャー

①水タンク
②ストレーナー
③ハッチ式マンホール
④ボールコック
⑤Z形ストレーナー
⑥プランジャーポンプ
⑦調圧弁
⑧アキュムレーター
⑨高圧ボールバルブ
⑩バイパス用高圧ボールバルブ
⑪高圧ボールバルブ
⑫ロータリージョイント
⑬大径ホースリール
⑭ロータリージョイント
⑮小径ホースリール
⑯噴射ノズル
⑰ホース洗浄装置
⑱高圧ボールバルブ
⑲絞り付きニップル
⑳絞り付きニップル
㉑高圧ボールバルブ
㉒ボールバルブ
㉓ボールバルブ
㉔ボールバルブ
㉕ボールコック
㉖圧力計
㉗プラグ
㉘高圧ゴムホース
㉙高圧ゴムホース

高圧水を導くホースは，ホースリールに格納され，タンク後方や側面に配置される。使用される作業や現場の状況によって必要なホースの長さは異なるが，なかには長さ100mのホースを格納するホースリールもある。小型のホースリールの場合には，手動で巻き取りが行われるが，大型の場合には，油圧モーターを利用して巻き取る。

タンク内の清掃など，広い作業スペースを確保できる場合には，ガンタイプのノズルが使用され，ノズルを手で持って作業する。船舶洗浄などで高所の洗浄が必要な場

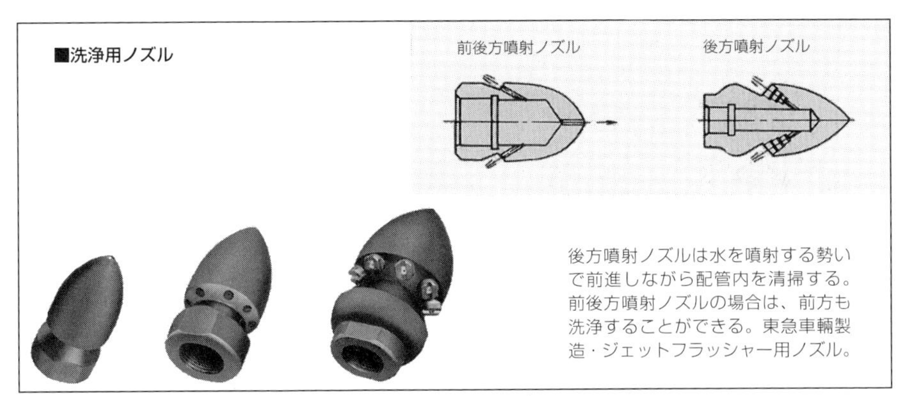

後方噴射ノズルは水を噴射する勢いで前進しながら配管内を清掃する。前後方噴射ノズルの場合は、前方も洗浄することができる。東急車輛製造・ジェットフラッシャー用ノズル。

合には，ガンノズルの先端部分が長いランスノズルが使用される。

これらのノズルでは，先端から直線的に高圧水が噴射されるが，タンク内やマンホール内を洗浄する際には3Dノズルなど，ほぼ全方向に噴射できるノズルが使用され，エキステンションパイプの先端にノズルを付けて，タンク内などに差し入れて洗浄する。

もっとも特徴的なノズルが配管洗浄用のノズルで，先端が弾丸状にとがったマッシュルーム状の形状をしている。この茸の傘の下の部分に多数の噴射孔があり，高圧水のホースは茸の石附の側に取り付けられる。一般的にノズルというと，ホースを取り付ける部分が後ろだとすれば，前方に向かって噴射されるが，このノズルでは後方に向かって噴射される。

配管洗浄用ノズルを取り付けホースを配管内に入れると，ノズルは後方への水の噴射の反動で，配管内に自動的に入っていってくれる。その際，ノズルからの高圧水で配管内の付着物を剥離することができる。剥離物はノズルより後方にあるので，噴射を続けたままホースを引き戻せば，剥離物も噴射によって手前に押し流され，配管から取り出すことができる。

後方噴射に加えて，前方にも噴射孔を備えた配管洗浄用ノズルもある。この場合でも，前方への噴射より後方への噴射のほうが強くされている。配管の詰まりが激しいような場合には，このノズルを使用し，ノズル前方の配管を清掃しながら，ノズルが前進することになる。

このほか，サンドブラストが併用できるものもある。一般的なサンドブラストでは，空気圧によって砂粒を目標物に噴射して，その衝撃で異物を取り除いているが，高圧洗浄車でサンドブラストを併用した場合，砂粒による洗浄と高圧水による洗浄が同時に行える。別途サンドタンクとエアコンプレッサーが必要になる。専用のノズルは，高圧水と砂粒の混じった空気圧が適度混合できるようにされている。

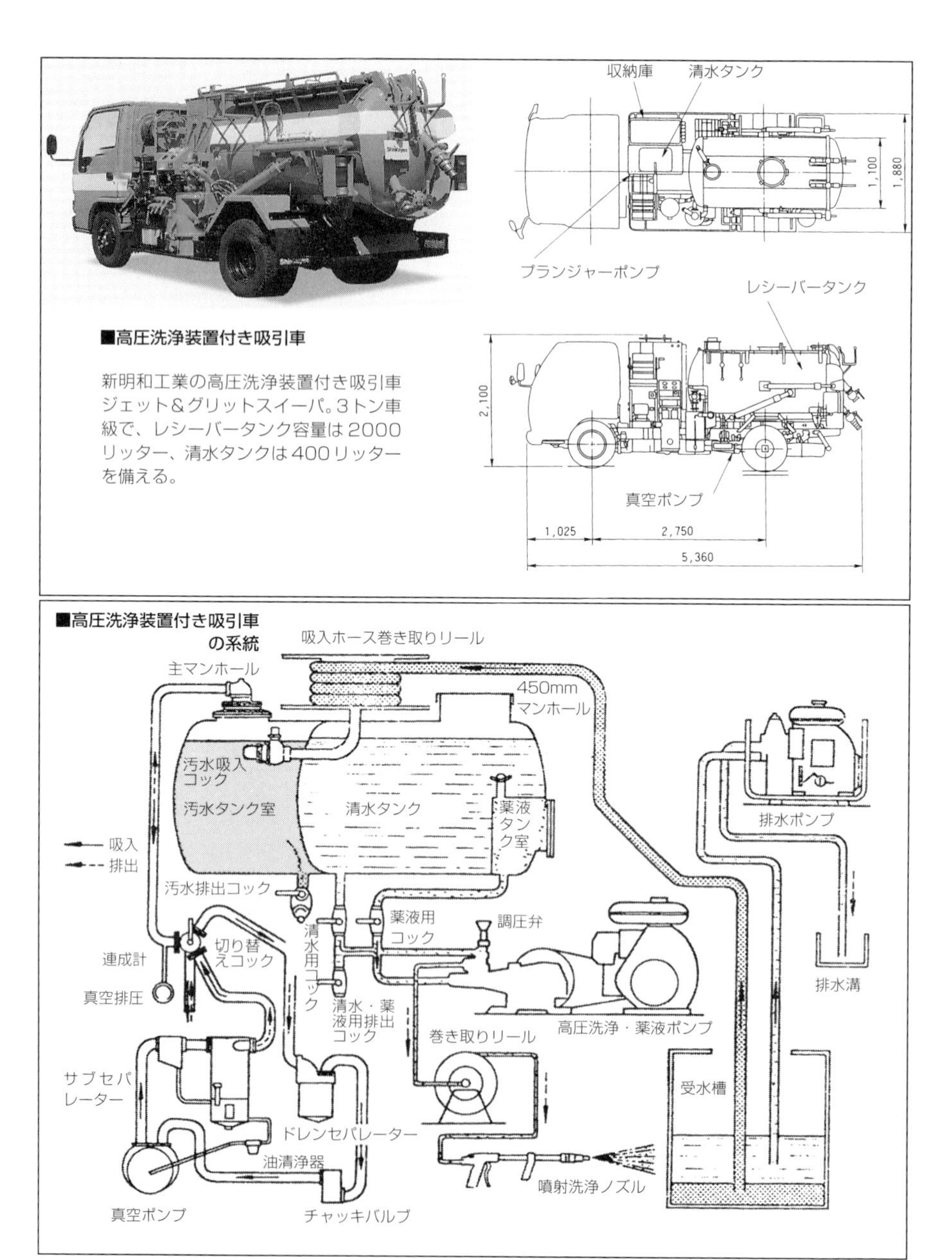

高圧洗浄車は，マンションなどの集合住宅の上下水道配管の洗浄から，下水道の清掃，プラント設備の清掃など，さまざまな規模の洗浄作業があるため，ラインナップ

は幅広いが，どちらかといえば機動性が求められるので，汎用シャシー架装では，最大積載量2トン車クラスから4トン車クラスのものが主流で，6～7トン車クラス以下のものが多い。なかにはトラックではなく1ボックスカーに架装されたものもある。

また，汚泥吸引車と高圧洗浄車の両機能を架装した車両もある。高圧洗浄装置付き吸引車であれば，側溝や下水道などの洗浄を行うと同時に，汚泥吸引を行うこともでき，1台で効率よく下水道の保守作業ができる。

脱着式ボディシステム

■脱着式ボディシステム

鉄道コンテナや海上コンテナなどは，輸送効率が向上でき，荷役の合理化を進めることができるものとして活用されている。コンテナを荷台から降ろして，内部の積荷の積み降ろしができるので，車両を効率的に使うことができる。海外でのトラクター&トレーラーの活用もこうした合理性に基づくものだが，残念ながら日本では道路事情なども含め，トラクター&トレーラーはまだあまり発展していない。

そこで，こうした荷台に積むコンテナの発想をさらに発展させて考え出されたのが脱着ボディシステムだ。トラックの荷台は，シャシーに固定されているのが一般的な形状だが，ボディを荷物の容器と考え，荷物とともに脱着することができれば，荷役を合理化でき，シャシーも効率的に活用することができる。

過去，脱着ボディシステムはさまざまなものが開発検討され，実用化されているものも多い。こうした脱着ボディシステムでは，ベースとなる車両をキャリアやキャリア車と呼び，搭載されるボディをコンテナと呼ぶ。同じコンテナという言葉が使われるため，鉄道コンテナや海上コンテナとの混同に注意する必要がある。

従来，脱着ボディシステムに関しては，1972年の運輸省通達「脱着装置付きコンテナ自動車の構造基準」によって，自動車またはコンテナ自体に，動力または人力によって容易に積み降ろしできる機械装置を備えていることや，コンテナが車台に搭載された状態で保安基準に適合するものなどとされていた。つまり，搭載状態で車検登録を受けることになるので同一形状のコンテナしか積載することができず，脱着ボディシステムとしての自由度がかなり低かった。

しかし，1997年4月末で，この構造基準が廃止となった。これにより異なる形状の

■脱着ボディシステム

シャシー側はキャリア車として扱い脱着システムを備え、荷台部分はコンテナとして扱われ脱着が行われる。新明和工業・アームロール GVW25 トン車級。

■日本自動車車体工業会の基準適合ラベル

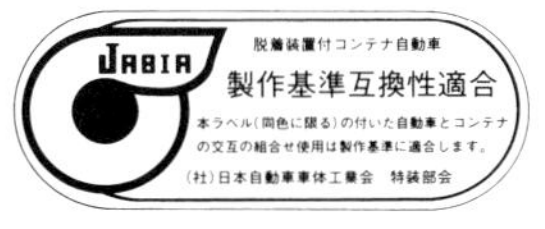

●互換性が成立するもの

●互換性が成立しないが基準に適合したもの

車体工業会の基準に沿ったコンテナやキャリア車には統一ラベルが貼られている。上のラベルは互換性適合を示したもので、各社の製品が共通に使える。下のラベルは基準への適合を示したものだが、互換性はとられていないので、各社独自の組み合わせでしか使用できない。

コンテナでも相互に使用することが可能となり，関係法規を満たす範囲内であれば積荷を問わず運搬することが可能になった（土砂，危険物には制限がある）。コンテナが積載物とみなされるようになったため，車検に際してもキャリア車だけで受けられるようになり，車検や登録の手続きも簡単になった。

同時に，㈳日本自動車車体工業会の製作基準及び関連通達による取り扱いが始まり，ここに寸法，緊締装置，強度関係の基準が定められた。これにより，1台のキャリア車で，異形状のコンテナを使用することが可能となった。この基準に適合した車両やコンテナには，統一ラベルが表示されている。

車体工業会基準の脱着ボディシステムには，最大積載量2トン車クラスから，4トン車クラス，6トン車クラス，8トン車クラス，10トン車クラス，GVW22トン車クラス，GVW25トン車クラスがあり，さまざまなサイズのキャリア車がある。構内用のGVW35トン車用といったものもある。

また，4トン車クラスに関しては，各メーカーのキャリア車とコンテナの相互活用を可能とするために，互換性の基準も定められている。この基準に適合したキャリア車やコンテナ車には，互換性適合のラベルが表示されている。

キャリア車の脱着装置は，フック付きアームでコンテナを引っ掛けて脱着する方式がもっとも多く採用されていて，各社がさまざまな脱着用アームを開発している。脱着アームは，コンテナの脱着に使用するだけでなく，コンテナのダンプアップにも使用できる。キャリア車が大きくなるに従って脱着に必要な時間も長くなっていくが，最大積載量4トンクラスの場合で，脱着にはそれぞれ20秒程度かかる。

もっともシンプルな構造の脱着アームでは，シャシーフレーム上にサブフレームを設け，ここに基本形がL字型の起伏アームを備えている。アームは1辺がキャブ後方に直立し，もう1辺がシャシーフレーム上にあり，この辺が起伏シリンダーで起伏できるようにされている。アームの起伏の支点は，車両後方に設けられていて，起伏シリンダーは，アームが直立状態を超えて，反対側に倒れ込む位置までアームを倒すことができる。この状態で，先端のフックをコンテナに引っ掛け，アームを元の位置に戻していけば，コンテナが積載される。途中の状態がダンプアップ状態ということになる。

こうした動きでコンテナの脱着が行われるため，コンテナの後端付近にはローラー状の車輪が設けられている。このローラーによってコンテナはスムーズに移動でき，路面を損傷することがない。アームなどによって搭載されたコンテナは，コンテナのロックシャフトがキャリア車のロック機構に収まってロックされる。

ただし，L字型のアームの動きでは，円弧を描くようにコンテナが移動するため，どうしても引き上げ角度（コンテナの傾斜）が大きくなってしまう。ダンプアップ排出を行う必要がある状況では，ダンプ角が大きいので有利といえるが，コンテナ内の積荷が荷崩れを起こしてしまったり，コンテナの形状によっては積荷が落ちてしまうこともある。

こうした点を改良するために，L字型の起伏アームに屈折アームを併用している方式もある。コンテナを積み込む際には，起伏シリンダーでアームを起立させ，屈折アームを折り曲げることでフックの位置を下げ，コンテナに引っ掛けて持ち上げ，屈折アームを直角状態に戻しながら，アームを倒していくことで，コンテナを積載する。屈折アームの屈折の度合いと起伏の度合いを調整すれば，コンテナの引き上げ角度を小さくすることができるうえ必要に応じて大きなダンプ角をつけることも可能となる。

これらの方式では，底辺がかなりの長さのL字型アームが使用されるためアームの先端はかなり高い位置を通るが，屋内などでの脱着作業では高さに制限がある。そこで登場してきたのが，伸縮アームの発想を加えたもので，L字型アームの底辺が伸縮

■L字型アームによる脱着システム

現在主流になっているのは、L字型アーム先端のフックによって、ボディを脱着するシステム。L字型アームの動きにはさまざまなものがある。写真は、新明和工業のアームロールで起伏アームと伸縮アームを利用している。

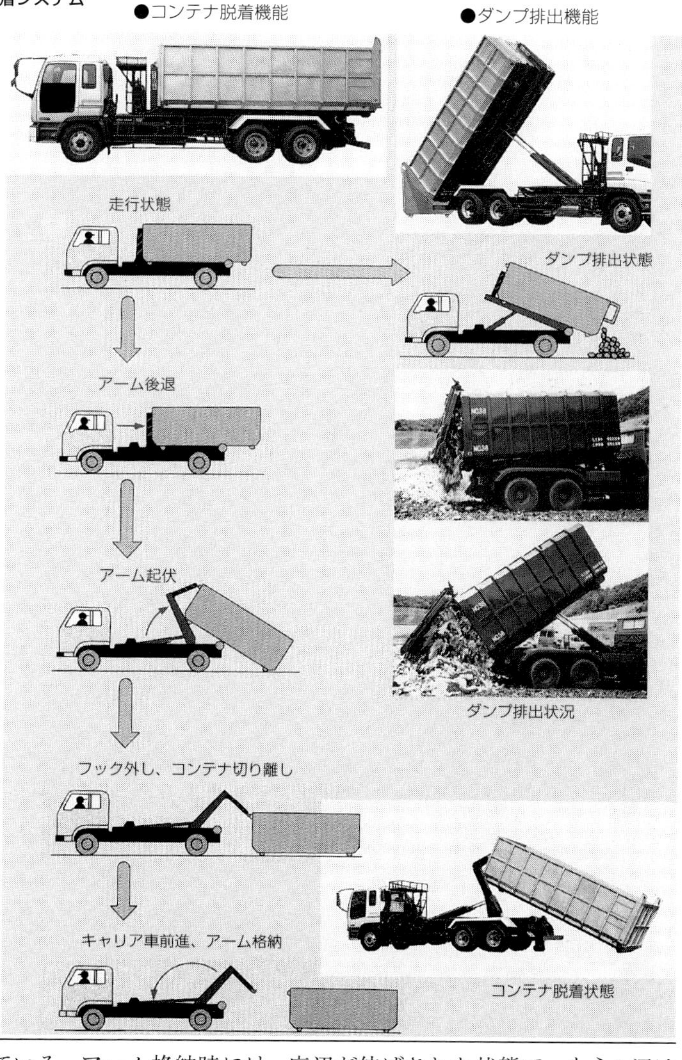

できるようにされている。アーム格納時には，底辺が伸ばされた状態で，もう1辺はキャブ後方に直立している。コンテナを積載する際には，伸縮アームが縮められてから起こされ，反対側に倒される。フックをコンテナに引っ掛けたうえで，引き上げながら伸縮アームを伸ばすことで，コンテナを積載する。コンテナを降ろす際には，まず伸縮アームが縮まってコンテナを後方に押し出したうえで，アームを起こしていく。

発想としては同じだが伸縮アームではなく，スライドレールを使用している方式も

■起伏アーム＋伸縮アームの併用

伸縮アームやスライド機構を備えた脱着システムなら長尺コンテナにも短尺コンテナにも対応できる。短尺コンテナをダンプアップさせる際にも、適正位置で排出が行える。写真は新明和工業・アームロールGVW25トン車。

ある。シャシーフレームにはスライド機構の2本レール（縦フレーム）が備えられ，レール上にはレールに沿って移動できるサブフレームが配され，ここに起伏アームが備えられる。スライド機構はチェーンを使い，油圧モーターで動かされることもある。

アームを伸縮させたり，スライドさせることで，アームの回転半径を小さくでき，伸縮量（スライド量）と起伏角度を調整すれば，引き上げ角度を小さくしたり，逆にダンプ角を大きくすることも可能だ。コンテナの脱着作業時に必要な上下方向のスペースは少なくなるが，アームなどの伸縮があるため，前後方向のスペースは長くな

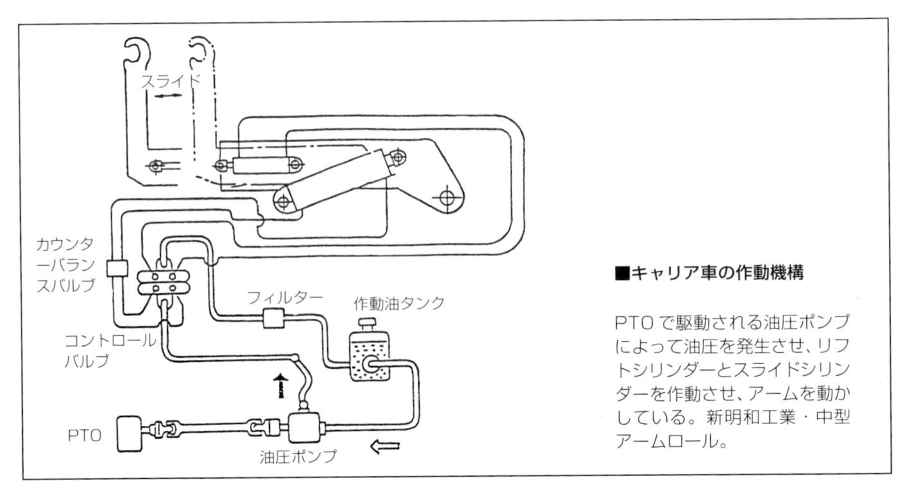

■キャリア車の作動機構

PTOで駆動される油圧ポンプによって油圧を発生させ、リフトシリンダーとスライドシリンダーを作動させ、アームを動かしている。新明和工業・中型アームロール。

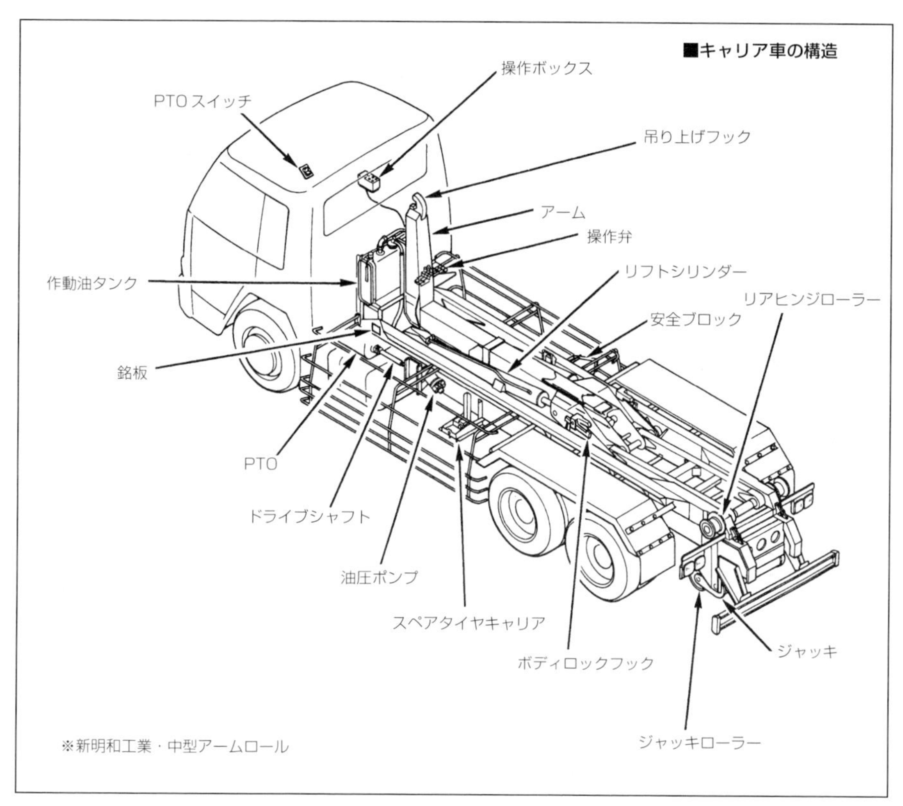

るというデメリットがある。

また，長尺と短尺のコンテナがあるような場合でも，アームの伸縮によって対応することができ，走行時にキャリア車に対して適正な重量配分が行える。短尺のコンテナをダンプアップ排出する場合には，アームを伸ばしたうえでダンプアップすれば，キャリア車後端に排出することが可能となる。

このほか，スライド量を大きくするために，車両運搬車で登場してきているスライド機構と起伏L字型アームを組み合わせたものや，起伏アーム，伸縮アーム，屈折アームを組み合わせたものも登場してきている。各社それぞれに技術を駆使して，独自のメリットを打ち出してきている。

コンテナ脱着のための動力源にはトランスミッションPTOを使用するのが一般的で，油圧ポンプを駆動している。この油圧によって油圧シリンダーや油圧モーターなどを動かしている。

コンテナにはさまざまな形状のものや各種の架装が考えられるが，現在では，脱着

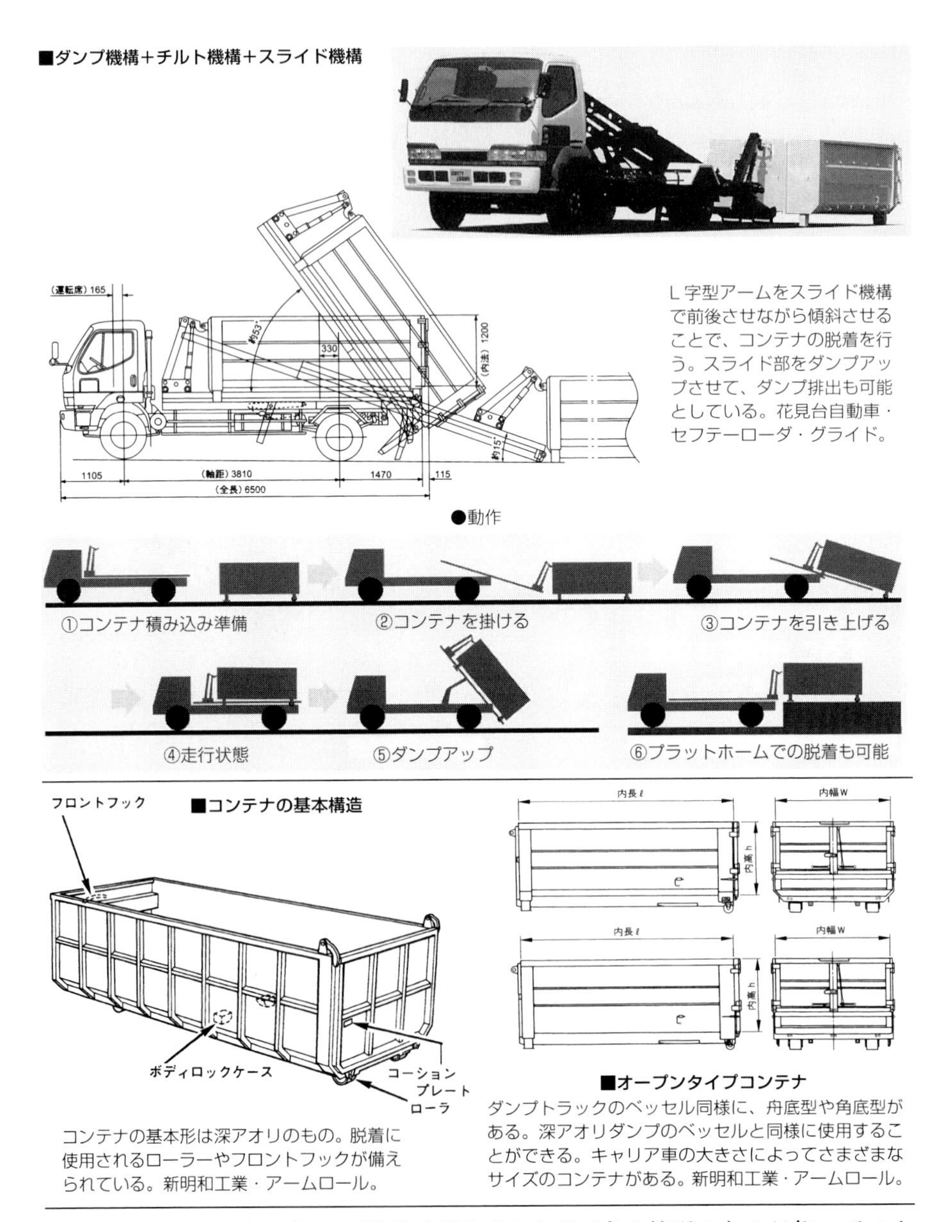

L字型アームをスライド機構で前後させながら傾斜させることで、コンテナの脱着を行う。スライド部をダンプアップさせて、ダンプ排出も可能としている。花見台自動車・セフテーローダ・グライド。

コンテナの基本形は深アオリのもの。脱着に使用されるローラーやフロントフックが備えられている。新明和工業・アームロール。

ダンプトラックのベッセル同様に、舟底型や角底型がある。深アオリダンプのベッセルと同様に使用することができる。キャリア車の大きさによってさまざまなサイズのコンテナがある。新明和工業・アームロール。

ボディシステムのダンプアップ機能を活かすことができる箱型のものが多い。そのなかでももっとも多いのが深アオリダンプのベッセルのような形状のもので，船底型や角底型がある。こうしたタイプのコンテナをオープンタイプと呼ぶ。テールゲートは，

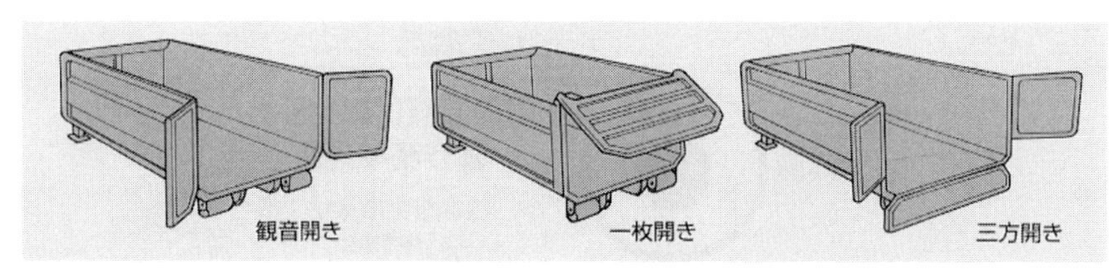

■コンテナのテールゲート

コンテナのテールゲートには、１枚開き、観音開き、三方開きなどさまざまなものがある。１枚開きのなかには、ダンプトラック同様に下開きが採用されたものもある。東急車輛製造・マイティーアーム。

ダンプトラック同様の上開きのものや，1枚のテールゲートが左右どちらかに開く横開き，左右両側に2枚のゲートが開く観音開き，下開きと観音開きが組み合わされた三方開きなどがある。

コンテナの高さや長さは，キャリア車に対応して異なり，高さに関しては搭載時の高さが保安基準の範囲内でさまざまなものがある。最大積載量4トン車クラスでは，コンテナの内長3.6m，内幅1.9m程度のものが多い。これで内高が1.2mの場合，8㎥を超える容量となり，重量は1トン前後となる。

コンテナの素材は，鉄製のものがほとんどで，なかには高張力鋼板を使用しているものもある。さらにはステンレス製のコンテナも登場してきている。化学的耐性が強く，錆びにくいステンレスコンテナは，医薬関連物のように各種化学薬剤が含まれる可能性のある産業廃棄物の運搬に適しているほか，鉄製コンテナと違い食品残物や焼却灰はもちろん鉄，非鉄など多くのものを安心して運ぶことができる。耐久性の高さは経済性にも結び付く。

この形状で天蓋付きのものもある。一般的に密閉型コンテナと呼ばれるが，臭いな

■密閉型コンテナ

天蓋を備えたコンテナは密閉型コンテナと呼ばれる。開閉が可能なもののほか、天井は固定で、テールゲートのみが開閉するものもある。ゴミのように悪臭を発生する可能性のあるものの運搬や一時貯蔵に使用される。新明和工業・アームロール。

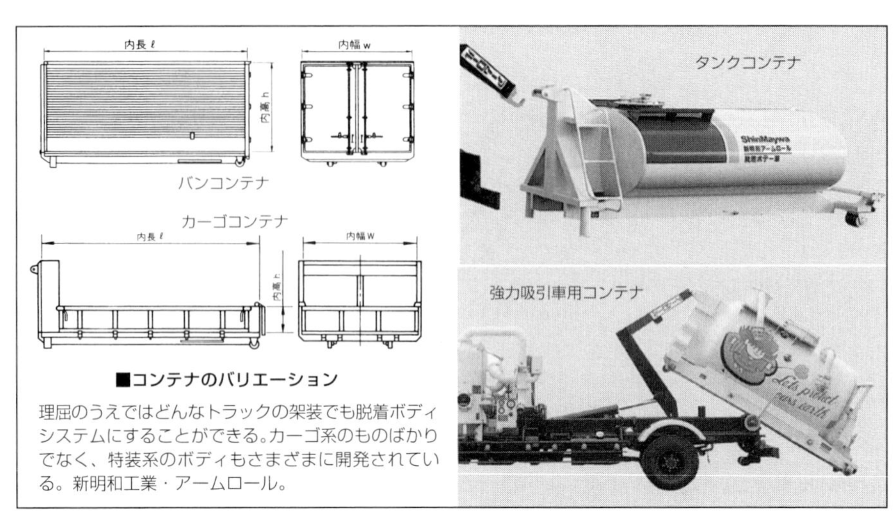

■コンテナのバリエーション

理屈のうえではどんなトラックの架装でも脱着ボディシステムにすることができる。カーゴ系のものばかりでなく、特装系のボディもさまざまに開発されている。新明和工業・アームロール。

どの漏れを防ぐために気密性の非常に高いものもあれば,気密性には配慮されていないものもある。密閉型コンテナの天蓋は,1枚のカバーが左右どちらかに開くものや,左右中央で分かれて2枚のカバーが両側に開くものもある。天蓋に加えて，テールゲートを備えているものもある。

さまざまな形状のコンテナを製造できることが,脱着ボディシステムのメリットなので，このほかにも，小型建機などの運搬に使用できるフラットデッキや，一般的に積荷に対応したアオリ付き平ボディやバンボディはもちろん,液体運搬用のタンクボディ，粉粒体運搬用のバルクボディなどをはじめ，生コンクリートミキサーボディや吸引車もある。

現在では,脱着ボディシステムは,廃棄物処理やゴミ処理で利用されることが多く,コンテナをゴミや廃棄物の発生場所に設置し,廃棄物の簡易圧縮貯留施設として利用される。定期的もしくは満杯になった状態で，空のコンテナと交換するという方法で

■ゴミ収集運搬用コンテナ

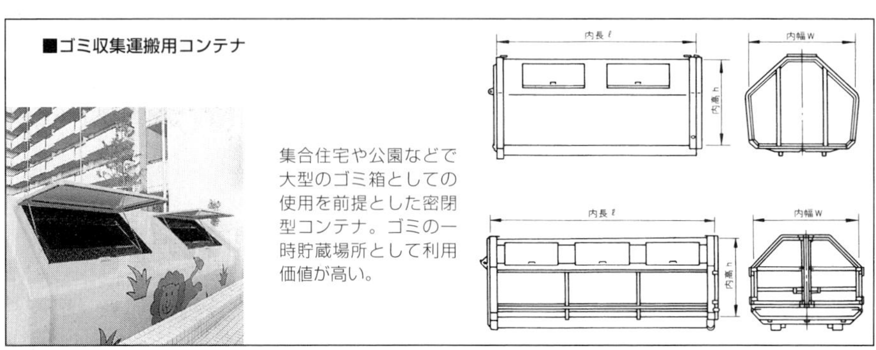

集合住宅や公園などで大型のゴミ箱としての使用を前提とした密閉型コンテナ。ゴミの一時貯蔵場所として利用価値が高い。

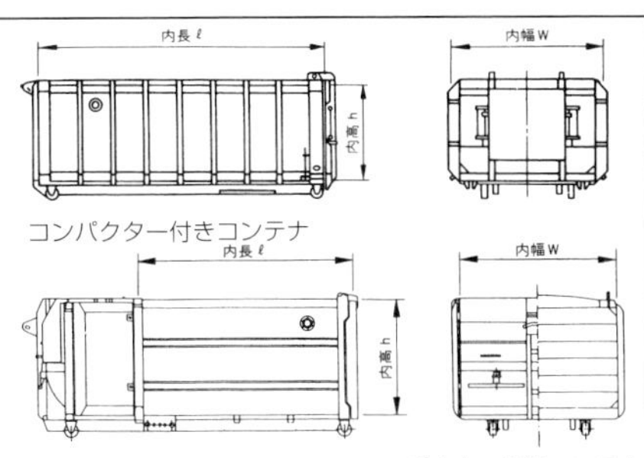

■ゴミ圧縮収集運搬用コンテナ

ゴミの圧縮機能を備えて、貯蔵能力を高めたコンテナ。据え置き型のコンパクター（圧縮機）を組み合わせて使用するものと、コンテナに合体されたものがある。

利用されている。このため，天蓋付きのコンテナの天蓋を左右それぞれに傾斜面として，ここにゴミの投入口を設けたものがある。集合住宅や公園などの公共施設に設置して使用されている。

こうしたゴミの一時貯蔵施設としての能力を高めるために，コンパクターと呼ばれる圧縮装置を備えたコンテナもある。押し出し板などで圧縮することによって，貯蔵能力を高めている。コンパクター付きコンテナの場合，圧縮装置の分だけコンテナ容量が小さくなってしまうため，コンパクター接続用コンテナもある。工場やマーケット，デパートなどで定期的に利用する場所に設置するのであれば，現地に独立型のコンパクターを備え，コンテナ容量の減少を防ぐことができる。

また，圧縮式ゴミ収集車のボディ部分をコンテナとしたパッカーコンテナもある。行政ではさまざまなゴミの分別収集を行わなければならないため，効率のよいゴミ収集車の運用が必要になるが，ダンプ式ゴミ収集車と圧縮式ゴミ収集車の数も問題になる。脱着ボディシステムであれば，1台のキャリア車を，必要に応じて圧縮式ゴミ収集車として使用したり，ダンプ式ゴミ収集車として使用できる。

■ゴミ圧縮・中継用コンテナ

圧縮式ゴミ収集車やダンプ式ゴミ収集車・中継車をコンテナにしたものは、ゴミ回収のための車両を効率よく使用することができる。オープンタイプのコンテナや密閉型コンテナはすでにゴミ収集で活用されていることが多く、今後はパッカー車への採用が期待される。

パッカーコンテナ

密閉型コンテナ

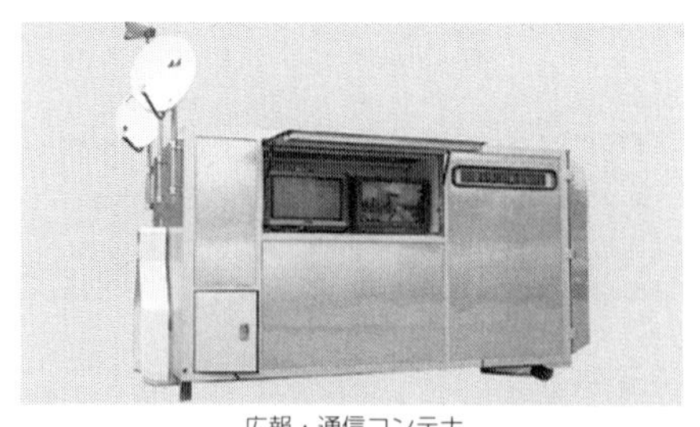
広報・通信コンテナ

造水・浄水コンテナ

■多目的緊急救援用コンテナ
災害時に必要な車両は、必要不可欠なものであるが、日頃は使われないため無駄という印象が強く、メンテナンスにもコストがかかる。緊急救援用車両を脱着ボディシステムとすれば、平時にはキャリア車をゴミ収集など日頃の行政の活動に使用することができ効率が高まる。

こうした行政での脱着ボディシステムの使用を，ゴミ収集からさらに広げる用途開発もある。タンクコンテナを使用すれば，飲料水を運ぶことも可能で，災害時などに活用できる。災害時用には通信システムを備えた広報通信コンテナや，造水浄水コンテナといったものもある。行政の利用としては，下水道の保守のために吸引コンテナの利用も考えられる。

このほかにも車体工業会の基準内で各社がさまざまな脱着ボディシステムを実用化している。新明和工業のロールオンはチルト式フレームを備えた脱着ボディシステム。構造的には，ダンプトラックのベッセルのかわりにチルトフレームを備えたものといえ，チルトフレームの前端にウインチが備えられている。ウインチのワイヤーの先端にはアタッチメントが付けられている。コンテナの形状は，車体工業会の基準に準じ

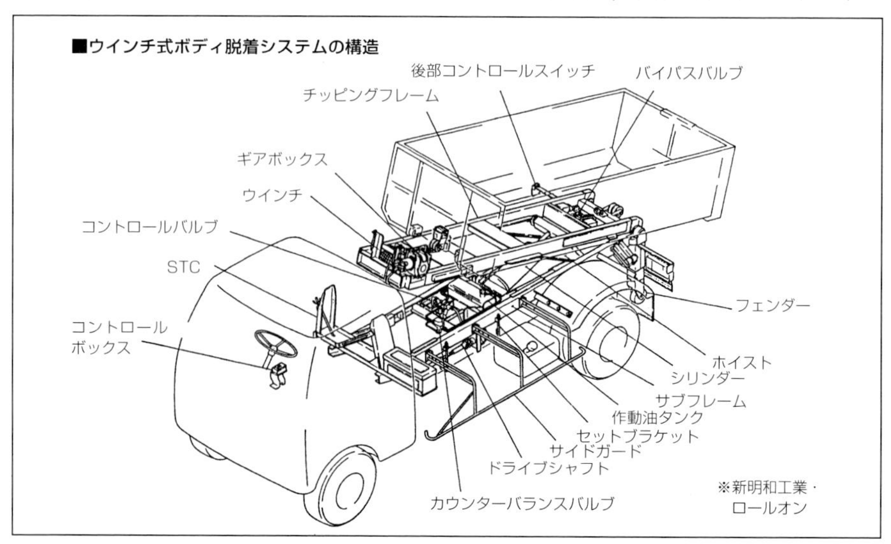

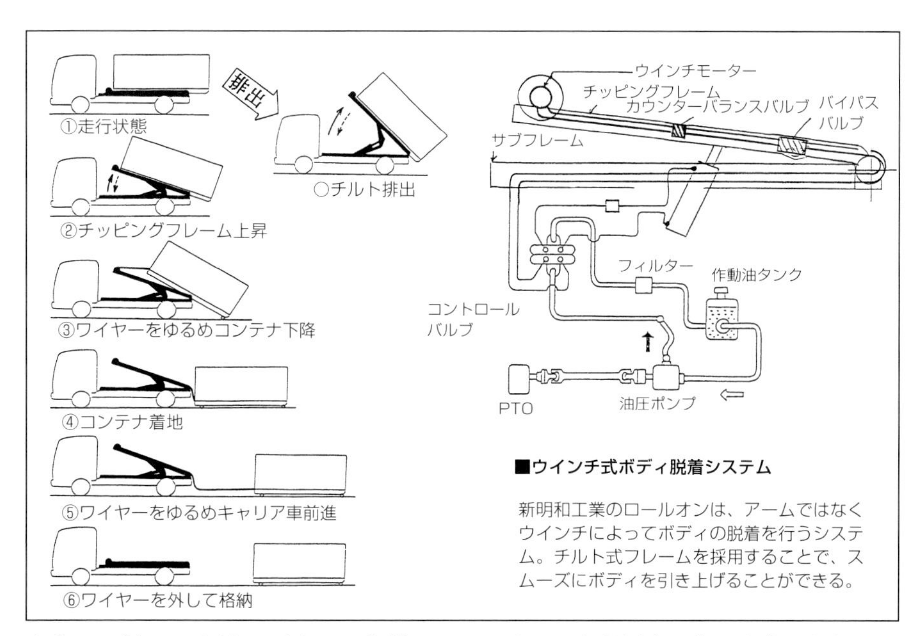

■ウインチ式ボディ脱着システム

新明和工業のロールオンは、アームではなくウインチによってボディの脱着を行うシステム。チルト式フレームを採用することで、スムーズにボディを引き上げることができる。

たものに似ているが，ワイヤーの先端のアタッチメントが固定できるようにされている。チルトフレームをリフトアップした状態で傾斜面とし，ワイヤーを引き出してアタッチメントをコンテナに固定し，ウインチで巻き上げると，コンテナがチルトフレームに持ち上げられる。チルトフレームを倒せば，コンテナの装着が完了する。

新明和工業のマルチローダーでは，脱着のためのリフトアームを門型として，これを起伏シリンダーで起伏させている。コンテナはオープンタイプのもので，箱型や両スクープエンド型などがある。コンテナには片側に2点ずつフックがあり，これを門型のリフトアームの左右のチェーンにかけて脱着を行う。アームの起伏によって，コンテナは円弧状に動くことになる。ボディ脱着システムでは，脱着時にコンテナが傾斜することが多いが，このシステムではコンテナの水平状態を保ったまま脱着することができる。

ダンプアップにも対応していて，ダンプアップ排出を行うコンテナでは，下部の端にダンプヒンジの軸になる部分が備えられている。キャリア車のボディ後端には，ダンプ用フックが備えられていて，コンテナ積載状態でこのフックをダンプヒンジにかけ，そのままアームを起こしていくと，ダンプヒンジ部分は持ち上がらず，ダンプアップの支点となる。

花見台自動車の水平脱着ボディは，バン型のボディがキャリア車のシャシー上に固定されている。キャリア車のボディ下の四隅にはそれぞれ油圧ジャッキが備えられ，

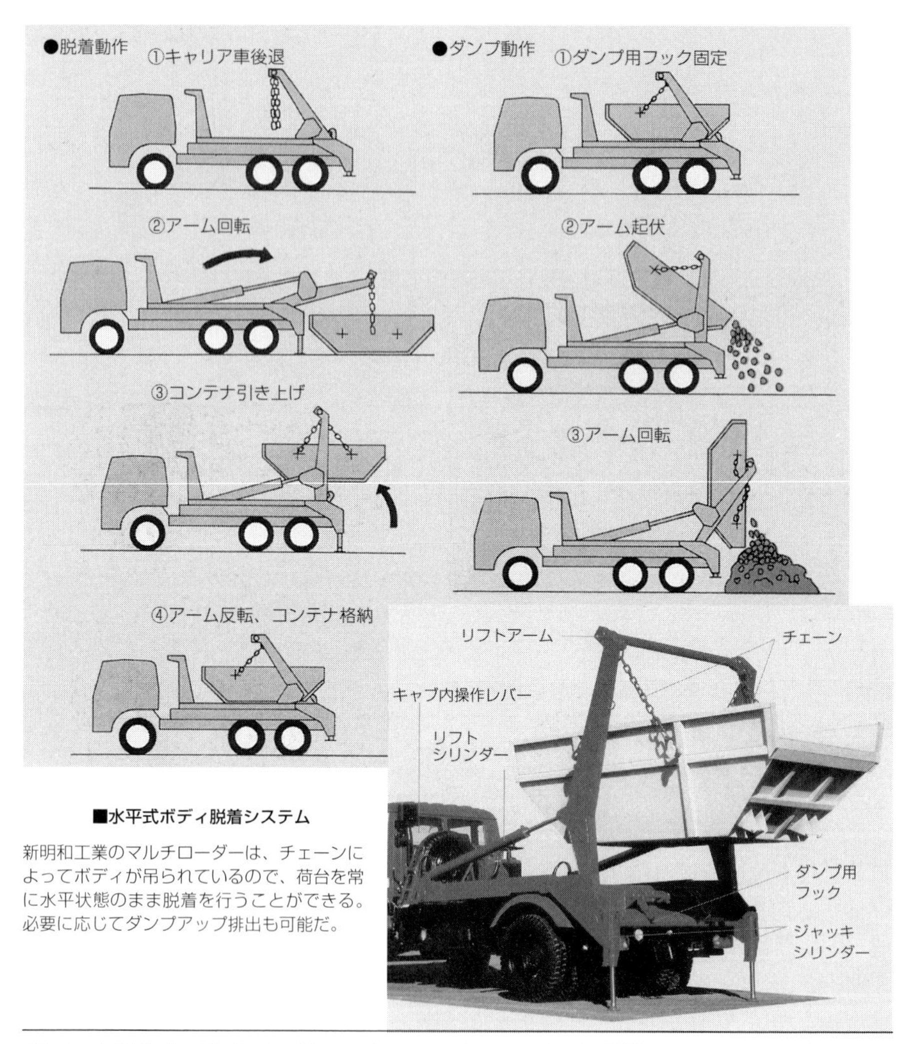

■水平式ボディ脱着システム

新明和工業のマルチローダーは、チェーンによってボディが吊られているので、荷台を常に水平状態のまま脱着を行うことができる。必要に応じてダンプアップ排出も可能だ。

ボディが持ち上げられる。ボディをジャッキアップした状態で，ボディに備えられた折り畳み式の6本の支持脚を出し，ジャッキを少し下ろすと，支持脚によってボディが支えられる。さらにジャッキを下ろしたうえで，キャリア車を前進させれば，その場に6本の支持脚に支えられたボディが残ることになる。

脱着ボディシステム車の平成10年度の生産台数では，脱着ボディシステムのキャリア車は889台となっている。このうち小型が約13%，中型が約67%，大型が約20%となっている。また，コンテナは6616台の生産台数で，キャリア車の約7.4倍あり，

■キャリア車移動式脱着システム

キャリア車のジャッキでボディを持ち上げ、その状態で支持脚でボディを支え、脱着可能としている。花見台自動車・水平脱着ボディ。

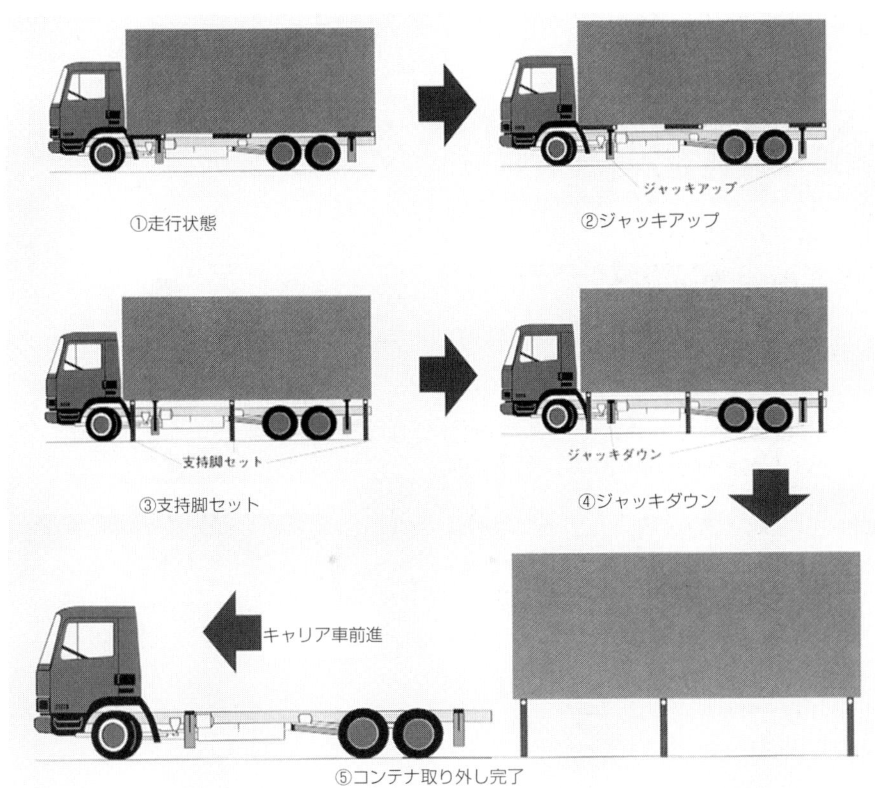

中型に限ってみればコンテナはキャリア車の約9倍となっていて，脱着システムとして効率的に使用されていることがうかがえる。

ボディメーカー側では，稼働率の低い車両を脱着ボディにすることで，効率的にキャリア車を使用することができ，しかもコンテナを貯留庫や保管庫として利用することが，さまざまな分野で可能だと考えている。ただ，日本ではフォークリフトを使用した物流体系が確立されているだけでなく，脱着に必要な場所の確保も難しいという悲観的な考え方もある。そのため現状では，どうしても廃棄物処理やゴミ処理が脱着ボディシステムの中心として考えられやすい。今後，コンテナのバリエーションがどのように広がるかが脱着ボディシステムの将来を左右するといえる。

特装車とトラック架装
2019年4月25日新装版初版発行

著 者 GP企画センター
発行者 小林謙一

発行所 株式会社グランプリ出版
〒101-0051 東京都千代田区神田神保町 1-32
電話 03-3295-0005(代) 振替 00160-2-14691

印刷・製本 モリモト印刷株式会社

 ISBN978-4-87687-363-0 C2053